热带鱼饲养从新手到高手

叶 键◎编著

海峡出版发行集团 | 福建科学技术出版社
THE STRAITS PUBLISHING & DISTRIBUTING GROUP | FUJIAN SCIENCE & TECHNOLOGY PUBLISHING HOUSE

图书在版编目(CIP)数据

热带鱼饲养：从新手到高手 / 叶键编著 .—福州：福建科学技术出版社，2019.2
ISBN 978-7-5335-5783-6

Ⅰ.①热… Ⅱ.①叶… Ⅲ.①热带鱼类 - 观赏鱼类 - 鱼类养殖 Ⅳ.① S965.816

中国版本图书馆 CIP 数据核字（2018）第 299602 号

书　　名　热带鱼饲养　从新手到高手
编　　著　叶　键
出版发行　福建科学技术出版社
社　　址　福州市东水路76号（邮编350001）
网　　址　www.fjstp.com
经　　销　福建新华发行（集团）有限责任公司
印　　刷　福州德安彩色印刷有限公司
开　　本　700毫米×1000毫米　1/16
印　　张　10
图　　文　160码
版　　次　2019年2月第1版
印　　次　2019年2月第1次印刷
书　　号　ISBN 978-7-5335-5783-6
定　　价　35.00元

前言

本书分上下两篇。上篇首先介绍热带鱼的饲养基础知识，热带鱼的挑选与搭配，容器、电器、工具、饰物的购置和使用，各类饵料和饲养水的处理技术，热带鱼的管理和饲养模式；其次，介绍热带鱼的繁殖方法；最后介绍最常见鱼病的产生原因及防治方法等。下篇较全面地介绍了常见热带淡水鱼种类及其饲养要点，解答了饲养者在饲养过程中可能遇到的疑难问题。

作者“鱼龄”逾60年，书中所谈均为作者在长期热带鱼饲养实践中总结出来的经验，具有很强的原创性和实用性，同时兼具科学性、通俗性。编写方式上采用归类总结、以点带面的方式。总之，力求为初学者或玩赏家提供一本可“复制”经验的参考书。

限于作者水平及手头资料，本书值得商榷之处定有不少，望广大读者批评指正。

为本书图片之拍摄提供方便的有渔人水族馆、梦幻七彩水族商店等，在此表示衷心感谢。对于支持本书问世的其他人士，也一并深表谢意！

作者

目录

上篇　热带鱼饲养要诀　1

一、热带鱼挑选与“安家”……（2）
- 了解饲养常识，增强养鱼信心……（2）
- 热带鱼挑选与搭配……（3）
- 饲养热带鱼的主要容器……（7）
- 饲养热带鱼的主要电器……（9）
- 饲养热带鱼的其他用品……（15）
- 水草水族箱的造景……（20）

二、热带鱼的饲养及日常管理……（29）
- 天然活饵的特点与使用……（29）
- 人工饵料的特点与使用……（32）
- 植物饵料的种类与使用……（35）
- 饲养水的技术处理……（36）
- 一般热带鱼的管理……（39）

三、热带鱼饲养模式……（48）
- 依缸水动静和设备分类……（48）
- 依水的颜色分类……（50）
- 依水的新、老分类……（51）
- 依缸中有无自养型多细胞生物分类……（52）
- 依缸中置物之有无及复杂程度分类……（53）
- 复合模式养鱼……（54）

四、热带鱼的繁殖……（55）
- 热带鱼的雌雄鉴别……（55）
- 热带鱼预备种鱼的挑选……（55）

◈ 热带鱼的繁殖操作 …………………………………………………………… (57)
◈ 繁殖缸害虫的防治 …………………………………………………………… (60)
五、热带鱼常见病防治 …………………………………………………………… (62)
◈ 淡水鱼白点病 ………………………………………………………………… (62)
◈ 卵鞭虫病 ……………………………………………………………………… (62)
◈ 细菌性肠炎 …………………………………………………………………… (64)
◈ 爱德华菌病 …………………………………………………………………… (65)
◈ 水霉病 ………………………………………………………………………… (66)
◈ 细菌性烂鳃病 ………………………………………………………………… (66)
◈ 鱼波豆虫病 …………………………………………………………………… (67)
◈ 七彩神仙鱼稚幼鱼常见病 …………………………………………………… (68)
◈ 七彩神仙鱼大鱼常见病 ……………………………………………………… (70)
◈ “感冒”与气泡病 …………………………………………………………… (73)
下篇　常见热带淡水鱼饲养 75
◈ 银龙鱼 ………………………………………………………………………… (76)
◈ 过背金龙鱼、红龙鱼 ………………………………………………………… (77)
◈ 红苹果彩虹鱼、半身橙彩虹鱼、蓝彩虹鱼、澳洲彩虹鱼、电光彩虹鱼、霓虹燕子鱼 …………………………………………………………… (79)
◈ 胭脂鱼 ………………………………………………………………………… (82)
◈ 银鲨鱼、蓝斑马鱼、红斑马鱼、黑带飞狐鱼、大斑马鱼、银河斑马鱼、红银光鲄鱼、紫蓝三角灯鱼、大点鲫鱼、红线波鱼、大红剪刀尾波鱼、小黑剪刀尾波鱼、牛矢鲫鱼、九间银灯鱼 …………………………………… (83)
◈ 黄金条鱼、双线鲗鱼、红玫瑰鱼、玫瑰鲗鱼、一眉道人鱼、黑斑鲫鱼、潜水艇鲫鱼、钻石彩虹鲫鱼、金双线鲗鱼、虎皮鱼 ………………… (89)
◈ 宽带老虎泥鳅鱼、金环泥鳅鱼、三间鼠鱼 ………………………………… (92)
◈ 红线刺鳅鱼、大刺鳅鱼 ……………………………………………………… (94)
◈ 火兔灯鱼、蓝灯鱼、黑线溅水鱼、黑裙鱼、黄金灯鱼、红十字鱼、红灯管鱼、红鼻鱼、大钩扯旗鱼、黑灯鱼、玫瑰扯旗鱼、黑线灯鱼、血钻灯鱼、银屏灯鱼、皇帝灯鱼、宝莲灯鱼、钻石新灯鱼、玻璃扯旗鱼、柠檬扯旗鱼、网球鱼、尖嘴铅笔鱼、红肚铅笔鱼 ……………………………………………………（96）
◆ 皇冠九间鱼、美国九间鱼、银鲳鱼、黄金河虎鱼、飞凤鱼、红肚食人鲳鱼、金鲨鱼 ……………………………………………………………………（103）
◆ 豹斑攀鲈鱼、中华叉尾斗鱼、黑叉尾斗鱼、蓝（绿）叉尾斗鱼、迷你马甲鱼、印度丽丽鱼、丽丽鱼、红丽丽鱼、珍珠马甲鱼、皮球珍珠马甲鱼、蓝曼龙鱼、金曼龙鱼、白接吻鱼、大飞船鱼 ……………………………………………（106）
◆ 彩雀鱼、狮王斗鱼、长尾斗尾 ……………………………………………（111）
◆ 玉麒麟鱼、红尾皇冠鱼、红阿卡西短鲷鱼、求诺公主短鲷鱼、印加鹦鹉短鲷鱼、橘帆凤尾短鲷鱼、红白宽鳍地图鱼、帝王三间鱼、火鹤鱼、血鹦鹉鱼、得州豹鱼、狮王鱼、麒麟鱼、红点金菠萝鱼、七彩蓝菠萝鱼、方形珍珠花罗汉鱼、红宝石鱼、五星上将鱼、南变色龙鱼、七彩番王鱼、七彩凤凰鱼、金波仔凤凰鱼、红肚凤凰鱼 ……………………………………………（114）
◆ 神仙鱼、埃及神仙鱼、七彩神仙鱼 ……………………………………（122）
◆ 珍珠关刀鱼、红头珍珠关刀鱼、蝴蝶孔雀鲷鱼、皇冠六间鱼、蓝剑鲨鱼、棋盘凤凰鱼、红大花天使鱼、斑珍珠雀鱼、棋盘珍珠炮弹鱼、斑马雀鱼、阿里鱼、黄金喷点珍珠虎鱼、钻石贝鱼、黑珍珠蝴蝶鱼、黄宽带蝴蝶鱼 ……（127）
◆ 非洲十间鱼 ……………………………………………………………（133）
◆ 印尼虎鱼 ………………………………………………………………（134）
◆ 条纹琴龙鱼、蓝绿琴尾鱼、阿根廷黑珍珠鱼、贡氏圆尾鳉鱼 ……………（135）
◆ 金玛丽鱼、皮球金玛丽鱼、短鳍圆尾黑玛丽鱼、红朱砂剑尾鱼、红菠萝剑尾鱼、玻璃鳉红白剑尾鱼、米老鼠红月光鱼 ……………………………（138）
◆ 孔雀鱼 ………………………………………………………………（141）
◆ 白珍珠剑尾鲇鱼、啼鲇鱼、豹斑女王鲇鱼、琵琶鲇鱼、三鳍金钻鲇鱼、黄金大胡子鲇鱼、咖啡鼠鱼、红头鼠鱼、花斑鼠鱼、红翅珍珠鼠鱼、大斑豹猫鱼、珍珠满天星鱼、侏儒猫鱼、玻璃猫鱼、玻璃象鱼、黄金猫鱼、虎鲨鲇鱼、斜纹斑马鲇鱼、梅花鸭嘴鱼、虎纹鸭嘴鲇鱼 ……………………（143）
◆ 珍珠魟鱼、梅花魟鱼、施氏鲟鱼、斑点尖吻鳄鱼、七星刀鱼、魔鬼刀鱼、蝴蝶鱼 ……………………………………………………………………（150）
◆ 丽翼多鳍鱼、王多鳍鱼 …………………………………………………（153）

上篇

热带鱼饲养要诀

一、热带鱼挑选与“安家”

了解饲养常识，增强养鱼信心

1. 养鱼非难事

学习 养了鱼，你会发现处处都蕴藏着鱼趣，但做起来远比说起来难。要让鱼活得“潇洒”，健康成长，并繁殖出小鱼，还得了解养鱼的基本常识，多向有经验的“鱼友”请教。

2. 养鱼先养水

注意 在养鱼容器里，一般都只注入70%~80%容积的水，有时还要罩上网等。热带鱼多为“跳高健将”，水太满时，鱼有可能跃出缸外而死去。此外，水太满也不利于防范天敌袭击。

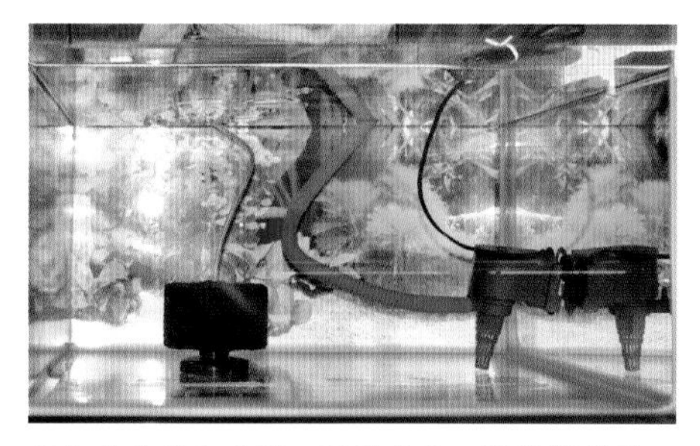

鱼缸中注水八成满，配齐充气、过滤等设备，即可试运行

备水 若首次注入缸中的水是自来水，一般要静置2~5天（充气或强过滤可缩短约一半时间），待水中之余氯降到极少，不至于腐蚀鱼鳃时，方可养鱼。

3. 养鱼要试验

试水 水备好后立即往缸中大量投鱼的做法风险很大。一般宜先投放2~3尾较耐粗放管理的“试缸鱼”，试探此缸水是否确可养鱼。小鱼的长度大约为缸长的1/10。30~50厘米长的缸（装水15~70千克），可投放3~5厘米的小鱼2~3尾。过1~2天若试缸鱼一切正常，则可逐步追加若干鱼，不过新缸鱼密度越小越好，尤其在半年内。

温差 投鱼时还要密切注视水温变化，袋中水温和缸中水温以相差1~2℃为

若袋、缸温差大且袋温高，可让袋漂浮半小时后解袋放鱼

若袋、缸温差大且袋温低，可解袋充气半小时后放鱼

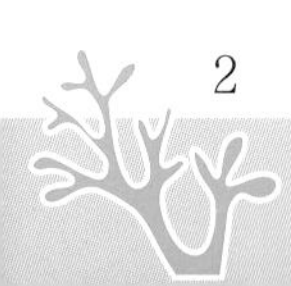

若袋大或袋浅，可用夹子夹住袋口一角后充气，以免袋子倾倒而溢出水

袋鱼入缸后仍要充气，且一天内不投喂

宜，超过2℃时要设法使水温差缩小，这样鱼才不会得气泡病。

热带鱼挑选与搭配

1. 挑选时期

注意 一批或一胎鱼被人挑选到最后只剩几尾，就不要再挑了，可另寻一商店挑选。此原则为“不买剩余鱼”。

观察 新到一批鱼时，不能马上下手挑，不妨观察1~2天，确定无问题后再挑选不迟。此原则为“从容买好鱼”。

适时 春季之始气温渐高，活饵易得，可购买小型鱼或小规格鱼。这类鱼一般较易成活，价格也不贵。夏季气温稳定，盛夏前饵料仍较多，可买中、小鱼，一般生长迅速。秋季气温渐低，

盛夏前中小鱼数量多、状态好，可下手挑选

活饵减少，可买中鱼与长寿的强壮大鱼。冬季除南方一些地方外，一般不宜买鱼，因为买热带鱼涉及沿路保温等麻烦事。此原则为“按季节挑鱼”或“挑鱼看季节”。

2. 挑选条件

考虑 要买那些鱼大小与家中鱼缸相适应的热带鱼，不要太小或太大，更不能“大、中、小兼收并蓄”，避免让自然界大鱼吃小鱼、以大欺小的情况在鱼缸中重演。

了解 要买那些适合于自家情况与条件的鱼，不要买对水质较敏感的鱼，如红鼻鱼、蓝眼灯鱼等对有机污染、氯、氨等很敏感，黑玛丽、珍珠玛丽（金玛丽）等对软水、氨、偏酸性水等“水

玛丽类鱼各有特色，对弱酸性软水“水土不服”

红斑马鱼、月光鱼、红灯管鱼等均较好养

土不服”（虽然这些鱼也并非高档次鱼）。

初学 不要一步登天，买所谓高档鱼、高价鱼，要循序渐进，才能让养鱼之技巧渐入佳境。曼龙鱼类、剑尾鱼类、孔雀鱼类、普通脂鲤鱼类均较易养，也不见得不如高档鱼漂亮，从中可挑选体形、颜色均满意的鱼来试养。

3. 挑选标准

健壮 脊背相对宽厚的鱼可购，脊背如刀左右摇晃的鱼不可购；索饵凶且诸鳍有力的鱼可购，吞吞吐吐而有气无力的鱼不可购；合群相挤、随众游动的鱼可购，离群独游、尾随众后的鱼不可购。

颜色鲜艳、索饵积极、活泼敏捷、鳞片闪光的鱼可购

灵敏 急避捞网而难以捞到的鱼可购，避网不捷而极易被捞到的鱼不可购；敲缸即惊动、挥手则开溜的鱼可购，敲缸不动、挥手无反应的鱼不可买；迅速赴饵、准确接饵的鱼可购，寻饵有碍、接饵不准的鱼不可购。

形美 鱼体对称且无异常的鱼可购，鱼体不对称、残缺或略弯的鱼不可购；一般同种等长鱼诸鳍均完好无损且不太长者可购，鱼鳍有缺陷、各鳍过长者不可购；鱼长度正常、体形优美者可购，鱼体偏短、脊椎骨重叠、体形不雅者不可购。

迅速 游动迅速如飞燕者可购，游动缓慢、无端倒退等决不可购；拐弯折转自如者可购，折转失灵而经常碰壁者不可购；静如石、游如风，能突然停止者可购，不见安静、游速慢、随水流而飘者不可购。

色艳 同胎鱼体色相对鲜艳，鳞片闪光者可购，体色暗淡，鳞片松落、充血者不可购；同胎鱼中体色相对鲜丽者可购，体色相对平淡者不可购。但中规格以上的鱼除红肚凤凰鱼、红调七彩神仙鱼等极少数种外，雌鱼一般不

所谓血丽丽鱼即为饰色厚唇丽丽鱼，色艳可人

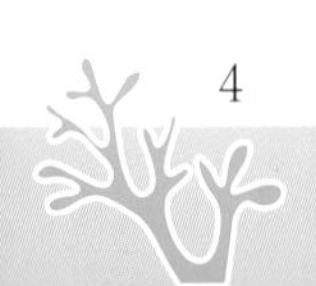

如雄鱼漂亮多彩；同种鱼同龄鱼可因饲养环境光线的强弱、饵料的丰歉和营养高低等，体型大小有所不同，颜色也有深淡的差别。一般可认为颜色好即好鱼，但已成熟的漂亮的鱼或经科技手段饰色的鱼，不见得比未成熟的颜色差的小鱼更健康，因而，识别伪劣商品鱼很重要。

4. 尽量购买耐粗放的热带鱼

标准 耐粗放的热带鱼一般生命力都极强。那么，什么样的热带鱼是耐粗放的鱼？在新水中、给氧充分、饵料足而精、防鱼病感染细致入微的环境中长大的鱼均属娇养鱼，而在陈水（极少对水）或老水中、供氧较差、饵料不足而较粗、防鱼病感染不周到的环境中长大的鱼均属耐粗放鱼。有的品种鱼较耐粗放。

普通孔雀鱼既漂亮又耐粗放，可试养

非洲大湖鱼耐粗放，但要用偏碱性硬水

挑选 当然，我们很难知道商家卖的鱼是娇养鱼还是耐粗放鱼。不过我们还是可以根据一些迹象进行粗略判断：同规格的鱼鳍略长者耐粗放，同日龄的鱼个头小者耐粗放，同一种鱼同等条件下更能接受素饵者耐粗放，一批鱼从不见死鱼的有可能耐粗放，很粗很差的饵料都能吃的鱼极有可能耐粗放，颜色相对深者耐粗放，对植物饵料很感兴趣者耐粗放。

措施 如果实在没法知道或判断购到的热带鱼是娇养鱼还是耐粗放鱼，该怎么办呢？首先应该请教有经验者或商家老板，弄清各品种鱼是否耐粗放。即使确认是耐粗放鱼，也应该把购回的鱼按娇养鱼对待，即提供最新的无氯水、高氧、足饵，严防感染疾病等，之后慢慢地改变为粗放饲养方法。

5. 尽量购买最满意的热带鱼

体长 喜欢养体长较大的鱼（≥ 15 厘米），最好置大、中型缸；喜欢养体长较小的鱼（≤ 5 厘米），最好置小型以下的缸。如果室内空间较大，可摆放中型缸，而自己却喜欢养体长较小的鱼，则最好能“一分为二”，设法摆两个小型或一小型一微型缸。实在觉得不美观时可考虑将中型缸布置成水草造景缸，也会很协调。

颜色 热带鱼本身即是大自然的“杰作”，非“颜色丰富”4 个字所能涵盖，其体表的图案、搭配的色彩和鲜艳的程度常使人震撼。购鱼者总可以挑选到颜色和图案均满意的热带鱼；有的人喜欢花哨，有的人喜欢雅致，有的人喜欢单一色调，有的人喜欢五彩缤

七彩神仙鱼色彩华丽

纷，此外也可将不同色彩及不同大小的鱼按比例搭配，观赏一段时间后可再行调整。

动静 有的鱼喜静，如神仙鱼、泰国斗鱼等；有的鱼喜动，如斑马鱼、虎皮鱼；有的鱼文静不“闹”，有的鱼却常惹事生非、攻击他鱼。每个人对鱼的动静都有喜欢的倾向，喜欢安静的鱼，可选神仙鱼、泰国斗鱼、美鲇鱼等；喜欢好动的鱼，可选斑马鱼类、鲃鱼类、孔雀鱼类。亲自观察后下手挑选，组缸后还可调整。

虎皮鱼绝对是闹鱼，胆敢捋多种长须鱼之须

6. 鱼类组缸的一般原则

（1）鱼的大小不能悬殊，长度比一般控制在 1 ： 1.5 左右，否则小鱼、弱鱼将受到攻击，躲在一隅吃不到足够食物，日久将死亡或被吃。

（2）食性、规格、颜色相近的鱼往往互相攻击，不应同时养太多尾（尤其是丽鱼类的大、中型鱼）。

（3）鱼缸小宜少养几尾丽鱼、斗鱼等有地域性或好斗的鱼，缸大则可适当多养些，前提是要布置足够多的藏身处所，尤其是小型口孵鱼和洞穴鱼。

（4）大小差不多的同种鱼往往会“闹矛盾”，异种鱼或同种大小相差较大的往往可相安无事，理论上可组合，但应观察后确认。

（5）具攻击性与霸道的鱼最好另缸或独养。缸小则同种或同规格鱼只能养 1 尾，稚鱼期一般可相安无事（从仔鱼养到成鱼的斗鱼，在同缸中争斗并不激烈，但与非同缸养大的斗鱼却斗得你死我活）。丽鱼科幼鱼（包括 3~4 厘米长的七彩神仙鱼稚鱼）往往会独霸饵料，不让他鱼接近，使他鱼挨饿等，应充分注意，防止造成事故等。

几乎所有丽鱼都具攻击性，以雌雄 1 对或 8 尾以上共缸为好

（6）水质、习性等相差太大的鱼也不共缸，如夜游性与非夜游性的鱼最好不共缸。弱酸性与弱碱性的鱼原则上不共缸（如七彩神仙鱼、丽鱼与

玛丽类鱼、非洲大湖鱼类不共缸）。

（7）病鱼、残鱼不能与健康鱼、正常鱼共缸，以免受到欺侮。

（8）同种水质，甚至是同种鱼分别久养于两个缸中，若要并缸也要谨慎，弄不好也要出事故，如金玛丽鱼、虎皮鱼、七彩神仙鱼等。

饲养热带鱼的主要容器

1. 老式玻璃缸

价廉 老式玻璃缸其实并不老，从20世纪80年代初至今不过40年。老式玻璃缸一般是将5块或7块平面玻璃，用玻璃胶等粘成的长方体或六棱柱体玻璃缸等。因0.5厘米厚玻璃和胶黏剂价格低，故老式玻璃缸价格低廉，较为普及。

特点 老式玻璃缸还有一个突出的优点，即观赏效果真实，鱼体不会变形，所以深受欢迎。老式玻璃缸规格应有尽有。此外，老式玻璃缸比较轻便，搬运与换位都比较容易，如规格为120厘米 ×50厘米 ×60厘米的缸可被两个人抬起。但是，老式玻璃缸受撞击或当底座不够水平时也容易破裂损坏。

1厘米厚玻璃拼成的超高大型玻璃缸

2. 三拼玻璃缸

美观 所谓三拼玻璃缸，即由三块玻璃黏结成的缸，前面和左右侧面固定在一起成一弯面，另有后面和底面两个面。由于前侧两个棱无黏结缝，因而显得很美观。有一类三拼玻璃缸的前面为弧面，更为别致，称弧面玻璃缸。一般商品三拼玻璃缸多配有柜式底座等，很适合置于室内。

中型方形三拼（前、左、右面合一，后面，底面）玻璃缸

特点 三拼玻璃缸明显比老式玻璃缸“气派”。观赏效果方面，三拼玻璃缸中除弧形玻璃缸稍有变样外，全平面的观赏效果可与老式玻璃缸相媲美。三拼玻璃缸的规格有60厘米、80厘米等多种，但缸玻璃厚度在0.8厘米以上，较为笨重。

3. 炮弹形玻璃缸

高档 所谓炮弹形玻璃缸，其实也是一种三拼弧形玻璃缸，只不过这种三拼玻璃缸长度变短，仅30~50厘米，但宽度增加至60~90厘米等，且弧面变成半圆柱侧面，这种造型新颖、奇特。一般置于厅旁，靠墙而垂直于墙，但不挨墙角，以利于两面均可观赏，也可以置于室内中央区位。目前仍算室

普通炮弹形鱼缸

内较高级饰物或工艺品类。

特点 造型精美、华丽高档，可作为装饰物之一。可以两面或三面观赏，且弧面产生光学虚像，丰富了室内视觉感受。观赏效果最好的是两个大（侧）面。因玻璃厚多不小于1厘米，故稍显笨重，但却特别美观耐用。

4. 微型工艺造型缸

装饰 微型工艺造型缸是一类浇铸而成的较小鱼缸，虽只适合于养小型与小规格鱼，但外观漂亮、玲珑多姿。其中大多都配有底座或底架，颜色鲜艳，造型独特。

四棱台式艺术鱼缸

配置底座的多种艺术缸

高架微型艺术玻璃缸

特点 因是浇铸整体成型的，故是无接缝玻璃缸，本身观赏价值就高，与其说适合于养鱼，不如说更像室内摆设物。鱼缸较小，可养小鱼且不能养太多，小些的不能超过20尾。其修饰效果不亚于工艺品。

5. 其他养鱼容器

多样 其他玻璃缸及琉璃缸、陶缸、瓷缸、陶盆、搪瓷盆、大小水泥池等均可作为养鱼容器，除后两者外其他是传统养金鱼的容器，加网盖后也能很

直角扇形柱鱼缸

好地养热带鱼，但是无法像现代鱼缸一样可从侧面观赏。

这些不透明的容器造型均有艺术性，与鱼相得益彰，且价格比较便宜。除搪瓷盆外，上述容器均容易附着青苔或毛状藻类，并且不容易洗刷，但这对养热带鱼来说也不完全是坏事。青苔的存在对从上方观赏无甚影响，且对普通热带鱼有营养价值。在光线充足的时候，白搪瓷盆对于观赏黑玛丽等黑色暗色鱼，效果异常好。

传统瓷金鱼缸

6. 鱼缸大小和型号的统一

划分 鱼缸的大小型号划分主要参考民间习惯，尤其是养鱼者的养鱼操作感觉及习惯称呼。习惯上把实际装水半吨（有效养鱼体积 0.5 米^3）以上的叫做超大型鱼缸，0.25~0.5 米^3 的叫大型缸，其他依此类推。

7. 暂养缸

一个正规的养鱼缸都要配备 3~4 个暂养缸。

大小 暂养缸的大小，总水体不少于养鱼缸一半。可参考一般养鱼量的过滤缸的大小。一般为原缸体积的 1/4~1/3。

作用 用于新购鱼的暂养，病鱼的隔离与治疗，作为鱼的产卵缸或胎鳉鱼的产仔缸，饵料的清洗和消毒，清缸时缸中鱼、物的暂放等。

饲养热带鱼的主要电器

1. 充气泵

性能 利用泵中磁铁在交变磁场中的振动，通过细导管连续把空气压缩到缸底部，从连接的气头逸出，形成气泡上升，带动缸水循环而增氧。充气泵

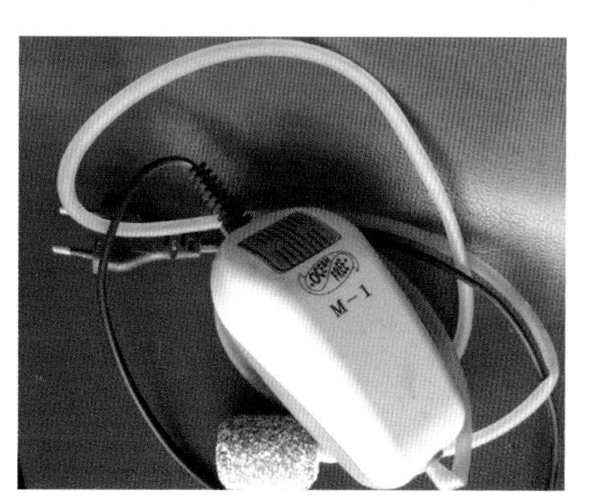

单气头充气泵

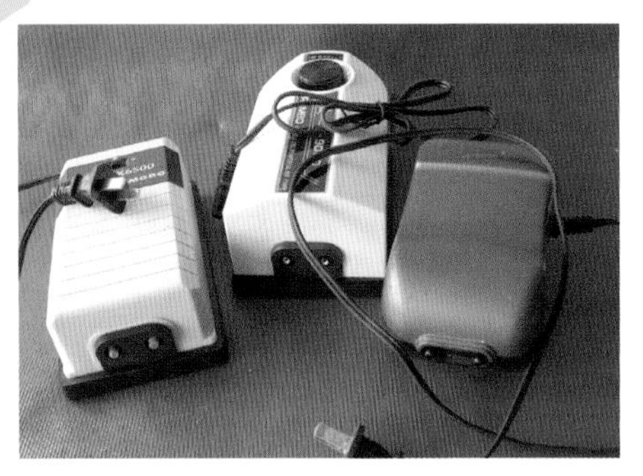

双气头充气泵

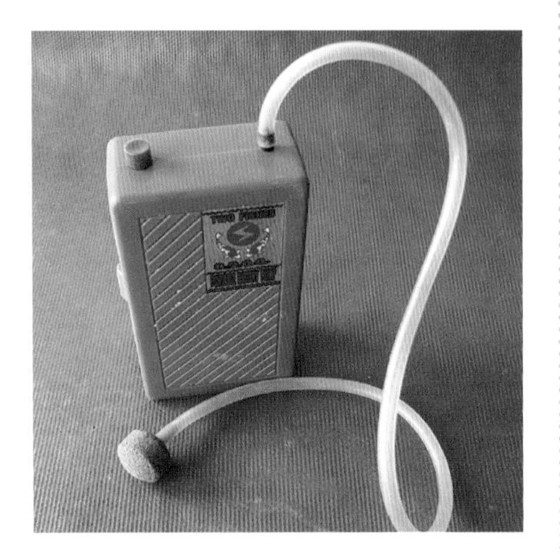

直流充气泵

有单气头与双气头之分。

功用 一种高效单纯用于增氧的电器，如果出气足够大，可以使缸中养鱼的数量增加10倍以上。

用于气泵导管分流的二通、三通、四通和截气流的节气阀

特点 增氧效果好，体积小，安放简便，价格不贵，使用普及广泛，只是泵中橡皮碗、橡胶膜使用时间有限，如损坏了要及时更换新零件。

易损零件橡皮碗

通电后，充气泵连接的气头逸出空气

2. 强力增氧机

性能 一种小型空气压缩机。

功用 出气量大，可以同时连接多个气头。

特点 出气量特别大，特别适合于大池与超大型缸使用，小容器使用要谨慎，避免气太大而掀翻缸中的鱼。需要注意的是，偶尔的机械故障会导致较大面积饲养缸池的鱼陷于缺氧状态，后果严重，所以要有备用泵。

3. 普通潜水泵

性能 普通潜水泵是一种微小离心抽水机，常见的观赏鱼用潜水泵主机都比拳头小，用做水循环的动力。

普通潜水泵头

功用 普通潜水泵通常是用来把水抽到缸外的过滤槽中，先滤去固体物，在其后过滤的过程中水中溶氨等有害物被微生物转化为低毒的硝酸等物，过滤后水自动流回或被抽回原缸。此外，潜水泵也常被用来抽缸底污水，以及排水、添水等。

特点 与充气泵等一样，潜水泵可以夜以继日地工作，保持水质的稳定。潜水泵“底部”嵌着3~4个橡皮吸盘，可以牢牢吸于缸中的任何部位，用时非常方便。

4. 改进型潜水泵

性能 这种潜水泵有两个出水口，一个出水口的水被导到过滤槽、缸中去；另一个则直接喷到缸中，可使缸水沿人们需要的方向循环流动。实际上往往在这个喷头的基部有细管与水面相通，水上空气因空吸原理被吸到基部，

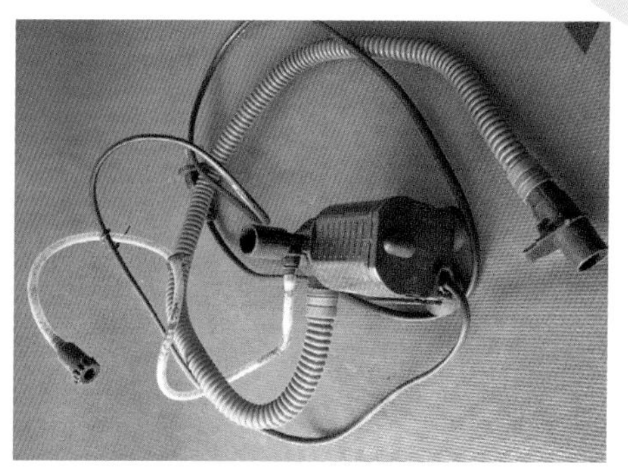

带导管的双喷嘴潜水泵（改进型）

工作中的双喷嘴潜水泵

喷水时空气均匀混入而形成水泡随水喷到缸中较远处，这就等同于充气，所以这种潜水泵增氧效果特别好。

功用 除具普通潜水泵的作用外，明显的功能是增氧和使缸水流动。用其可抽吸卵石、珊瑚沙石等复杂环境中的部分污物。

特点 一机三用，既可过滤，又可以“动水”，还可以“制造”水泡，进行水面下增氧。性能优于普通潜水泵。

5. 过滤筒、过滤盒

性能 把过滤槽小型化，配上一个小型或微型潜水泵，把两者组装在一个长方体或半圆柱体等的“长筒”或“盒子”中，就成为过滤筒与过滤盒。这种“长筒”或“盒子”兼有过滤和“动水”

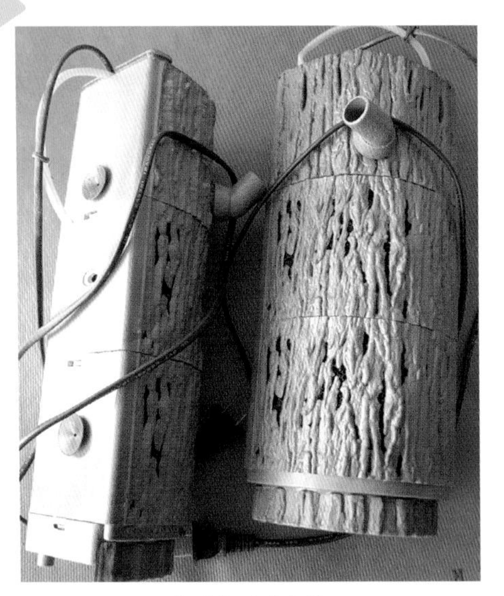
半圆柱形过滤筒

双结构过滤筒

的功能。常见的是从下部吸水，过滤后从上部喷口喷出。

功用 过滤筒比较适合用于中小型水草缸，也适合小型缸裸缸等养鱼；过滤盒比较适合用于小型、微型水草缸，也适合于微型缸裸缸等养鱼。

特点 体积小，在缸中吸附点易选择，使用方便，过滤和增氧效果不错，尤其适用于水草缸。不过因为这两者过滤部分的体积较小，污物多时极易堵塞而失效或“短路”而失效，所以应该经常观察，效果差时要拆开冲洗。此外，多数过滤筒、盒外形美观，对鱼缸的视觉效果或增色有一定贡献。

双喷嘴泵结构过滤筒

6. 加热器具

性能 当下最流行的是玻璃筒外壳的电阻丝加热器。为达到控温、加热的目的，该加热器串联一双金属片，水温够高时金属片变弯曲弹起，触点断开而断电，停止加热。加热器在冬季前后特

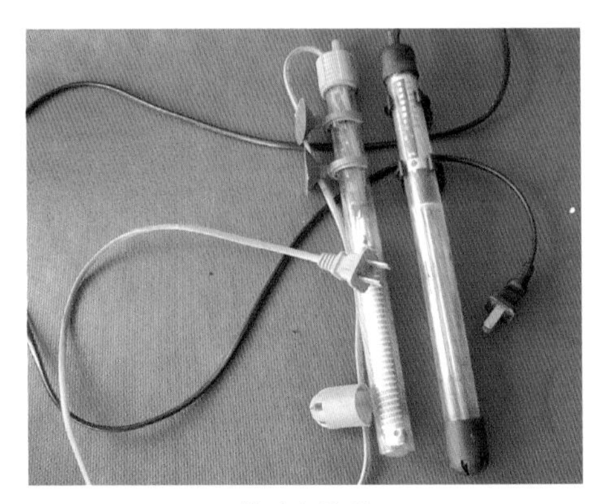
普通加热器

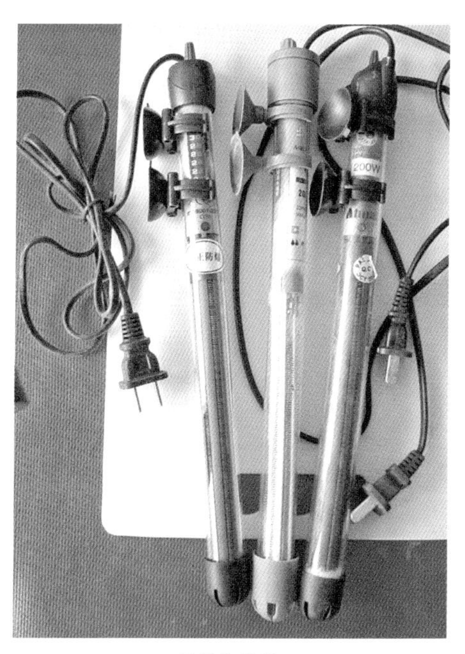
防爆加热器

别需要，一般中、小型缸用150~200瓦加热器，大型缸要用两条200瓦加热器。缸外气温会影响加热效果，如果气温低也可能加热达不到要求的温度。比小型缸小的缸理论上可用100瓦或更小的加热器，因市面最小只有150瓦的，所以也只好将就用，但应严防故障而导致升温死鱼（应多观察，若发现水温不正常或金属片等零件老化应及时更换）。

功用 加热器作用是通电后加热，使水温上升并维持在所需的温度。

特点 当加热器质量没问题时，可以调节到任意适宜水温，可以说是非常的方便（与其他加热方法比较），也较为经济。但当加热器用久后，触点处因通电久了，镀的银熔蚀，下层的铜就会因热熔粘弹片，造成加热不停止，此时若主人不在场，鱼就会被烫死。

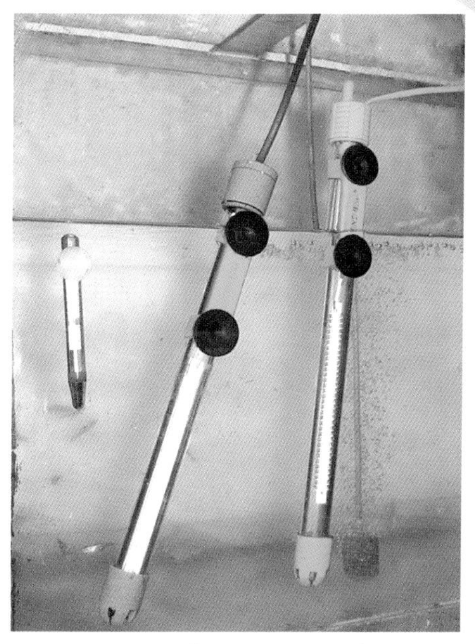
右边的加热器放太高；左边的加热器高低刚好，但离温度表太近

建议 预防事故是极为重要的事情，怎么知道加热器是否“年老可退休”了呢？让用了较长时间的加热器连续工作使水温达到调控要求，然后用手旋转调温圆棒头，使其控温读数下降2℃，如果3分钟之内又开始加热或继续加

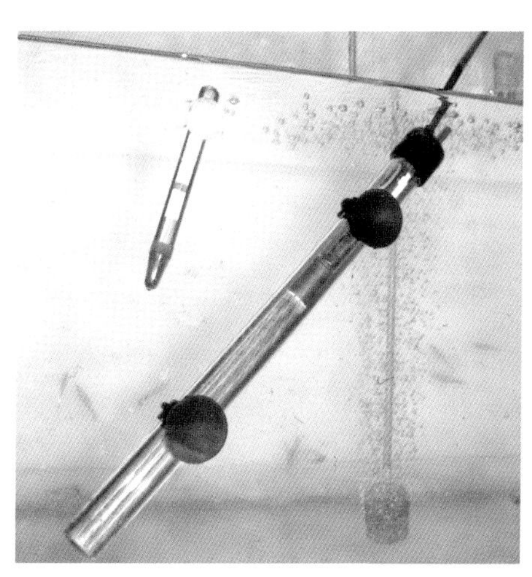
防水加热器可置水下，但下吸盘宜上移，温度表宜靠边

热，该加热器可“退休”。

7. 普通过滤系统

性能 过滤系统一般由过滤槽、缸等和驱动装置组成。驱动装置主要指的是潜水泵和导管，过滤槽和过滤缸的大小结构和滤材有多个种类，但其原理都一样：首道以过滤棉、聚氨酯泡沫块等为主，过滤水中的固体、半固体物；后面几道的滤材虽都以沙、珊瑚沙、生物球、瓷环、活性炭等为主，但其作用主要是附着有益微生物（活性炭还能吸附重金属离子和有毒气体分子）。所以当准备用从未养过鱼的

与潜水泵或抽水泵联用的缸上式过滤槽

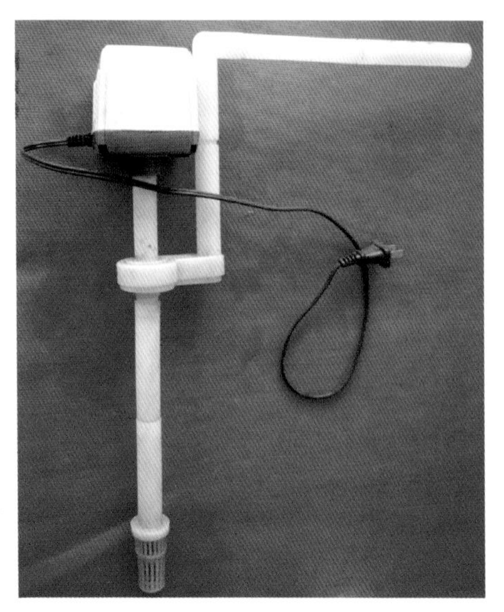

与过滤槽联用的抽水泵

缸及过滤槽缸等养鱼时，应引进硝化细菌或添加商品硝化细菌，或加微生态制剂等。水从首道流到最后一道，然后流回原缸。

功用 普通过滤系统不仅可以过滤去缸中的固体颗粒物质，使水变澄清，更重要的是起转化水中鱼的排泄物（如氨等）的作用，使其变为无害或低毒物质，达到延长水的使用时间和稳定养鱼环境、降低养鱼事故的目的。从这个角度出发，缸中使用的过滤系统的构造形式、滤材结构、大小和种类等均不重要，重要的是过滤系统能附着的微生物总量、群落的优势和工作效率。过滤系统是养鱼较多时不可或缺的配置物。

以滤棉与瓷环为滤材的梯级过滤缸

商品全密封缸外式过滤箱，同潜水泵联用

特点 工作效率较高，可把当天缸中鱼产生的大部分废物过滤或转化掉。过滤的过程是调节水质，变死水为活水的过程，因此这个系统具有不可替代性。此外，该系统还具相对的固定性（不宜随意清洗搬动）。

8. 电源变换器

性能 并联在电路中，一旦停电便能把电池或电瓶电能变为交变电流送出给电器工作，或直接用直流电供充气泵工作以增氧。

商品全自动转换交直流充气泵

功用 避免了停电时因缺氧而导致鱼大量死亡。

特点 型号种类多，一般性能均可靠，所占体积相对不大；只是旧式逆变器要与电瓶的配合使用比较麻烦，强力增氧机要配发电机。

饲养热带鱼的其他用品

1. 捞网等

种类 鱼捞网有方形的和圆形的，网眼一般都大于 10 目，孔径≥ 1.44 毫米；虫捞网有一个长柄，虫捞网为 5~7 目。盖网用来盖在缸、池上。用于防鱼跃出缸的盖网网眼孔径 0.5 厘米以上，而用于防鸟等天敌的盖网网眼视需要而定，一般孔径较大（也可用渔网）。

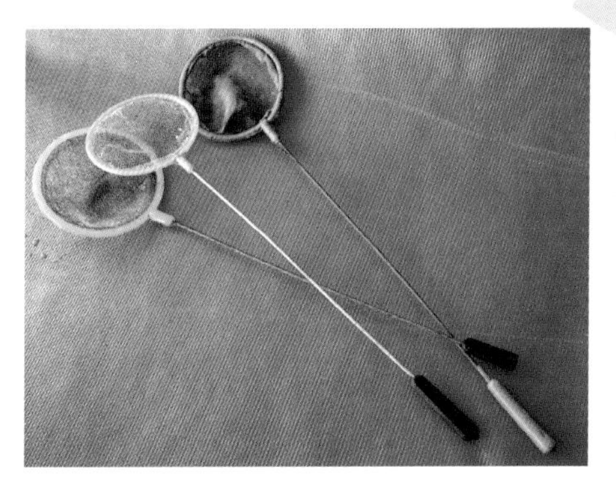

日常管理中较好用的小圆捞网

功用 鱼捞网主要作用是捞鱼，虫捞网的作用是在河沟里捞水蚯蚓，盖网用于保护鱼类。

2. 卫生工具

种类 聚氨酯泡沫块、尼龙刷、磁力刷，竹条、木条，用泡沫料裹在小木棒上制成的“鼓槌”，一些不同规格的导管，专用抽水管、注水管等。

功用 聚氨酯泡沫块是上好的洗涤工具，比抹布好用，同时吸水性能也强；

尼龙刷用于洗刷缸、池壁上的青苔等污物；

磁力刷具毛糙面，一半置于缸内，另一半隔着缸玻璃紧挨着，靠磁力相吸停于缸壁，移动缸外的一半，另一半则在缸内相应移动，用于带水刷洗缸壁中间部分的污物；

竹条、木条中，长片状的用于清理推刮缸角落处与一些不易刷洗处的污物，长条状的还可用以整理缸中饰物、饵料等；

“鼓槌”用于带水或不带水洗擦缸内壁的污物（沉淀后抽吸走污物）；

专用抽水管、注水管用于抽水、注水，不同孔径的抽水管可方便地虹吸抽出缸中大小不同的鱼卵、残饵、污物和死鱼等。若在抽水管端连接一小段大口径管（有现成商品出售），则抽水时不易把小卵石、鱼等吸出缸外。

专用抽水管

3. 常用小物品

名称 虫杯、饵料碗（盆）、温度表、水草夹子、水草专用灯、水管、各种筛等。

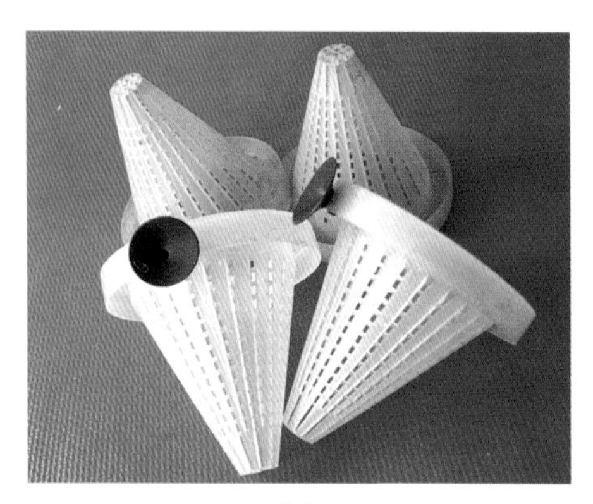

虫杯

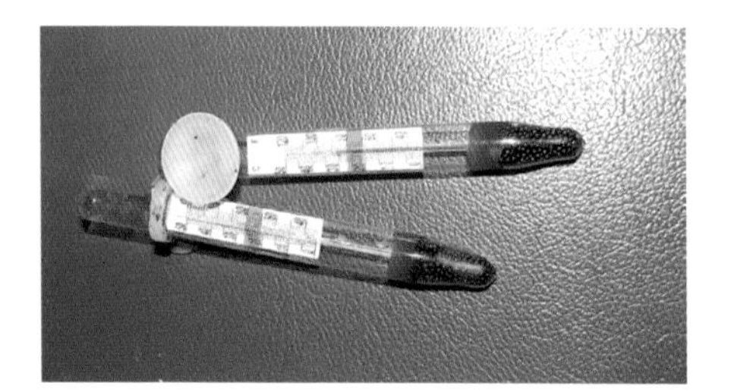

普通带吸盘温度表

弹力温度表

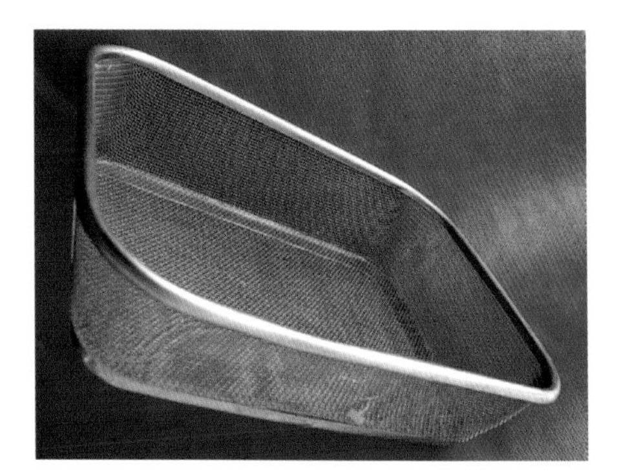

用于筛下小水蚤及更小的活饵等

用于雌鳉产仔，筛分稚鱼，漂在水面暂留鱼

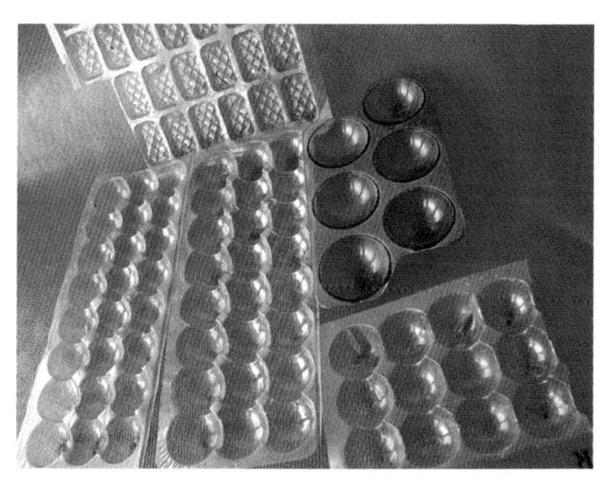

用于分隔血虫、汉堡包等饵，冻结后易分开

功用 虫杯用来装水蚯蚓，能牢吸于缸壁的上部，这样有利于喜在水面附近活动的热带鱼方便地摄食。

饵料碗（盆）置于缸底（浮性的可加卵石），可以将食物置于其中。人造沉性干饵如颗粒饵等均要置于饵料碗中，以免饵料散于整个缸底部；如果缸底已置一层卵石、小砾石等，则使用饵料碗的意义更大，可避免残饵等落入石子缝中而发生腐败。

塑料包装盒作饵料盆多会浮起来，应加些卵石

水草夹子可用于管理水草缸中的水草等，可以用来剪断水草、栽种水草和夹取任何不大的物体，不需手入缸水就能达到目的。

水草专用灯有30瓦、40瓦等数种，用于补充光线之不足或完全代替自然

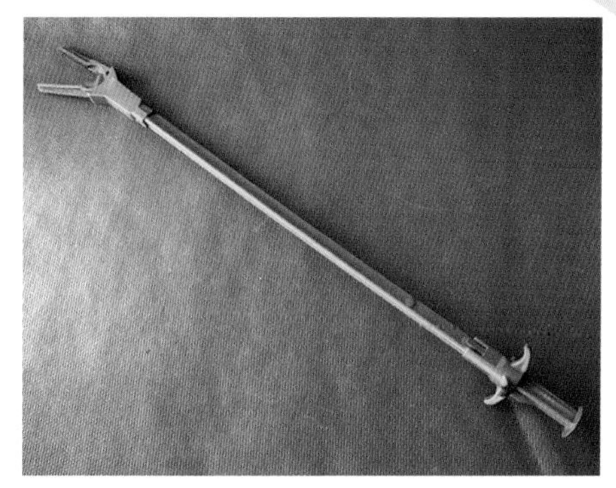

水草夹子

光，使水草能很好地进行光合作用，正常生长。金属卤素灯也叫水草灯、珊瑚灯，有150瓦、175瓦、250瓦等规格。

4. 垫物和饰物

名称 小卵石、卵石、珊瑚沙、假山石、饰壁板、小型工艺品、人造底粒泥等。

均径略小于0.5厘米的砾石可种一般水草

功用 小卵石多用在水草缸中，可在其上种水草；同时，小卵石也是有益微生物的“温床”。

卵石起装饰作用，在养大型鱼的缸中置一层较大卵石可防污物泛起。

珊瑚沙，用于海水缸中或需硬度较高的淡水热带鱼（如中美洲的玛丽鱼类和非洲大湖鱼类等），既可提高水硬度，也可“住”有益微生物。

均径略大于0.5厘米的卵石可种大水草

适合于非水草缸作垫物的较大卵石

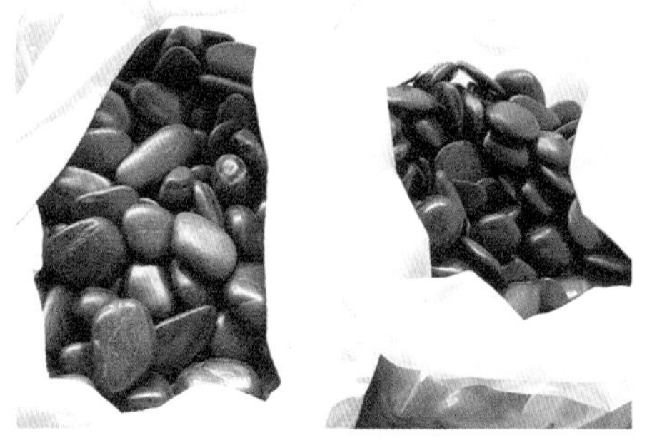
多用于装饰的黑卵石

装饰作用等强于卵石的玻璃珠

假山石，主要起装饰作用，但对于有些石头的岩性要注意，不能乱用。如石灰岩、白云岩、珊瑚石能增加水的硬度，沸石能交换阳离子，从而降低水硬度。

饰壁板，是贴在后壁与侧壁缸内或外的装饰板，板上常见的图案由具浮雕效果的薄片拼叠而成。

六棱柱缸后饰叠石板，观感好了许多

小型工艺品有桥、人、房子、小动物、花草等形状的，主要起装饰作用，加强造景缸的人文情趣。

用螺贝加工的天然饰物

小动物等饰物

人造景观饰物

自家收藏的饰物

多种袋装人造水草

篱笆、建筑物等饰物

真假水草搭配，装饰效果很不赖

人造底粒泥是人工制造的营养粒泥，可缓慢地释放出水草所需的氮、磷、钾、铁、锰等营养元素，让水草旺长。

人造底粒泥

各种大小的卵石、珊瑚沙、人造底泥粒等垫物和饰物，因增加了缸水与固体物的接触面积，故又叫增面物。它们的作用之一类似于滤材。

卵石等可起滤材作用

5. 其他电器与设备

冷水机 一般热带鱼适宜的水温为22～29℃，水温低时用加热器。以往水温太高时并无电器调节，目前市场上已有冷水机出售。

商品冷水机

蛋白质分离器 用于海水、淡水养鱼密度大的缸，开动工作后可降低水中的有机物含量，达到净化水质的目的，有延缓对水时间等作用。

水草水族箱的造景

1. 水草选择

鹿角苔草 普及程度：★★★☆☆

鹿角苔草

沉性或浮性群生水草，pH6.2~7.5，硬度36~268毫克/升（2~15° dH)，水温15~30℃，中等光照。

矮温带椒草 普及程度：★★★☆☆

矮温带椒草

pH6.2~6.8，硬度36~268毫克/升（2~15° dH)，水温28~32℃，中等光照。

草皮 普及程度：★★☆☆☆

草皮

pH6~7.2，硬度36~268毫克/升（2~15° dH)，水温20~28℃，充足光照。

小白菜草 普及程度：★★☆☆☆

小白菜草

pH6.8~7.2，硬度36~268毫克/升（2~15° dH)，水温20~24℃，较强光照。

绿菊花草 普及程度：★★★★★

绿菊花草

pH6.8~7.5，硬度 36~268 毫克 / 升（2~15° dH)，水温 18~26℃，中至强光照。

蛋叶草 普及程度：★★★★☆

蛋叶草

pH6~7.5，硬度 36~268 毫克 / 升（2~15° dH)，水温 18~30℃，中至较强光照。

红叶草 普及程度：★★★☆☆

红叶草

pH6.2~7.2，硬度 36~268 毫克 / 升（2~15° dH)，水温 20~30℃，强光照。

鹿角铁皇冠草 普及程度：★★★☆☆

鹿角铁皇冠草

pH6.2~7.2，硬度 36~268 毫克 / 升（2~15° dH)，水温 18~25℃，弱至中等光照。

太阳草 普及程度：★★☆☆☆

太阳草

pH6.2~7.2，硬度 36~89 毫克 / 升（2~5° dH)，水温 20~30℃，强光照。

大叶血心兰草 普及程度：★★★☆☆

大叶血心兰草

pH5.5~7，硬度 36~268 毫克 / 升（2~15° dH)，水温 24~30℃，强光照。

大箦藻草 普及程度：★★☆☆☆

大箦藻草

pH6.2~7.2，硬度 36~143 毫克 / 升（2~8° dH），水温 22~28℃，较强光照。

大水芹草 普及程度：★★★★☆

大水芹草

pH6.2~7.2，硬度 89~268 毫克 / 升（5~15° dH），水温 18~30℃，中等光照。

大象耳草 普及程度：★★★☆☆

大象耳草

pH6.8~7.2，硬度 89~268 毫克 / 升（5~15° dH），水温 22~26℃，中等光照。

宝塔草 普及程度：★★★★★

宝塔草

pH6.2~7.2，硬度 89~268 毫克 / 升（5~15° dH），水温 22~28℃，中等光照。

青荷根草 普及程度：★★★★☆

青荷根草

pH6.2~7.2，硬度 36~268 毫克 / 升（2~15° dH），水温 18~26℃，弱至中等光照。

大宝塔草 普及程度：★★★★☆

大宝塔草

pH6.8~7.2，硬度36~268毫克/升（2~15° dH），水温24~26℃，中等光照。

2. 水草水族箱的造景技艺

造景并不难！用一些水草和假山石就可造出个椰村

准备 准备一个水族箱，并予以清洗。要配套采购的必需物品：均径0.3~0.5厘米的小卵石，用于铺底种草，其厚度至少要6~8厘米；第一批栽种的水草和基肥等，水草最好要有前景、中景、后景的搭配；水草夹，用于种下水草与整理水草；沉木，其作用是释放些单宁等酸性物质，让莫丝草等水草附着，增加水质和景观的自然性；假山石、天然石头等，用于作为造景轮廓的基础；各种饰物，如桥、人、小屋、小动物等，用于加强情趣，增添造景的意境与效果；视箱的大小选购性能可靠、规格合适的潜水泵过滤系统、过滤筒、过滤盒及生化棉过滤器，4种之中至少要选购一种。如鱼多水草少，水草缸除过滤外还需增氧，至少要购一台单气头充气泵。加热器一般也是必需的，因为我国大部分地方都不是热带，虽然有的水草不必供热，但水族箱中的绝大部分热带鱼怕冷，

商品饰物部件是方便的造景材料

都要加热。如果想单独养水草，或者以养水草为主，顶多养3~5尾5厘米以下小规格热带鱼，还要考虑购买一套二氧化碳装备，配有高压壶、降压阀（气压表及气阀）、计泡瓶、导管、二氧化碳扩散器等（建议刚开始养水草，宁可多养几尾鱼，少种一些草，这样可以暂不必配备二氧化碳一整套装备）。最后还要采购2~3盏带罩水草灯。如果是重新造景，则很多物品均还可用，只是卵石等要事先洗净，电器等也要检查其可靠性，尤其是加热器是否灵敏。

途径 造景的过程似乎很复杂，而且造景方法更是仁者见仁，智者见智。造景过程还是要遵循一定的程序。

程序 第一步要检查所有准备好的物品。如玻璃缸是否清洁；水草有无局

用泡沫块、长软刷等全面洗涤鱼缸后用清水漂净

部腐烂，有则要剔除干净，以免传染；小卵石是否足够，是否干净等。

第二步为筑轮廓。首先铺小卵石，然后布置大块假山石。大块头的假山石有可能几十千克重，不能直接接触缸底部玻璃，必要时可用薄橡胶、塑料垫板等硬缓冲物垫底。卵石的铺法是先把约一半的小卵石铺入缸，要求稍微见平，接着较均匀地洒下基肥与小圆粒缓释肥料等（用量按说明书，不宜过量投肥），把余下的小卵石再铺入缸；紧接着注水，但要避免冲击小卵石中的基肥，最好从缸旁注水，注水处至少要离水草灯罩5厘米，也可以先注部分水先行种草，然后再注满水。种草前发现小卵石高低不平时，可用塑料过滤槽的盖子（长方形）等进行平整，只需用手抓住盖子的一端

按量下基肥（一般不必带水操作）

注水水管宜平置，避免冲出基肥

水不能加得太满

操作。

第三步为种草。种草多在缸水注满后进行，否则看不出效果。种草之前要事先浏览多个优美造景缸，之后拟个计划，有绘画专长者可以画草图，甚至是效果图。轮廓已定，胸有成竹，做起来就顺手。最一般的造景应该是前排种较矮的（连片）水草，后排种最高的与最密的或长得快的水草（但

要种的水草宜分门别类并预先摆放好

用莫丝草把易附着水草绑在沉木上

不要种满）；中间的高低仍可有层次，虽是介于前矮后高之间，但布局的疏密、点丛的颜色与枝叶形状及穿插分布等，关乎造景的主题或“主旋律”，所以要加倍用心。种草时的布局可以参考他人作品，也可自己摸索。种水草并无大技巧，用水草夹夹住要种的

用细线把水榕固定在沉木上，固定后拆线

为加强密植效果，种前可把水草预先捆扎

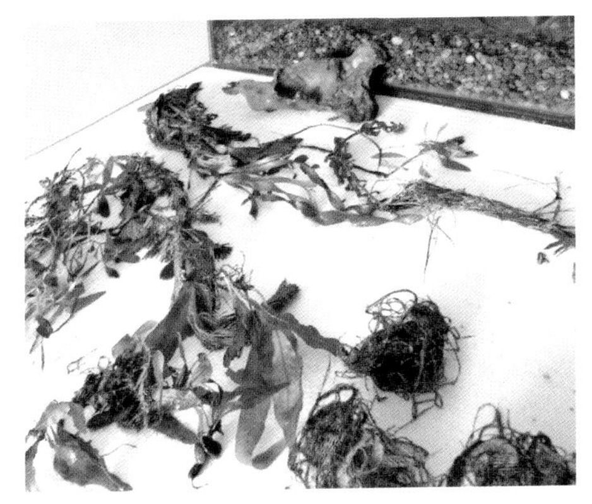
剩余的莫丝草缠成团，挂于水中美观且长得快

种水草的诀窍：夹住草的近根部，插入卵石中，然后松开后拔出夹子

水草根部附近，无根的水草可夹住水草的最下方（与顶芽相反的另一端），然后插到小卵石中，松开夹子后提起夹子，这样水草就种在了插入处。种水草时要边种边观察思考，不能按图索骥，不管实际效果。有可能有的地方需要整齐划一，把草处理得一般高，而在另一处则可能特意把等高的水草处理成高低前后不对称，“工”有“工”的美，“乱”有“乱”的章法，参差不齐更具天工之美。看来造景过程即为艺术创作的过程，可培养良好的艺术修养、一定的审美能力，逐渐成为造景的高手。

第四步是安放饰物。饰物可以随心所欲安排，但最好能有自己的想法和构思，从低标准的要求说，能够自圆其说也是一种成功，因为“创作”的结果以自己享受为主。第三步和第四步可更换，实际上不可能完全区分开。

第五步是安置过滤槽缸、潜水泵等电器。安置好后水草灯要试开，过滤系统要试运行，这样种草后浑浊的水就会很快澄清。

草种完毕，饰物、电器放好后，若缸水浑浊，可开启过滤筒

第六步为购买少量热带鱼。除中型水草缸可购买少量中型热带鱼，如1~2尾中规格神仙鱼，2~3尾中规格黑线鱼（也叫彩虹鱼或美人鱼）外，所有中型以下的水草缸均以体长10厘米以下小型热带鱼为好。常见的品种有上百种脂鲤科小型鱼（灯类鱼）、孔雀鱼类、剑尾鱼类、玛丽鱼类、蓝三角等波鱼类、虎皮鱼等鲃鱼类、斑马鱼类、捆边鱼和黄金条鱼等小型鲃鱼类、红尾黑鲨和彩虹鲨等野鲮鱼、金丝鱼等小型鲤科鱼类、斗鱼类、丽丽鱼类、除黄金鳉等少数种外的大多数卵生鳉鱼（包括蓝眼灯鱼、潜水艇鱼、竖琴鱼在内的数十种卵生鳉鱼）、小型银汉鱼、南美短鲷鱼类。这些热带鱼先买多少尾呢？中型缸可先买10尾以内，小型缸可先买5尾以内，微型缸可先买体长3厘米左右的小鱼4~5尾，也可以放养几只微型观赏虾，观赏虾可清理很大一部分丝状短绒状青苔，打扫水草“身上”的卫生。同时不要忘了建立有益微生物群落，可到良性循环的水草缸中“引种”，把小卵石等取一些放入自己的新缸中，也可以购买商品硝化细菌等，按说明书添加。最好的是请教有经验者。当然若能肯定缸中已有来自大自然的有益菌，可省去“引种”环节。此外，还要从第二天起正常喂鱼，不投饵的缸有益微生物繁殖不起来。等过半个月后可以分1~2次，把缸中鱼只增加到初时的3~5倍或更多些，以感觉鱼密度不大，或1个月以上可以不对水而鱼草都长得好为准。养好一缸水草，平时要留心观察，这就让你“忙并快乐着”。

水澄清后，先投放少量耐粗放鱼

3. 水草水族箱的二氧化碳管理

不用情形 水草光合作用虽然少不了二氧化碳，但不等于都要配备二氧化碳供给设备。有如下情况的可不必配备：水草品种不“名贵”，水草比较耐粗放，尤其是静水中的水草，有的水草不需较多的溶解二氧化碳，那么尽可以把这些水草与热带鱼混在一箱，充气也罢不充气也罢，过滤也罢不过滤也罢，它们都长得不错。此类水草包括青叶草、新青叶草、小宝塔、小水兰、扭兰、象耳草、莫丝草、小水芹、牛毛毡、铁皇冠等。

一个中型水草水族箱若有5~6尾体长10厘米左右的热带鱼、小型缸有5~6尾长7厘米左右的热带鱼，若用的是筒式或盒式增氧过滤器，一般也不用充二氧化碳，条件是要给这些鱼每日正常投饵。如果缸中的鱼再小一点或再少一些怎么办呢？可以在开水草灯时停止充气及关掉潜水泵；感觉水草长得不如往日快时，还可以提前个把小时变动水为静水；如果感觉仍然不理想，则可把水草缸之盖子盖得更紧些。条件是每日均要开几个小时水草灯，且要正常投饵喂鱼，但每日开灯前的 8 小时至开灯前的 4 小时这 4 个小时时间里可不受任何限制，包括打开盖子与恢复动水。

要用情形 如果水草密植一大片，水草长得越发衰败，不充二氧化碳已不可能有欣欣向荣的景致，那就要充二氧化碳了。但二氧化碳不要随意乱充，也不要以为开越大水草越受益。其实开太大时二氧化碳就会随动水散逸到空气中去，因此开太大根本无用，开得小倒能几乎全数被水吸收。二氧化碳常温下极易溶于水，且有部分与水结合变为碳酸，这会降低水的 pH，要特别注意。一般地说，以小型缸每 2 秒从计数瓶中上浮 1 个气泡，中型缸每 1 秒上浮 1 个气泡，就可满足缸中植物对二氧化碳的需要，水草实在多而又无鱼或鱼极少时可适当多充二氧化碳，以不超过上述 1 倍为限。

二氧化碳钢壶及压力表、计泡瓶等配件

二氧化碳扩散器，水从侧面斜喷，气从下逸出

电子二氧化碳生成器主机

电子二氧化碳生成器水下部分

外出情形 有时去外地旅游等，不能每日管理二氧化碳的充停，这时暂时停充二氧化碳，不会有太大影响；但若开启投饵机或请人代为投饵，则可以日夜不停地充最小量二氧化碳。此时如果配有电磁阀，即由电磁铁通电开启气阀而不通电则恢复闭态，就安全多了，可避免不增氧时一直充二氧化碳而造成严重缺氧，导致死鱼的情况发生。市售只需通电即可产生二氧化碳的装置，停电时二氧化碳自然停充，很安全，该装置体积不大，其效果如何可试用观察。

警惕 当缸中日夜充较饱和的二氧化碳且缸处于较快的动水状态时，鱼草两旺。倘若只是动水系统因故停止工作，那么整缸的鱼将几乎全数窒息。如果动水系统有故障、过滤系统有一定程度失效，那么，在充二氧化碳的条件下，无疑也会大大增加鱼死亡的可能性。

二、热带鱼的饲养及日常管理

天然活饵的特点与使用

1. 血虫（红线虫）

属性 昆虫摇蚊的幼虫阶段，因通体颜色血红而得名。25℃以上，摇蚊卵孵化后只要5~6天便化蛹，再1天后即变态为摇蚊。

摇蚊幼体——血虫（红）和摇蚊蛹（褐）

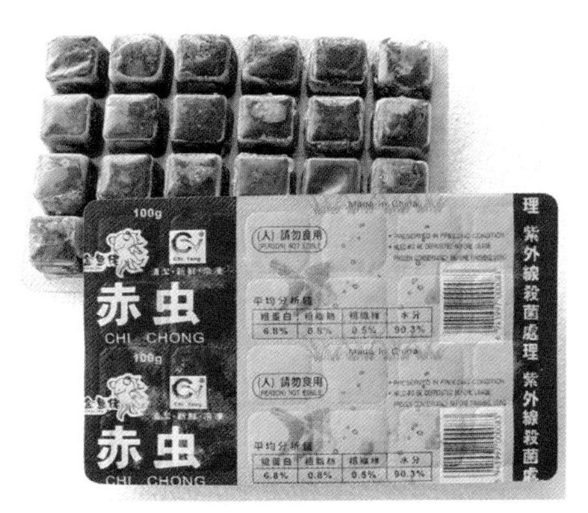

吸塑包装血虫

特点 所有活饵中，血虫是营养价值最高、营养最全面的一种，几乎所有鱼都嗜食此虫，集结量多时有标志性甜味。但因幼虫阶段短，故不能久置。否则将“蒸发”（化为绿蚊而飞走）。

使用 最好能把该虫捕获后置于0℃的冰水中，如此可投喂多日。如果该虫数量甚多，可多投喂。不管何种食性鱼，杂食性或捕食性热带鱼均可以该虫为主食，也可以用作营养品。一般安排在繁殖前或带仔鱼阶段，或在速长阶段用。除仔鱼外，其他阶段热带鱼均可投喂该虫。

2. 水蚤——淡水蚤类、海水蚤类

属性 淡水蚤类主要是枝角类，当环境条件适宜时不产休眠卵，而多是直接产幼蚤。海水蚤类以桡足类为主，主要是镖水蚤和猛水蚤，当水温不是很极端时，常年均可繁殖。

捕捞淡水蚤类时，注意不要混入蜻蜓幼虫（水蚕），水蚕入缸后会嚼吞幼鱼

特点 蚤类营养价值极高（只是活体水分较多），营养较全面，可以说能满足鱼类对所有养分的需求。它是仔稚鱼的极好饵料，适口性好。鱼以蚤类为主食时生长迅速。淡水蚤类中最大种类的最大个体长约为0.4厘米，而海水蚤类中最大种类的较大个体长常达1厘米。生命周期短（仅几天至几十天），活体保存和养活有困难（除非养殖条件具备）。海水蚤类捞取不易，一般城市养鱼者不容易捞到。

使用 可以直接撒到水中投喂，让鱼追逐摄食，但密度不宜太大，见被鱼吃得所剩无几时可再行添加。刚起游的仔鱼，如神仙鱼等丽鱼仔鱼，即可摄食其中最小者，所以可筛出最小的部分喂仔鱼。因蚤类死后其体内高蛋白等极易腐败而影响水质，所以每天最好要抽吸死蚤体1~2次（静水），或每天至少清洗第一层过滤棉等2次，并且还要密切观察水质有无变坏。

3. 水蚯蚓、沙蚕

属性 水蚯蚓形如蚯蚓，但更小，断体同样能再生，系环节动物。沙蚕有几分像蜈蚣，生长在多有机质的浅滩，因全身软而长，常被较大的鱼和对虾等从头吃到尾，系环节动物门多毛纲动物。

特点 水蚯蚓量大价廉，营养也较全面，鱼的必需氨基酸也基本具备。可以作为鱼的主食，但最好要辅以植物饵和其他活饵。适口性较好，长1~5厘米，各规格鱼可各取所需。但水蚯蚓缺氧时易死亡。

将装有水蚯蚓的虫杯吸附于缸壁

使用 水蚯蚓常被少量置于水下或虫杯中，能较长久（至少几天）活着，但水中若有某些杆菌，则水蚯蚓两三天全死。不过一般总是投喂少量，让鱼在20~30分钟内吃完，每天1~3次。

沙蚕多用冰水存放，也可冰冻存放，投喂时解冻，但在缸中仅适合喂较大的鱼（体长8~10厘米或以上），并且最好不要作为鱼的主食。

4. 草履虫、轮虫

属性 草履虫是一种大型纤毛虫，形如“鞋底”，滤食水中的有机物、单胞藻和细菌等。轮虫是蛭态目的小虫，捕食单胞藻等，形状如一个广口瓶拖着一根尾巴。

特点 草履虫繁殖得非常快，繁殖容易。草履虫长0.18~0.3毫米，是大部分小型鱼仔鱼的开口和适口饵料。

海水中轮虫的品种较多，淡水种类少，繁殖均较快。一般轮虫长0.2~0.38毫米，比草履虫略大一点，是大部分海淡水仔鱼的适口饵料。

使用 用硬质十字花冠科蔬菜，如包菜、甘蓝菜等来培养草履虫效果最好，其他蔬菜和稻草秆等也行，培养很方便，在饲养仔鱼时作用巨大。取草履虫投喂时，如培养较少可先让其趋光，以便捕捉；如培养较多可直接用大瓢或小碗舀起水面的“白膜”喂仔鱼。因仔鱼孱弱，故不能投喂太多。

轮虫培养要有一定水面，较麻烦。如附近有对虾养殖场，因对虾育苗要培养轮虫等，可向有关人员请求提供少许。轮虫的投喂密度与草履虫一样，也不能太大。应注意的是一段时间后应尽快转为以蚤类为主食。

5. 其他活饵

名称 丰年虾（又叫卤虫、咸水虾、丰年虫等）、糠虾、钩虾、麦秆虾、磷虾、虾、黄粉虫、昆虫、孑孓等。

罐头中倒出少许丰年虾卵

特点 丰年虾长 1~1.5 厘米，适合喂较大的鱼。商品丰年虾卵孵化的幼仔长 0.03~0.04 厘米，是稍大规格仔鱼的开口饵料。初孵化的幼仔含卵黄，营养丰富，可趁早用 100~120 目筛绢捞起投喂仔鱼。

糠虾是一种外形似虾，只靠泳足运动，基本上不用步足运动的甲壳纲小动物。常见体长 1 厘米左右，营养上等，但不易存活，多用解冻鲜体喂较大的鱼苗。

钩虾是一种外形似虾，头较大尾部较小而弯向腹部的甲壳纲端足目小动物，常见体长 2~3 厘米，营养上等，常混在海藻等丛中，不易捕获，但可存活数天。适合于喂小鱼。

麦秆虾也叫麦秆虫，是一种类似虾，但具较长端足的小生物，营养较丰富，底栖，故不易捕获。可喂小鱼（属性与钩虾相似）。

磷虾是一种酷似虾的甲壳纲较小动物，营养价值高。头胸甲处下侧有指状裸鳃；头胸两侧和腹下能发荧光。我国南北均有磷虾，但东海和南海的种类较多，常见个体长仅 2~3 厘米，只有南极磷虾的 1/4~1/3 长。磷虾易死，故多以冻虾或干虾投喂，仅有条件的地方才使用活饵。

沼虾等小虾

虾可分为淡水虾与海水虾。淡水虾较小，常见体长 1~7 厘米，采购较易，捕获后如果保护好，可较长时间饲养，随时提供活饵。海水虾较大，常见体长 3~13 厘米，采购虽较易，但个头均较大，小的要到虾场设法得到。虾类营养价值最高，无论大小均可作为不同规格热带鱼的上好适口饵料。有条件者可以虾为主食，不必投喂其他辅助饵料。许多淡水小型虾能在水草缸或青苔缸中大量增殖。

黄粉虫，也叫皮虫、面包虫，是一种鞘翅目昆虫，其幼虫吃粮食及其秸秆等，昆虫的幼虫系杂食性，用面包屑、麦麸、果皮等便可培养，适合喂大鱼。捕食性鱼，如龙鱼、虎鱼、射水鱼等在抢食该虫时争斗激烈。唯独遗憾的是黄粉虫脂肪较多，但脱脂干虫粉蛋白质高达 70%，氨基酸、矿物质全面，对要求保持体形和争取长寿的热带鱼来说，均为佳肴。

黄粉虫自己爬上筛网，便于投喂大鱼

昆虫是一类节肢动物，营养价值较高。较大昆虫如蚱蜢、蟋蟀、蝼蛄、蟑螂等是龙鱼及其他捕食性鱼的“美味”；蚊、蝇、松藻虫等则是其他较小鱼的“野味”。但松藻虫能捕食仔稚鱼，须注意。

孑孓是蚊子的幼虫，在华南终年可见，北方除冬季外可见到，一般有水有蚊子处就可以发现孑孓。用 80 目蚤捞捞起喂鱼，效果仅次于水蚤和血虫。笔者 30 多年前见到汕头动物园就用孑孓喂热带鱼。

人工饵料的特点与使用

1. 普通人工饵料

种类 普通人工饵料由传统饲料按科学配方加工而成。原料包括各种鱼骨粉、肉骨粉、血粉、蚕蛹、水解毛发、贻贝肉、福寿螺肉、豆饼、菜籽饼、饲料酵母、豆类、粮食类、薯类、麦麸、酒糟等约百种。

特点 多制成干料，入水即软化，可被鱼吞食。粒状产品规格有短圆柱状、药片状、扁鼓状、不规则状等，还有薄片状、辣椒籽状，及膨化饵料等。最大优点是贮藏方便，随时可取用，并且使用方法非常简单。

筒装薄片饵料

颗粒饵料

片状饵料

各种罐装饵料

2. 高科技添加剂饵料和有益细菌制剂

概念 在饵料中添加芽孢杆菌、双歧杆菌、乳酸菌、光合细菌、硝化和反硝化细菌等有益细菌中的一种或多种，可增加饵料维生素含量，改善水质，使饵料功能大为提高。

作用 不但能改善鱼肠道内微生物群落的结构，增加食欲，增强对鱼病的抵抗力，而且还能影响水环境，加速残

商品虾红素饵料、水质稳定剂、黑水等

无菌干虾、水质稳定剂、安定剂、硝化细菌等

饵和鱼排泄物的分解，降解氨、亚硝酸盐、硫化氢等有毒物质，调高 pH，改善环境，使致病菌等无立足之地。

3. 动物鲜肉与冻肉

名称 最常用的有鱼肉、虾肉。瓣鳃类肉一般均可入饵，如淡水的蚬、河蚌，海水的贻贝等。圆田螺、田螺、福寿螺也可作为饵料。

特点 鱼肉、虾肉来源广泛，选购方便。瓣鳃类动物在内河和沿海滩涂多见，不少是重要副食品，价格不高，利用较广，如福州就有冻蚬肉出售。田螺等则生于池塘等淡水水体中，亦有养殖的，受产地与加工等制约，应用不如前两类普遍。只是应特别注意自然水域中是否有传染病，若有则极易通

鲜蚬

大贻贝剖开或剪碎可投喂大、中型鱼

过动物饵料传染给缸中的鱼，例如，经过冷冻的鱼肉等有时也会传播白点病、打粉病等鱼病，只是发病时间稍迟一些。

4. 功能和专用饵料

概念 能起特殊作用的饵料叫功能饵料。现在最突出的是增红或其他增色饵料，如给观赏鱼着上蓝色或纯淡黄色等，但不是所有观赏鱼体色的增艳与改变，都一定要通过饵料途径实现。

多种增色饵料

作用 增红或其他增色饵料的确能在较短时间内（多为1~2个月），使热带鱼明显变红或变成其他颜色（尤其是鳞片）。现在我国一些地方生产虾红素（又叫虾青素），如果饵料中添加虾红素，则可以使鱼增色，并且几乎无副作用，但如果用别的药物，则往往使鱼健康受到损害，往往引起死亡。

5. 七彩“汉堡”

用途 七彩“汉堡”是专门制作提供给以七彩神仙鱼为主的观赏鱼食用的。这样可以避免把野外的鱼病和寄生虫，通过活饵传播到鱼缸中，绝对避免了交叉感染，能养出偏红调的漂亮的七彩神仙鱼，并且能顺利地进行繁殖。

半解冻即可投喂的“汉堡”

制作 “汉堡”的配方有较大的弹性，一般的配方为1~2千克牛心（毛重），0.5~1千克食用鲜虾（海淡水均可），西红柿不超过0.5千克（可用胡萝卜0.25~0.35千克代替）或包菜不超过0.5千克（可用白萝卜或白菜0.7~0.8千克代替），加入50克鱼粉和少量螺旋藻会更好。对于较大的鱼可适当增加蔬菜比例。

制作方法：先把牛心外围的油、筋、心冠等剔除，再切成方形小块，虾洗净（用全虾），蔬菜等切细；把上述原料组合后置于打浆机中打浆（要适当加水）；然后刮出置于容器中冷冻待用。容器可为一般的铝饭盒，也可为一般的塑料袋，最好平摊成较薄的片状（若能得到有小方块凹陷的吸塑若干片，则更好，见p17左上图），以便用手掰出一小部分，投喂方便。

此外，可在“汉堡”中添加维生素、驱虫药等，这要看有无必要。

植物饵料的种类与使用

1. 青菜

种类 常用的有各种十字花科蔬菜（但油菜型嫩于甘蓝型）和菠菜，其他青菜有时也用。

用法 似乎十字花科蔬菜有芥子味，鱼还是比较爱吃，所有鱼的口味似乎无大差别。菠菜因无芥子味，且嫩，所以有人提倡鱼应该用菠菜。其实青菜（如卷心菜）少草酸无异味，鱼更喜食。最好扎成束投入水中，半个小时左右吃不完的应该提起，以免腐烂而污染水质。

2. 藻类

种类 单胞藻类、多胞藻类、单列藻类、大型藻类。

用法 单胞藻即单细胞藻类，如衣藻、小球藻等。量多时缸水呈绿色，大鱼食用的主要是单胞藻死后沉淀物，含多种维生素，营养全面。

多胞藻为多细胞构成的群体，如一些海藻，多胞藻有不少种类可直接被鱼吞食。

单列藻类是由单列细胞构成的丝状体，有的种类丝状体略有分枝，如鱼缸壁长出的多种青苔、水棉和刚毛藻等。对于普通的单列藻，一般鱼类只能取食其刚长出的细嫩部分，鱼缸中“短绿茸”青苔和飘浮于水中间的“绿游丝”是鱼的上好补品，若有这两者则不愁鱼生长不良。

大型藻类形体呈叶状、带状等，或覆盖在其他物体上，如紫菜、海带、马尾藻等。大型藻类大多被较大鱼取食，与青菜一样可作为较大型热带鱼的饵料，如皇冠九间鱼、银鲳鱼、飞凤鱼等，也应扎成束投喂。

3. 水草

概念 真正的水草是指绿色有花草本植物，而“观赏水草”的范围远不止上述范围，包括了藻类、苔类、蕨类（如实球藻）、草类和水生非草本绿色有花植物。作为被鱼食用的水草就只是其中细嫩的部分。

用法 苔是一类低等植物，如玫瑰苔、凤尾苔，易被食藻鱼类（琵琶鱼、青苔鼠鱼、小精灵鱼等）破坏与取食。苔类一般是作为前景草入缸的。

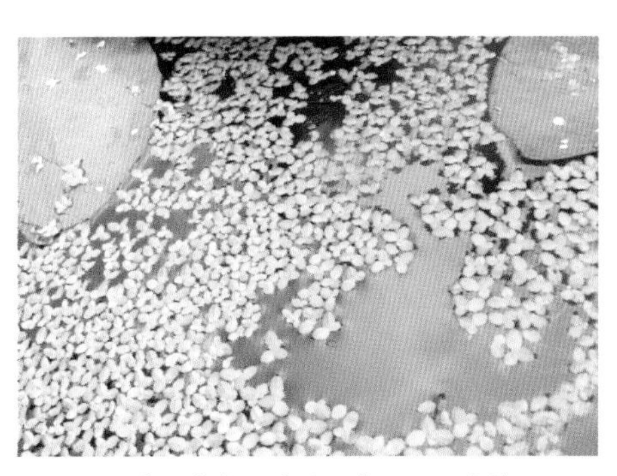

热带鱼喜食的异型水草——小浮萍

热带鱼喜食的九针金鱼草

故若要保护前景草，则暂不放养上述鱼种。

蕨类可入水草缸的种类比苔类多，如鹿角铁皇冠、铁皇冠、小水芹、黑木蕨等。蕨类“水草”在水草缸中一般情况下不会受到威胁，但在缺饵的情况下也会被琵琶鱼、大型丽鱼食用。

名副其实的水草占水草缸中水草品种的绝大部分。许多水草在水草缸中可开花结实。典型的水草如黑藻（误称藻）、金鱼草、大宝塔、红柳、新青叶、小水兰、血心兰、荷根、皇冠草（含纤维多，但琵琶鱼照吃）以及绝大部分萍类。一般的水草入缸缘于其观赏性，但如果主人长期外出旅游、出差，观赏鱼很可能挨饿，其中中大型鱼，如一些丽鱼（草食鱼就更不必说了），则总是把缸中软质水草先吃掉，然后再吃较硬的。观赏水草被吃确实有点可惜，但能使那些观赏鱼很好地存活下来，不也实现了“价值的转移”吗？对于实在珍贵的水草，可在出行前暂且隔离，也可以从其他地方（如野外）想办法，捞些较常见的软性水草（如金鱼草和萍），以备鱼充饥之需，只是要注意避免“捞回病害”。

黑藻

饲养水的技术处理

1. 使用前养鱼水的处理

养鱼之前都要进行水处理，不要怕麻烦，这一过程叫备水。水源不同，备水的方法不尽相同。

自来水 时下养鱼水多为自来水，自来水含氯较多，水龙头流出的水若即用于养热带鱼，在一般情况下鱼必定受不了，应静置、充气或强过滤后使用。

井水 如果用的是井水，井水与地面水极可能存在着温差，需进行加热等调节；此外，井水的硬度多半都较高，也要注意。

河水等 河、池、湖中如果有鱼，则可认为该水可养鱼。河、池、湖的水原则上都要进行“困水”，即沉淀。沉淀是把河、池、湖的水引蓄到一个较大的容器中，容器一般要加不透光的盖，或者置于室内自然光很弱的地方，几天以后水中的单胞藻及部分微生物已死亡沉淀，水从原来的浅绿色、黄绿色或深绿色变为澄清，把上部的水引入缸中方可养鱼。当然，若河、池、湖中的水有传染病病原菌（有发现一些死鱼），沉淀后仍可能使鱼致病，这种情况下不能到野外采水，否则将可能增加无尽的麻烦。

河水一般都较凉，最好也应在常温中“预热”，或者干脆在充气的条件下用加热器加热，使原缸水与要加的水温差在2℃以内。

2. 使用中养鱼水的处理

"水坏" 养鸡、鸭、猪、兔要搞卫生，养鱼也一样，鱼的排泄物统统"屙"在缸水中，时间久了水是一定会"坏"的，在水全"坏"之前是要想些办法的，否则鱼将有生命危险。

措施 办法有几种，如换水、对水、种水草、加强过滤、加微生物处理剂等。

换水 换水是换备用水。换水似乎是最彻底、最管用的办法，但换水也有弊病：一为水太新，有的鱼受不了，如神仙鱼常因新水而烂鳍；二为水太新，水中微生物含量骤减，无法对病原菌起到抑制作用，鱼极易得病（如淡水白点病）；三为水的物理（水温、透明度、组分等）、化学（酸碱性、硬度等）性质相差太大，鱼不适应，甚至拒食。耐粗放的鱼可以采用本法，如大部分孔雀鱼、叉尾斗鱼等。

对水 对水即部分换水，一般不超过1/3。对水好处多多：一为鱼几乎都能适应；二为水中微生物虽然有所减少，但要不了两天数量就恢复原样了；三为水的理化性质变化小，鱼能很好适应；四为省工；五为抽去底部污物后鱼缸显得整洁美观。所以不是情况特别，一般都是用对水法解决问题。

何时 何时对水就看水是否"坏"了，水未"坏"不必对，一旦水"坏"了或有征兆应立即对水。水很脏或很浑浊，鱼呆滞成团，已失去胃口，拼命"争上游"（逆水游），应立即对水，且要先对1/3左右，半天后再对1/3。缸中水虽不很浑浊，但表面气泡大小皆有，动水设备工作正常，鱼却没胃口或仍然浮头（此为富氮浮头，而一般浮头是鱼浮于水表附近，把头上仰争取氧气而不愿待在缺氧的中下层水中），此时应立即对水。水底污物太多，不仅影响观赏效果，而且影响到投饵效果，饵料染上污物臭味后鱼就不感兴趣了。另外，污物太多有可能引发水质突然变化而死鱼，如此说来得抽去污物和少部分水，加入等量活水。

步骤 如果缸中有充气或用潜水泵过滤，应该断开电源，使缸中的动水暂时变为静水，此时悬浮污物将沉淀，并因鱼的游动等原因而集中到低处，便于抽吸。过滤槽缸上的滤棉等也要清洗。

专用抽水管的优点是不会把鱼和石子吸出，只吸沉淀物，其使用步骤如下：

（1）把吸水端（大管径套头的一端）浸没于缸水中，另一只手握住缸外管中间的气囊，气囊之下出水端口高度应在缸水面以下。

（2）使劲捏扁串联于管段之囊（有时要连续捏数次），然后迅速松手，缸水将从缸中流出（缸水太浅有可能吸不上，则只好在抽水管中事先灌水，即让专用抽水管先充满水）。

（3）抓牢抽水端把手处，对准污物抽吸，并用水桶等接纳抽出的水。因有套头，故鱼和石子等不易被吸出。抽水以后照例要添备用水到原水位，并接通暂停的电源。

3. 养鱼水使用后的处理

浇花 被抽出的养鱼水有何特点呢？有的含有机物多，过滤已不起作用；有的含“三氮”很高，“三氮”指的是氨、亚硝酸盐、硝酸盐；有的含小颗粒蛋白质、半分解蛋白质或胶质较多，表现为水表面气泡增多，不管有无充气都经久不消失，水浑浊。这就可见养鱼水已很“坏”，不易复原，但却有一定肥力，尤其是底部污物层厚、残饵较多的废弃水，是浇花的首选用水。

含氮高的水可用来种大柳等大叶水草

降氨 水中含氨量高，不过经过滤系统处理一段时间后，可将氨全部转化变为硝酸甚至氮气等。但前提是过滤系统中的过滤槽、缸很管用，而且功能较强大，其间充满着工作效率很高的硝化细菌，静水处或有反硝化细菌。

降肥 将使用过的养鱼水排到室外小水池或大水缸中，任其长出青苔、单胞藻等（可人工引种或注少量绿水等）。一段时间（最多1~2个月）后，该水的肥力已降到和普通自然水域中的水相近，可再用以养鱼。其间若缸池水变绿也可用于养殖水蚤。

降解 把大量使用过的养鱼水集中起来，最好放置在室外能见到阳光处。在水中添加少量微生态制剂，如EM复合微生物制剂。微生态制剂含有光合细菌、枯草芽孢杆菌、双歧杆菌、硝化细菌、反硝化细菌等，可以在极短的时间内使水质恢复正常，再用来养鱼。之所以提倡废弃水集中处理而不在养鱼缸中处理，主要是考虑操作简便和效率。鱼场或缺水地区可用此法。

4. 特殊情况

洪水 自来水水质并不是永恒不变的，笔者有多次均因在汛期对水，“报销”了不少种类和数量的热带鱼。究其原因，是洪水期水特别浑和脏，自来水厂在处理自来水的过程中，多添加了些处理剂。一般备的水第二天用没问题，但洪期不行，自来水中大量的处理剂使鱼吃不消，其中包括体长10多厘米的七彩神仙鱼和神仙鱼等的种鱼。所以洪期应暂停、少用自来水，或用足量活性炭过滤后再用。

井水 井水容易受地面污染源污染，如沟水、工厂废水（如先前电镀厂铬酸盐泄漏）等。所以，有与地表水串通的井水不可随时用，甚至永远不能用。

池水等 池塘中经常有死鱼，鱼若死得多就极可能有鱼病，此时就不能到该池塘取水养鱼了。湖泊水也不都安全，河流好些，但河流往往与湖池相通，还有工农业污染等，也应注意。

水温悬殊 对处于正常养鱼的缸中水，进行注水、对水，或移鱼、合缸、挑鱼时，水温差均不能超过2℃，否则将引起鱼病（感冒、气泡病等）。

一般热带鱼的管理

1. 无增氧缸的管理

水静 缸中水静止不动，鱼的氧气供给全靠水界面上溶入的氧，溶入的氧有限，所以养鱼不能太多。若见到缸中鱼经常浮头，尤其是投饵后不久，表明养鱼的量过多，或鱼太大，宜赶快“分流”，否则因鱼一天天长大，极易因气候变化或水质变化而死更多的鱼。若鱼基本上不见浮头，说明养鱼数量或大小暂时还是合适的。此外要想多养鱼，就养能利用空气中氧气的鱼，如攀鲈科鱼、某些鳅科鱼、部分鲇形目鱼和鳉（假鳃鳉）科鱼等。

室内 置于室内近窗户的缸，光线强，易长青苔，水亦容易变绿。如果遇到这种情况且主人无法忍受，其一可以选择用半透明的物体遮阴，可全遮或半遮等；其二是“乾坤小挪移”，让鱼缸离窗户远些。近窗户如果阳光可照到的时间长，应注意暑热冬冷的影响，采取相应措施。此外，应注意窗门内外有无“不速之客”，如猫、鼠、鸟等“拜访”，应做好防范工作。

鱼缸置于光线较差的地方则应补充照明，最好用水草专用灯。若种上些水草，一天开灯 4~6 小时，就成了一个人造小自然环境。若不用水草灯或不设灯具效果又如何？根据经验，有一大部分品种鱼的体色极差，有少部分品种鱼发育不良（长不大、易夭折等），绝大部分品种鱼繁殖成问题或根本不繁殖。

草旺的缸中，水好、鱼不缺维生素且颜色鲜艳

室外 置于室外的鱼缸、鱼池光线充足，水极易变绿，影响观赏，可设法适当遮阴。如果遮阴不方便，可在水面上种萍、大萍、芜萍、水葫芦、水芙蓉（日本水浮莲）等，但至少要留下 1/2 水面，并且还要观察放置萍后鱼是否会缺氧。若缺氧导致鱼浮头厉害，也只好用充气等方法解决缺氧问题。

如果水已变绿，水温又不低，一旦受到太阳的照射，单胞藻将进行强烈的光合作用制造大量氧气，以致静水时常见白天氧气泡充满池，鱼也必定得气泡病。为预防事故，也只好给室外缸、池遮阴并适度充气。

室外更要防范热带鱼的天敌，最安全的办法就是加网盖，并且网眼不能太大，否则天敌仍有机可乘。

2. 有增氧缸的管理

水“转” 有增氧的缸水能“转”，即可循环流动，只是用气泵充气时水在竖直面“转”，用双喷头潜水泵过滤连增氧的，水在水平方向“转”，二者比较以后者为佳，因更符合鱼在自然界中的状态。

风险 既然鱼缸有增氧，那么养大量的鱼也应该没有什么问题吧？可是问题就出在这里，养大量的鱼，常会有“万一”：万一电器出故障而人在远处，半小时之后也许仅剩百分之几的鱼仍活着；万一过滤系统内部阻塞，起不了作用，很多鱼可能因氨中毒而死；万一外线路或自家线路出故障或是短路跳闸，停电造成的事故具毁灭性。对于第一个“万一”，可以选择同时置潜水泵和充气泵来降风险。对于上述第一个“万一”和第三个“万一”可用安装电源变换器加以解决，一旦停电则电源变换器立即开始供电。对于第二个“万一”，则只能靠平时多留意观察。若过滤槽、缸使用已久，清洗理所当然，为保险起见（有益微生物量不至于变化过大），可以把过滤槽、缸分为前后两部分分两次清洗，两次相隔应该不少于5~7天。

充气 对于在室外的缸、池，动水设备很有好处，可以彻底避免气泡病。然而一般最好采用充气而少用潜水泵过滤。原因如下：首先，室外若行过滤则热带鱼无法利用沉淀的单胞藻，这是一块巨大的损失，等于养在室外的优点被抵消；其次，因青苔、单胞藻残体等较多，过滤槽、缸容易阻塞，清洗次数增加，要多花费时间；最后，凡置于室外的缸、池要想卫生搞得较彻底，只能是先洗刷部分内壁，停气，让脏物沉淀，最后用较大的水管虹吸抽取去，只靠过滤不能彻底解决问题。

3. 不同类型热带鱼的管理

一般认为，成鱼体长10厘米以下为小型鱼，10~20厘米的为中型鱼，21~40厘米为大型鱼，40厘米以上为特大型鱼。

小鱼 体长1.5~6厘米的小型鱼和体长3~6厘米以上的中型鱼，一天可以投喂2~3次，一般30分钟后清饵。清饵即设法把未吃完的饵料取走、抽吸走。投喂量宜掌握在八分饱为好。

中鱼 体长4~15厘米的中型鱼和体长7~12厘米的大型鱼或特大型鱼，一天可以投喂2次，25分钟后清饵。投喂量掌握在七八分饱为好。

大鱼 体长13~20厘米的大型鱼和体长13~25厘米的特大型鱼，一天可以投喂1~2次。笼统地说，体长20厘米以上的隔1~2天投喂，也无大影响。这些大鱼偏荤食性，投喂量伸缩性较大，可几天不喂，倒是容易养。

此外，投喂的另一原则为水温高时多投喂或增加投喂次数，鱼大得快，但水温高时衰老也快。

4. 亚马孙河鱼类的管理

特点 亚马孙河是世界上最大的一条河，位于南美洲北部，干流中心纬度从赤道到南纬10°，是赤道热带河流，流域有热带鱼约3000种。河流绝大部分水域水温20~30℃，绝大部分水域pH4.5~6.5(酸性至弱酸性)，硬度18~107毫克/升（以碳酸钙计，相当于1~6° dH）。当然，亚马孙河上游（pH＞6.5）和某些多腐败植物处(pH＜4.5)，是不同于上述一般状态的两个极端水域。世界第二大河非洲的刚果河，干流及大支流水质状况也类似于亚马孙河。绝大部分热带鱼原产地都在这两条大河。两河鱼类都以脂鲤科鱼和丽鱼科鱼等为主。

要点 饲养上述河流热带鱼，除少数外，水质按酸性至偏酸（弱酸）性、极软水至软水来管理，鱼都长得好。饲养此类鱼时缸水质变化要小，并要多种各种水草，多水草也是原产地特征。此类鱼多因水太硬、水温太高（长期32℃以上），长期用中性甚至弱碱性水饲养而得病，最终死亡。

草泥粒用于降低 pH 且作用快

草泥丸作用同草泥粒，但有效时间长

5. 亚洲东南部热带、亚热带热带鱼的管理

特点 亚洲东南部有大半岛，山高谷深，有较大河流而无顶级大河，赤道附近的大岛，河流一般都比较短小，降水量非常丰富；中国的热带地区也出产热带鱼，如白云金丝鱼、黄金条鱼及变种等。亚洲东南部热带鱼几乎都能适应如下水质：中性水（pH ≈ 7)，硬度比亚马孙河高，89~161 毫克 / 升（5~9° dH），水温 20~30℃。亚洲东南部以鲤科、鳅科鱼为主。局部有火山岩的水域，pH > 7。该地区河流短，又常有洪水，局部地域或变为沼泽，沼泽缺氧，且水的深浅变化无常，鱼常要跳跃到被干地隔开的附近水洼中生存，所以有可利用空气氧的攀鲈科鱼等，如斗鱼、曼龙鱼等。亚洲东南部是热带鱼第三大原产地。

火山凝灰岩可置于养苏门答腊岛鱼的缸中

要点 生长在亚洲东南部热带、亚热带的热带鱼一般都用中性（pH ≈ 7) 水饲养。自然界的水只要不大量接触钙质物，硬度就不会太高，经去氯后的自来水是饲养本地区鱼上好的水。本地区鱼以鲤科鱼为主，虽较耐粗放，但仍应防水质突变（指酸碱度、硬度、氨含量等）。弱酸性鱼较少，如几种波鱼属鱼等。

龙鱼缸饰物可有可无，但滤槽或缸一定要用

快长的鱼更要置垫物，常用套筒吸管或专用抽水管清污

6. 非洲三大湖鱼类的管理

特点 非洲三大湖鱼类以色彩饱和绚丽著称，其在热带鱼中有独特地位。维多利亚湖（pH ≈ 7.5），硬度可达 143 毫克 / 升（15° dH），水温 23~28℃。赤道穿过维多利亚湖，故每年两次汛期（水略被淡化）。马拉维湖在维多利亚湖之南（9° S~15° S），洪期开始于秋季，pH7.5~8.5，硬度多为 214 毫克 / 升（12° dH），水温 23~29℃。坦噶尼喀湖夹在上两湖中间（3° S~8° S），9 月之后更多雨，pH8~8.5，硬度 268~375 毫克 / 升（15~20° dH），水温 24~29℃。

可用于提高水硬度的珊瑚沙

要点 这三个大湖的水硬度以坦噶尼喀湖为最高，应注意调高硬度和酸碱度，最好加珊瑚沙；饲养坦葛尼喀湖鱼最好还要加 0.1% 食盐，以提高盐度而接近该湖的水质。这三大湖的鱼均不耐有机质污染和氮污染，故“难养”，应特别留意水质的变化。

乱石等环境很适合坦噶尼喀湖等大部分慈鲷鱼生活

7. 中美洲胎生鳉科鱼的管理

特点 中美洲热带鱼类与亚马孙河鱼类从地理分布上说是近邻，但从习性上说却相差甚远。这个地区 pH 7~8.3，硬度 143~535 毫克 / 升（8~30° dH），纬度分布为 10° S~25° N，大部分水温 16~28℃。这里生活的胎生鳉科鱼主要有三大类，即孔雀鱼、剑尾鱼和玛丽鱼，分布在中美洲东部的墨西哥湾和加勒比海沿岸。这些地区一受喀斯特地貌影响，形成石灰岩平原尤卡坦半岛，且处于中美洲中段；二受海潮直

中美洲鱼尤其是玛丽鱼类只适应弱碱性硬水

接和间接影响，水质偏硬偏碱偏咸。孔雀鱼原产南美北部圭亚那高原，后传播到整个中美洲，现在可说是遍布全世界，对几乎所有水质都能适应，这是一个特例。黑玛丽等玛丽鱼类却“脾气难改”，都说玛丽鱼难养，其实是水质不对头。剑尾鱼适应性介于孔雀鱼与玛丽鱼之间。

要点 孔雀鱼类除少数娇贵品种外，大部分虽然能适应多种水质，但不可以在短时间内把它们从偏碱性、高硬度的水中，移到偏酸性低硬度的水中，或者从后者移到前者，而是要有一个很长的过渡期（数星期至数月）。剑尾鱼类虽然能适应 pH6.7~6.9 的弱酸性水，但远不如在中性碱性环境中长得好。此外，剑尾鱼类要求高氧和较高硬度，最好为 178~446 毫克 / 升（10~25° dH）。玛丽鱼类则最好不要去改变它们的习性，最好在高硬度[即 268~535 毫克 / 升（15~30° dH）] 和偏碱性 pH7.3~8.5 的水中生活，否则将事故多发。中美洲热带鱼品种不是很多，然而亚种、颜色种却无法计数，因饲养方法不复杂，适应性强，故有大量爱好者饲养。

8. 卵生鳉科鱼类的管理

特点 卵生鳉科鱼可分为三类。第一类分布于南亚等地表丰水处。体型较大，成鱼体长 5~9 厘米；水质以中性（pH ≈ 7) 为主，硬度中等，一般为 107~178 毫克 / 升（6~10° dH），水温 22~28 ℃。第二类分布于非洲近雨林带的草原区，一年中有明显的雨季，旱季短或不明显。有部分鱼繁殖方式较少见，靠保存于湿藻土等中间的卵度过旱季来传宗接代，适应弱酸性水，pH6.2~6.8，硬度 54~71 毫克 / 升（3~4° dH），水温 23~28 ℃。第三类分布于草原中段带，一年一度旱湿季，旱季时间长，池洼沼泽水干，这些鱼肯定要靠深存于湿藻土等中间的卵度过旱季来传宗接代。水质：pH ≈ 6.5，硬度 54~89 毫克 / 升（3~5° dH），水温 19~30℃。

要点 第一类以条纹琴龙鱼（包括其缺黑色亚种黄金鳉鱼）、潜水艇鱼、美国旗鱼等为代表，卵多产于近水面的水草丛中。嗜食小虫小鱼等活饵，嘴大而称蛙口鱼。此类鱼较易养，因为不必刻意去调整水质。第二类为典型的非洲琴尾鱼及非洲小湖泊鱼，一般情况下生活习性近于第一类，但体长有的只有 4~5 厘米，比前者小，还有不少种类可以以卵的形式度过旱季（无水时卵推迟孵化）。一般都成组饲养（即一个小缸中养一对或一雄两雌琴尾鱼），食性以小活饵为主。第二类鱼的代表有竖琴鱼（爱琴尾鱼）、红琴尾鱼、蓝眼灯鱼等。第三类鱼以罗克夫鳉、阿根廷珍珠鱼为代表，价值高，在小缸中一对单养。在原产地，卵产于潮湿的泥土或青苔藻丛中，要等1~3个月下一个雨季来临时才发育孵化。仔鱼成长快，饵料以小活饵为主。人工养殖寿命超过1年。

9. 密度的动态管理

分流 鱼是活的，只要环境条件好，生长必然迅速，尤其是小鱼。鱼长大了，尽管鱼数量并无增加，甚至还有所减少，但若体长增至原来的2倍，体积和质量翻了三番，即都约为原先的8倍。鱼长大了就要及时分流，降低密度。鱼太密是长得慢的原因，只有留有较大空间，鱼才长得快。

由于淡水缸对水如“家常便饭”，增氧又相当普遍，因而淡水缸养的鱼多半密度都偏高，很不安全。若遇停电或过滤系统出毛病，鱼死亡较多亦为意料中的事，而稀养问题就不大了。

争霸 有的鱼霸性十足，占领一处“地盘”不允许其他鱼接近，其他鱼就“不自由”了，客观效果就是密度增大了。当然有的鱼，如丽鱼、攀鲈鱼等成熟配对要占据较大地盘，一遇到这种情况最好要捞起来投放于另处或繁殖缸，同时也能减少鱼密度，维持鱼缸中的“安定团结”。

10. 仔鱼的管理

水质 仔鱼要特别注意保持好水质，水中有机物、残饵太多，腐败发臭，仔鱼很容易死亡。

饵料 大部分前3~6天喂草履虫或灰水，少食多餐，第7至第20天喂足水蚤或丰年虫仔，以后视稚鱼的大小和种类给饵。

宜用类似气泵导管的软管吸仔鱼缸的底污

缺饵 缺饵时可喂蛋黄或碎肉末或细干饵，但效果差。

首次喂养一胎仔鱼，投喂一豆粒大蛋黄足矣

11. 水草水族箱的管理

维护 假如你现在拥有一个理想的鱼草并旺的水草水族箱，且不管是购来的还是自己努力塑造成的，维护方法从大的方面讲没有质的区别。必须关注的只有几点：水温、光照、投饵、卫生、整理。

水温 每种草都有最适水温区间，如果缸中有两种以上水草，应取它们公共区间的中值。如果两种草没有公共最适水温区间，则说明组合有问题，应该立即设法纠正。有人可能觉得要了解缸中多种水草的适温习性太麻烦了，那就种些广温性水草。如果还是嫌麻烦，那只好随便栽种些耐粗放的水草，让其自枯荣。有人见到叶子有“很多

水草需要维护

孔”的水草，觉得很有意思，买了就种，管理不到位，结果枯萎就不可避免。第二次种就改观了，因“交了学费”，知道网草的确厌高温并很脆弱。除了一些脆弱的水草，一般的草与鱼一样，23~26℃为绝大多数水草的公共水温区间。也就是说，喜低温水草23℃不至于不行，喜高温水草26℃不见得就不长。另有一种选择是种假水草。

光照 各种水草在自然界中能生长得很好，是因为环境适宜。如在岸边生长的水草岸上恰好有棵不大不小的树或灌丛可提供遮阴；又如在水下沙洲上

适当的灯光照射是水草健康生长的保证

生长的水草周围有不少挺水植物，光线适宜且无论如何轮不到青苔“逞能”。在水草缸中就不一样了，置于窗前的水草缸，弄不好可能青苔长满缸壁并覆盖水草的枝枝叶叶。所以，窗前水草缸要用半透明气泡乙烯塑料膜等1~2层遮光，或适当退离窗户。无自然光或光线弱处应配置水草灯，并且还要有反射罩（俗称灯盒），水草灯所配的灯罩应以比缸长稍短而又能放得下去为准；水草灯要配备多少盏，应以缸之宽度能摆下几盏为准。例如：缸内长为97厘米，可放进灯罩的最长规格为95.5厘米，相应的水草灯可配30瓦的；如果该缸内宽27厘米，则只能并排放入两盏10~11厘米宽的灯罩；如果该缸内宽为35~39厘米，则应置3盏30瓦水草灯。若全靠水草灯，一般每天开5~8小时。发现缸壁青苔长得快，说明光线强，应减少开灯时间或灯瓦数。

投饵 如果缸中养的鱼可以接受人工饵料，则可以人工饵料为主食。如果投

的不是膨化饵料，而是沉性饵，则最好要在缸底置一个饵料杯、碗之类，以免饵料过多而沉入小卵石缝隙中。如果神仙鱼等不喜欢人工饵，可在缸壁上固定一个或两个虫杯，投喂水蚯蚓。人工饵料一天投喂一次，顶多两次，每次时间一般不超过 20 分钟，投喂后 30 分钟左右应清饵（未吃完也取走或抽去）。水蚯蚓的投喂有一定伸缩性，但也要避免水蚯蚓留在缸中过夜。若觉得水质欠佳，可不投喂。鱼的食欲差就要找原因，暂不投饵。养鱼少或不养鱼的缸则要施液肥。

卫生 水草水族箱的卫生清洁工作比较简单，一是养鱼多的缸可以几天拆洗过滤棉一次。养鱼不多的缸可以几星期甚至几个月洗一次。二是要做缸壁的卫生，觉得缸壁有异物妨碍观赏时要及时用刷子或布等擦去。若有较多青苔附着，也要及时除去；若实在难擦，可用刀片解决问题。三是要做小卵石层的卫生。用吸水端有套头或商品专用抽水管，把吸水端的套口罩住底部卵石一处吸水，卵石间的污物就会被吸走，然后再移动套头罩住底部另一处，如此可把缸底卵石中大部分污物抽吸走，最后再添入等量的洁净去氯水（备用水）。

液肥、双筒生化棉滤器、交直流泵等草缸用品

水草本身也会“做卫生”，一般体现在吸收缸中的二氧化碳、氨（铵）、硝态氮等。有些水草还能吸收特别的污染物，如睡莲可吸收水中的铅、汞、苯酚等污染物。

整理 水草的整理是根据主人的感觉进行的，至少有以下三个方面：一为“复初”。水草在环境条件好时“不客气”地猛长，可从近水底在不长的时间里长到水面（常超过水面），有的可从一个点向四面八方放射繁殖（超过理想的范围），还可以从一处通过根状茎在较远处长出新植株，还可以“步步高”，以至于“一手遮天”，把几乎整个缸面遮个不透光、不接气。这时只好大刀阔斧，把高草修剪低，把具上部顶芽的一段种下（若缸较挤则弃去下半截），规范“势力扩充”过头的水草，剪去大部分水面与水上叶。二为调整。水草种了一段时间，有的长得飞快，有的几乎“原地踏步”，有的株满为患，有的“隐身匿迹”。因此，要剪去或拔去多余的植株，补充景观上感觉缺少的水草品种，还可

此类小盆种水榕等硬质水草，易于移动整理

以顺便添加些试栽种，补充“新鲜血液”。三为提高。养过一年半载的水草缸，主人对它已经很熟悉，对照理想中具诗情画意的水草缸，自家缸的短处与缺陷就如“秃子头上的虱子——明摆着”。此时着手调整水草整体的格局，再增添高档次的水草。还可参考布景优美的缸进行疏密、层次、色调、搭配的风格，乃至规模、气质、韵味等方面的调整。如此种水草即渐入佳境。

三、热带鱼饲养模式

依缸水动静和设备分类

1. 静水养鱼

静水 缸中没有驱动缸水流动的充气泵的气头和潜水泵等电器设备，缸水相对较“静”而无流动。这是最原始的养鱼方法，1600多年来中国金鱼等观赏鱼的饲养都是采用此法。

特点 这是在没有增氧的条件下养鱼，溶氧的补充要靠从空气中缓慢溶入水面下的氧来维持，所以静水缸中可养的鱼很少。投饵更要看水质是否还好，否则不宜投饵。气压低、气温高时更具危险性，因氧气的溶入量减少，而二氧化碳溶解度仍然相对较大。

注意 若多养几尾鱼或多投些饵又如何呢？超出原本养鱼量的鱼会因缺氧死亡，甚至整缸鱼一尾不剩。

静水缸种草（滤棉裹根加卵石后套上塑料盆）

2. 动水养鱼——充气动水养鱼

充气 充气泵通电开始工作，把空气压缩到带气头的细软管中，让空气从置于缸底部的气石里逸出并形成气泡，气泡上升带动了缸水上升，进而使全缸的水流动循环起来。

充气动水养鱼

特点 由于缸水处于流动状态，空气中的氧气容易补充到水体中，水体中鱼等代谢产生的二氧化碳也能及时散逸到空气中。一般来说，只要充的气量足够大，缸中的鱼又能正常游动，鱼就不会缺氧，养鱼数量可以是静水的几倍至几十倍。

3. 动水养鱼——潜水泵抽水过滤养鱼

过滤 把潜水泵吸入端没入水中（泵内充满水），通电时便可抽出水。潜水泵往往与过滤槽或过滤缸联用，潜水泵把水抽到过滤槽、缸的上部，过滤后流回缸内。若过滤太猛，饵料有可能被抽吸过滤，因此投饵时要暂停过滤。

效果 缸水在潜水泵一进一出的水流带动下，实现了流动、循环（此为生化作用的前提）、增氧，增氧效果要看缸水循环速度的快慢。这已成为一种

工作中的半圆柱形过滤筒喷出水夹气泡

养鱼模式，养观赏鱼普遍采用。

喷气 功率稍大，如10瓦以上的潜水泵往往具两个喷头，一个是纯喷水的，另一个喷出的是水气混合物。该种潜水泵性能优越，故被广泛应用。

工作中的双喷嘴潜水泵

4. 动水养鱼——过滤筒抽水过滤养鱼

特点 过滤筒是潜水泵和过滤槽的组合物，外形多样。过滤筒有的也能喷水气混合物。

效果 过滤筒多在小型、微型普通缸和中小型水草缸中使用，效果显著。在普通缸中使用时应经常清洗，以免影响过滤效果。因过滤增氧效果好、使用普遍而成为时尚，实际上已成为一种养鱼模式。

5. 动水养鱼——过滤盒抽水增氧养鱼

特点 过滤盒可以说是更小的过滤筒，结构紧凑，不过过滤盒一般不喷水气

微型缸配滤盒（菊花草、大水芹如树，鱼如鸟）

混合物。

效果 虽然过滤盒功率很小，但使用于微型、超微型（水量少于31.25升，水体小于1/32米^3）普通缸和小型、微型水草缸中仍能发挥预期的过滤与增氧作用。只是要常清洗，总体感觉仍较好用，故已成为小缸养鱼种草的常用电器。

6. 动水养鱼——生化棉充气过滤养鱼

特点 生化棉过滤器是一种充气与简单的过滤相组合的设备。结构外观为圆柱形或六棱柱形等的泡沫块，轴部有

生化棉过滤器的作用不亚于过滤盒和过滤筒

柱形的空间，气头便置于空心柱中。气泵通电时柱中气石逸出气泡并上升，带动循环水透过泡沫块进入空柱再上升，而缸中较大污物则被泡沫块吸附，滞留于泡沫块中，缸中污物明显减少。

效果 因泡沫块体积并不大，普通泡沫块外径 11~12 厘米，高仅 6 厘米左右，所吸附的污物必定有限。所以普通中型养鱼缸要经常洗涤泡沫块，但对于小型缸使用起来还是较为满意；若置于中小型水草缸中，单就吸附污物来说效果也很不错。只是在水草缸中使用有促进二氧化碳散逸的问题，因此要把生化棉过滤器同时作为气泵来对待。微型缸、超微型缸用生化棉过滤器较合适（主要原因为体积小、美观），但要挑选规格适宜的，以求得与鱼缸相匹配。

依水的颜色分类

1. 清水养鱼

水清 养鱼的水能见度大，大约在 50 厘米处仍能清晰观赏体长 3~4 厘米的小鱼。

清水养鱼，观赏效果好

特点 清水养鱼对水量一般都较大，或者要配备较大的过滤槽、缸，或要配备性能高级的专用磁环、专用泡沫料等滤材。缸大的可考虑购置密封过滤箱。其特点：一是过滤或用水成本高；其二是鱼饵料只能依赖投喂；其三是“水至清则无鱼”，若只靠对水而没有过滤系统，则很有可能发生病害，事故比较多，因为缸中微生物量少，不足以缓冲、抵消病菌的突然侵扰与感染，补救办法为设置较大的过滤箱；其四是鱼的颜色相对较浅淡；其五是感觉舒适美观，即有利于观赏。

2. 浊水养鱼

水浊 养鱼的水能见度小，大约在 15 厘米之内已不能清楚观赏到体长 3~4 厘米的小鱼。家养鱼缸中的浊水能见度常在 5 厘米左右，往往大神仙鱼能见到头见不到尾。

特点 大家通常认为河水等浊水细菌多，但家养热带鱼并非一定如此。密养的神仙鱼、菠萝鱼、七彩神仙鱼等丽鱼，往往是排泄物多、分泌物也多，导致水浑，明显的是投喂后 1~2 小时水便浑浊，若一天不投饵或少投饵则水就不那么浑浊。所以浊水养鱼也可

轻度浊水，若要添鱼可预先多次对水

分两类，一类为采用的水浑浊，另一类为高密度养鱼所致。前者一般只影响观赏，后者除影响观赏外，极有可能氨和硝酸的含量均高，就连耐粗放的鱼也不能一下子就适应。这也是密养的浊水缸添新鱼易出事故的原因（原缸中养的鱼倒安然无恙）。

3. 绿水养鱼

水绿 鱼缸、池所在处光线足够强，水又不是很瘦，那么缸水单胞藻大量繁衍，水转变为绿色，尤其是养了不少鱼的缸水，绿得快也绿得浓。

特点 水浓绿时能见度仅 2~3 厘米，3 厘米之外已非常模糊。光照时单胞藻光合作用强烈，二氧化碳被利用来制造有机物，同时释放出氧气，溶氧很快在水中饱和，接下来看到的是到处“冒泡”，此时虽不担心鱼缺氧却担心鱼得气泡病。夜晚则因鱼和单胞藻均需氧气，水中氧气缺乏，鱼多时要实施增氧。温带之草“一岁一枯荣”，静水中单胞藻整体的枯荣周期仅几个月，主要原因是死亡藻体引起水质变化，此时宜对水，以防有机酸等伤害鱼。如果基本上不对水，缸、池水色变化多为：淡绿→浅绿（嫩绿）→浓绿→黄绿→黄→澄清→淡绿……（复始）。

绿水充气养鱼

依水的新、老分类

1. 新水养鱼

水新 所谓新水，是指除溶氧外其他可溶物极少或无，一般为从未养过鱼的水，并且水中微生物量接近于零。故去氯自来水可以算新水，而河池湖水即使是新引入的也不能算新水。

特点 新水的显著特点是水中几乎无微生物，若用新缸新水养鱼，要做增面和引入有益微生物等活化工作。若是已养了鱼的缸，对入新水，在养鱼过程中氨、硝酸盐浓度降低，能见度提高，鱼的环境压力减少，食欲大增，鱼大得快、长得健康。此外，新水非常有利于观赏，只是水中有益微生物含量少，缸鱼易受各种病菌袭击。

2. 老水养鱼

水老 老水与新水几乎是两个极端。老水并不一定浑浊，但老水养鱼时间一定很长。

特点 老水即“熟化水”，富含有机物，并有可能氨和硝酸盐含量也偏高（氮含量偏高，形成偶氮有色基团的机会增加），所以水多半是浅褐黄色、浅茶色、红茶色等偏棕色调。与新水相反，

养曼龙鱼对水总是少，水很快老化但鱼无病

老水中有益微生物多，病菌等受到一定抑制，水质稳定，鱼不容易得病；只是老水对鱼有浓度压力，故成长得稍慢一点，但却安全稳妥。老水一般硝酸盐含量高、酸性大，移入的鱼大多不能适应而死，故严禁贸然将新鱼移入老水。老水常因管理没跟上，过滤系统失效，水变浑浊，呈现深灰黄色。过滤棉阻塞、滤槽滤缸久不清理、少对水、多养鱼、多投饵是老水养鱼发生事故的常见原因。

依缸中有无自养型多细胞生物分类

1. 全异养缸养鱼

异养 缸中只有鱼和同鱼一样靠摄食才能生存的动物，没有植物、珊瑚等靠阳光和二氧化碳等进行光合作用，制造有机物自养的生物。

特点 异养缸养鱼，鱼的饵料全靠人工投喂，一般要定期对水，以降低氮素或硝酸盐浓度。这是在光线极差且无配置明亮的水草专用灯，或其他较大功率的照明灯具情况下使用的模式。因光线差，鱼的颜色不可能很鲜艳，事故也较多。此为很普遍的一种养鱼法。

只有虾与红灯管鱼、红绿灯鱼等，为全异养缸

2. 青苔缸养鱼

青苔 光线比全异养缸强，虽不能使缸水转绿，但可使有光线的面长一层“褐膜”，即底栖硅藻。水草缸中的“褐膜”等也多见，此膜干后变绿，宜清理去，以免妨碍观赏。“褐膜”与其他可生长附生于缸壁等上面的较低等藻类，统称青苔。

特点 缸中的青苔有相当部分可被鱼利用，对鱼的正常生长极为有利。从实践看，青苔缸养鱼比全异养缸要好得多，一般鱼都能正常生长发育。“青苔”虽不可能作为主食，但鱼会有意无意地摄入，成为鱼获得维生素的捷径。

3. 水草缸养鱼（植物缸养鱼）

水草 水草缸养鱼意味着缸中的鱼有水草相伴。水草缸中的植物有浮水植物，浮于水面，如萍；有沉水植物，均在水下生长，如金鱼藻；有挺水植物，如羽毛草。挺水植物的水上部分远不如水下部分雅观。一般把沉水植物、挺水植物（以水下部分为主）及一部分适合缸中培养观赏的浮水植物统称为水草，故称水草缸。实际上，这里说的“水草”包括了亲水性绿色有花植物、蕨类植物、藻类植物（不包括单胞藻）及少数苔藓植物。标准水草

缸中若长出些青苔或种水草，为水草缸

缸应配有过滤与二氧化碳供给系统。

特点 水草缸中的水草，要在自然光或水草灯的照射下进行光合作用，同时吸收缸水中的二氧化碳、氨态氮、硝态氮且放出氧气。白天，鱼少水草多的缸还要充二氧化碳。这样，既降氮又增氧，使得水质有恢复良性的趋势。其次水草缸铺垫着厚6厘米以上的小卵石、小砾石等，鱼粪便除一部分被过滤筒、过滤盒等过滤外，余下的全数沉淀于卵石、砾石的底部与缝隙中，这样缸水的能见度就接近于纯净水，有利于观赏。另外，因有了植物，水草缸更接近自然生态，还能为鱼提供维生素，不少水草都有抗病菌的本领，因此鱼在水草缸中的健康状况不一定就比在自然界中逊色。

4. 荷兰式养鱼

静水 荷兰式养鱼是最原始的种水草兼养鱼的模式。20世纪前叶，充气泵与鱼用潜水泵尚未问世，种水草与养鱼均为静水，可想而知这种水草缸并不能多养鱼，否则养的鱼将缺氧。

荷兰式养鱼——缸中水草较多且不充气不过滤

特点 不用充气泵、潜水泵等增氧，缸水恒静，养鱼量相对较少，但纯养攀鲈鱼等可利用空气氧的鱼，则问题不大。又因水是静的，故底部小卵石的多少无所谓，可固定住水草就行，也可以用除小卵石之外其他无害的物体来固定水草，还可以在较深的容器里用悬绳来种草。白天水草进行光合作用，缸中溶氧充足，夜间因鱼和草均要呼吸，水中溶氧缺乏，除能利用空气中氧的鱼外，一般的鱼常浮头甚至窒息。

依缸中置物之有无及复杂程度分类

1. 裸缸养鱼

裸缸 裸缸是指缸中除水温表、加热器、充气泵的气头和潜水泵及过滤筒（盒）之外，没有植物，也几乎没有饰物。在这种缸中养鱼便叫裸缸养鱼。

特点 裸缸养鱼有一个很突出的优点，即操作容易，不论是捞鱼、对水，还是取出和置入鱼用电器均不碍手。也因缸中“结构太简陋”，所以水与物体的接触面积很小，只能靠对水维持缸之水质，是一种耗水较多的养鱼方法。然而淡水缸却普遍采用此法养鱼，原因显然是淡水供给方便，价格又低。当裸缸养较多的鱼时，因缺少微生物群落的缓冲作用，一旦染上传染病，后果大多比较严重。

2. 池式养鱼

容器 容器较大，且长或者径长均不小于容器的高，每天都可有2小时以上时间晒到太阳，所养的鱼相对较少。

小水泥池适合养较小的鱼

特点 因容器敞口，光线充足，所以一年到头大部分时间水总是绿的，还可能生长其他植物。在这种池中养的鱼可以得到一部分植物饵，决不会发育不良。如鱼较少，则可以少投饵或很长时间都不投饵，而鱼也许并不会挨饿，甚至会长大很多。在这样的池中若垫以一层数厘米厚的小卵石，或有意投放池泥或园土等，则有可能实现生态平衡，氨和硝酸盐含量永远都很低，可以长期不换水。

复合模式养鱼

复合 在同一个缸中采用前述几种养鱼方法，可谓复合养鱼法。

然而，各种养鱼法在同一缸中不一定可兼用。下表中“√”表示可以兼用，“×”表示不可兼用或者概念相悖，“√×”表示效果不好或偶尔为之。

各种养鱼法兼用情况

养鱼法	静水养鱼	充气养鱼	潜水泵过滤养鱼	过滤筒养鱼	过滤盒养鱼	生化棉过滤养鱼	清水养鱼	浊水养鱼	绿水养鱼	新水养鱼	老水养鱼	全异养缸养鱼	青苔缸养鱼	水草缸养鱼	荷兰式养鱼	裸缸养鱼	池式养鱼
静水养鱼		×	×	×	×	×	√	√	√	√	√	√	√	√×	√	√	√
充气养鱼	×		√	√	√	√	√	√	√	√	√	√	√	√	×	√	√
潜水泵过滤养鱼	×	√		√	√	√	√	√	√×	√	√	√	√	√	×	√	√
过滤筒养鱼	×	√	√		√	√	√	√	√×	√	√	√	√	√	×	√	√
过滤盒养鱼	×	√	√	√		√	√	√	√×	√	√	√	√	√	×	√	√
生化棉过滤养鱼	×	√	√	√	√		√	√	√	√	√	√	√	√	×	√	√
清水养鱼	√	√	√	√	√	√		×	×	√	√	√	√	√	√	√	√×
浊水养鱼	√	√	√	√	√	√	×		√	×	√	√	√	√×	√×	√	√
绿水养鱼	√	√	√×	√×	√×	√	×	√		×	√	√	√	√×	√×	√	√
新水养鱼	√	√	√	√	√	√	√	×	×		×	√	√	√	√	√	√×
老水养鱼	√	√	√	√	√	√	√	√	√	×		√	√	√	√	√	√
全异养缸养鱼	√	√	√	√	√	√	√	√	√	√	√		×	×	×	√	×
青苔缸养鱼	√	√	√	√	√	√	√	√	√	√	√	×		√	√	√	√
水草缸养鱼	√×	√	√	√	√	√	√	√×	√×	√	√	×	√		×	×	√
荷兰式养鱼	√	×	×	×	×	×	√	√×	√×	√	√	×	√	×		×	√
裸缸养鱼	√	√	√	√	√	√	√	√	√	√	√	√	√	×	×		×
池式养鱼	√	√	√	√	√	√	√×	√	√	√×	√	×	√	√	√	×	

四、热带鱼的繁殖

热带鱼的雌雄鉴别

意义 热带鱼漂亮，很多热带鱼进入繁殖期会出现“婀色”，那就更漂亮了。不过这“婀色”往往雄鱼特别显著，而雌鱼则差很多，只有少数种不逊于雄鱼。比较突出的例子是带仔及繁殖期的红肚凤凰雌鱼，多比配对的雄鱼更漂亮、更凶、更像“家长”。所以人们挑选热带鱼喜欢多挑甚至全挑雄鱼，如挑选孔雀鱼就是这种情况。如果是用于繁殖则多半都要求一雄配一雌，口孵鱼等可以一雄配二雌，或更多，但雌鱼色差。胎生鳉科鱼可以一雄配多雌（3~7 尾），因此反而要多挑雌鱼。剑尾鱼类雌、雄鱼颜色几乎无差别，仅雄鱼尾鳍下叶如剑且特别长；而双剑鱼雄鱼的“长剑”也不明显，观赏时无大区别。

区别 雌鱼和雄鱼的区别比较好掌握，雄鱼一般特征是鱼体较大，胸鳍较大而有力，背鳍较雌鱼高大并且后鳍条往往特别尖长，尾鳍也较大且两叶之上下缘部分更尖长些，臀、腹鳍宽大且色艳。颜色也几乎都是雄鱼的色彩浓重、金属光泽耀眼。雌鱼颜色略平淡，一般头较小，体幅宽，感觉丰满，尤其显著的是雌鱼的腹部比雄鱼要大很多。俯视雌鱼轮廓，发现其往往呈纺锤形，而雄鱼大多首尾差异小。不符合上述规律的是脂鲤科和胎鳉科鱼类，大部分是雌大雄小，鲤科鱼类很多种也是这样，且繁殖期雄鱼胸鳍外缘有一排（数粒）称为珠星的小粒突起。

热带鱼预备种鱼的挑选

原则 笼统地说，雄鱼要挑“婀色”出众，个大威猛，各鳍宽大，末端尖长，给人一种壮实、强健、活泼印象的鱼。雌鱼要身体饱满，体宽腹大，色彩虽不深艳但光泽却不亚于雄鱼。对大个子雌鱼，雄鱼多是“毕恭毕敬”，不敢动武，雌鱼往往会给人活力无限之感。此外，各类鱼还有所不同。

丽鱼 雌、雄鱼能“藩镇割据”，能“护卵护仔鱼”，并能一护到底。一个预备种鱼的缸中，最先配对出来的头 1~2 对丽鱼，繁殖效果往往十分理想。人

成熟的雌鱼占领洞穴，雄鱼则划分领地

工去挑选个大者拼凑成对，往往效果极差，个大不一定是好鱼。口孵鱼雌鱼不参战，但要选胜任口孵工作的。

攀鲈 雄鱼能在水面附近“占山为王”，领地越大说明雄鱼护卵护仔鱼能力越强。好的雄鱼能把雌鱼的卵衔送于泡沫巢中，能很好护卵，直至仔鱼游散。雌鱼也具战斗力，赶走弱雌并能识别强雄，“择枝而栖”；产卵时不吃自己的卵，能把卵送入泡沫巢，产卵完毕能在雄鱼下逐客令后“痛快走人”。

鲤科 雄鱼能在混乱的繁殖大军中，不失方向地始终跟定个最大、产卵最多的“女皇”；当繁殖个体少时，强雄能选定雌鱼并始终相随，既保护了自身又保护了强雌的后代，传播了优秀基因。雌鱼则能“下定决心”，排除其他所有的鱼，直逼水面附近最浓密的水草丛中，并在那里产下绝大部分卵。人为挑选的标准增加了不吃卵或少吃卵的条件。脂鲤科鱼的繁殖习性极像鲤科鱼，故鲤科鱼和脂鲤科鱼繁殖的实质系“条件配对”。

胎鳉 此类鱼因变异快、子代甚众，所以不论雌、雄鱼，都要挑选出体色与体形最好者做种鱼。对于雄鱼来说，孔雀鱼要尾型上下叶外缘线相交大于60° 的，并且尾鳍越大越长越优；剑尾鱼要色正个大，不畏强者，善于在雌鱼周围舞蹈者；珍珠玛丽鱼（包括金玛丽鱼）要有更长更高的背鳍与金属闪光为首要标准；金玛丽鱼似乎有两种，一种为半透明鳞，另一种为非透明鳞，可散发出强光泽，总体效果像珍珠排列成方阵，留种时可能后者要多留些，因为后者可繁殖出前者，而前者极有可能不能繁殖出后者；黑玛丽鱼雄鱼色要黑，不论圆尾还是燕尾都以“窈窕”为上，燕尾长者更受欢迎。对于雌鱼则一般选个大产仔多的作为种鱼。当然，在胎鳉雌鱼挑选中也要注意颜色的好坏，例如过去雌孔雀鱼基本上体色可谓平淡无奇，但如今色彩丰富，看来主要是人工挑选的结果（不排除生物技术起作用）。

卵鳉 较大型的南亚卵鳉鱼类，如条纹琴龙鱼（包括黄金鳉鱼）、潜水艇鱼等，因所产的卵不休眠，都喜欢产于高位水草或缸旁环境复杂处；而较小型的非洲鳉科鱼则一般产于草丛中，且不论高位低位，无草丛时产于环境复杂的淤泥地。这些鳉科鱼卵具较长的（半个月左右）的孵化期，且往往有可能在后期无水时延迟卵的孵化和仔鱼脱离卵壳。另一种是近草原和草原鳉鱼，卵可以在潮湿的苔藻、淤泥中度过漫长的旱季。如坦桑尼亚北部有 11 月至 12 月末（短雨季）和 3~5 月（长雨季）两个湿润季节，间有两个旱季，而南莫桑比克则是元旦后一整个季度多雨。所以非洲各地卵生鳉鱼的习性各不相同，很复杂。卵鳉鱼类配对程度比鲤科鱼类高，繁殖时基本上都是成对长时间（半个月至 1 个多月）守在一起，但我们还管其叫“条件配对”，因其不像丽鱼雌雄斯守着一连繁殖多次，而是强者优先、“随遇而安”，能接受人为组对安排。至于卵鳉鱼类的雌、雄鱼挑选，主要以个大色深艳为主要标准。因其子代量不是很多，变异少，所以一般也极少淘汰。

鲇形目 除南美洲的美鲇科鱼比较容易（自行）繁殖外，其余鲇形目鱼则对繁殖条件要求高，不易在水族箱中进行繁殖，有兴趣者可参考相关资料予以尝试。

热带鱼的繁殖操作

组对 成熟的热带鱼一般都能繁殖，但最好能做到当天甚至当晚挑出放到繁殖缸中的一对鱼，第二天凌晨或上午即行繁殖。具体工作如下：一是算，算一算雌鱼前一次产卵至今已多少天，这个周期的天数有规律，如某尾红绿灯鱼开始时是10天，后来逐渐延长至15天直至20天等。二是看，看雌鱼生殖孔是否已下垂，也就是下垂那么一点便可资判断，当然也可以看腹部是否突然变大些（卵粒很可能从3期跃变到4期），产卵在即的可能性也大。三是观察雄鱼，如雄鱼们总是断断续续地靠近试图追逐的雌鱼，那么这尾雌鱼一定在1~2天内将产卵，此时也可以锁定最会追的那尾雄鱼，当日让它与雌鱼一同入“洞房”。当然，以

应置多个小陶瓮，供配对繁殖的短鲷鱼选择

亲鱼在护仔，29℃水温条件下，约两天半孵出仔鱼

仔鱼用头丝黏挂在板砖上，尾不停地颤动

孵化1周后，仔鱼游附于亲鱼身上取食

近半月龄的七彩神仙鱼仔鱼仍然紧随双亲

上所述适合鲤科、脂鲤科鱼类。

丽鱼的组对最好让其“自由恋爱”，等一对占领了“地盘”后可将它们俩捞移至产缸。

卵鳉科雌鱼组对时已产卵在即，应该选择最强的雄鱼同其配对，并立即捞移至产缸，或者把其他鱼捞移走，以免“军阀混战”，降低卵的孵化率。名贵的草原鳉鱼一开始饲养就应该尽早组对，因它们是“青梅竹马”，不存在组对问题。

胎鳉科鱼当雌雄鱼发育成熟前，“爱情”初见端倪时，就可让它们一雄数雌“相约”于一缸。雄鱼臀鳍成熟之前变为扁棒状交接器，雌鱼受精后可连产3胎或4胎，因此组对宜早不宜迟。

攀鲈科鱼的雌鱼如不顾雄鱼的追咬，敢于靠近雄鱼的泡沫巢，说明产卵在即，可留在原缸而捞移他鱼去别处，也可捞此对鱼去产卵缸繁殖。应注意的是，雌鱼若不是产卵在即（有信息素分泌），将受到雄鱼猛烈的“追杀”，有可能致死，特别是泰国斗鱼与叉尾斗鱼，以及曼龙鱼类。

鲇形目鱼多为条件配对，比较容易繁殖的是南美洲美鲇科鱼类，如青铜鼠鱼、胡椒鼠鱼等。见到几尾鱼在玻璃缸中匆匆忙忙时，可捞移走弱雄，或视鱼情况趁早捞移有繁殖活动的一雌一雄、一雌两雄、二雌一雄、二雌二雄、二雌三雄到产卵缸。

产缸 产黏性卵的鱼，一般最好在产缸中布置一撮水草或水草替代品（如塑料丝、撕裂带、牛皮纸条束等），也有人底铺棕丝或小石子。卵无黏性的鱼，如斑马鱼等就不必准备草。又因斑马鱼嗜吞卵粒，故往往在底部张网，以隔开亲鱼，阻止亲鱼吞卵，铺小卵

用毛线和泡沫块制成的假浮莲根

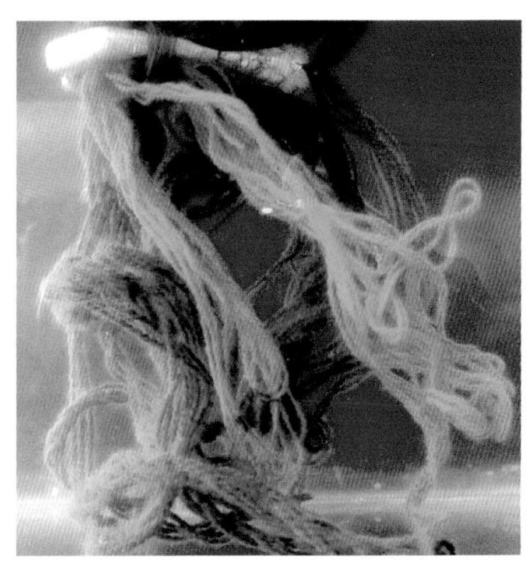

将制成的假浮莲根（毛线）漂于水面，供卵鳉鱼等产卵及仔鱼躲藏

对于产无黏性卵的鱼，双层玻璃珠是其产缸的好垫物

石效果也好。神仙鱼可斜置一瓷砖集卵，其他丽鱼可用小地砖；地图鱼常用石头等盘子，而短鲷鱼等小型鱼常以罐头瓶、杯、空螺壳等为巢。

体长5厘米左右的鲤科、脂鲤科鱼产卵缸可以是超微型缸（即水量小于31.25千克），较大的鲤科、脂鲤科鱼用微型缸（水量31.25~62.5千克），体长为9~10厘米的要用小型缸（水量62.5~125千克）。3~4厘米的一对红绿灯鱼可用2.5~5千克水。

丽鱼科鱼配对种鱼一般用的是微型缸。个小的神仙鱼和红肚凤凰鱼及短鲷鱼水量应该不少于20千克。个大的神仙鱼、红宝石应该用小型缸。一般七彩神仙鱼的产缸水量为80~90千克，大菠萝鱼用水量超过100千克的小型缸。体长更大（20厘米上下）的紫红火口鱼、地图鱼等用中、大型缸。

如此布置可作为七彩神仙鱼的产缸

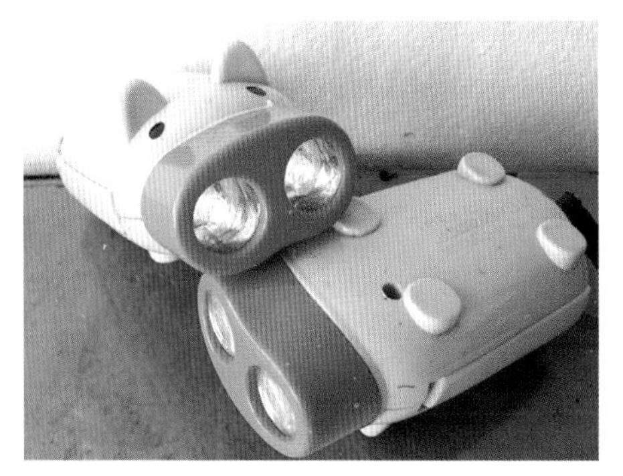
探查红绿灯鱼等避光产卵的鱼宜用LED微光照明

水质 一般来说，亚洲鲤科鱼适应性强，对繁殖用水要求也不那么高。除波鱼（蓝三角鱼等）及其他少数鱼需pH6.5以下和极低硬度的水外，大多用pH6.5~7.3的水。硬度为71~161毫克/升（4~9° dH)的繁殖水，基本上都能让其产卵与孵化成功。繁殖水温有两类，繁殖次数少的多为23~25℃，繁殖次数多的为26~28℃。

攀鲈科鱼（包括斗鱼、丽丽鱼、珍珠马甲鱼、曼龙鱼、接吻鱼等）的繁殖水温为25~28℃，pH6.6~7.3，硬度89~197毫克/升（5~11° dH)。水温以叉尾斗鱼、曼龙鱼和珍珠马甲鱼为

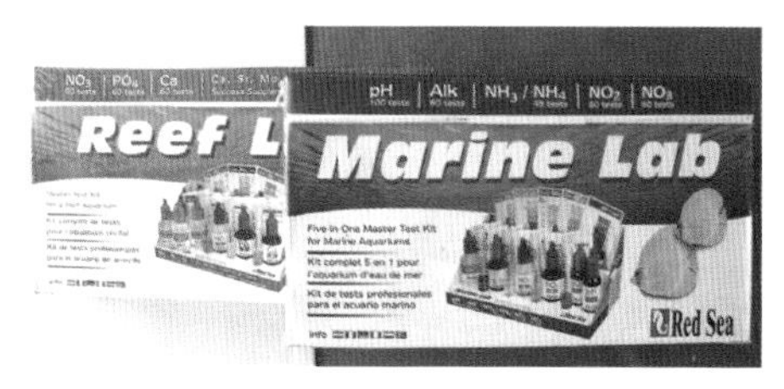

一种可测定诸水质标准的盒装测试剂

pH测试剂与磁力刷（下）等

最低，它们可在24℃上下的水温顺利产一大片卵，并孵化出大量仔鱼；而体长2厘米左右的小叩叩鱼，繁殖水温约为28℃。

普通脂鲤科鱼繁殖用水酸碱度很低，pH6.2~6.8，硬度18~107毫克/升（1~6° dH)，繁殖水温24~27℃；而体长3厘米左右体型超小的鱼，适应pH6.2以下，水温多在25℃以下。

普通丽鱼繁殖用水酸碱度也较低，pH6.4~7.4，硬度54~178毫克/升（3~10° dH），繁殖水温25~28℃。七彩神仙鱼因亚种所在水域有差异，能适应pH3~5.5，硬度9~89毫克/升（0.5~5° dH），繁殖水温28~29℃，以及pH ≈ 7，硬度125~214毫克/升（7~12° dH），繁殖水温27~29℃。

卵鳉鱼类情况较复杂，大型鳉如条纹琴龙鱼，适应pH6.7~7.3，硬度107~178毫克/升（6~8° dH），繁殖水温26~27℃。湖泊鳉鱼（如蓝眼鳉）pH8.3~8.5，硬度268~357毫克/升（15~20° dH），繁殖水温26~27℃。小型鳉鱼及草原鳉鱼，适应pH6.2~6.8，硬度54~71毫克/升（3~4° dH)，繁殖水温25~27℃。

胎鳉鱼类一般适应pH7~8.3、硬度107~446毫克/升(6~25° dH）、水温为23~27℃的繁殖水。胎鳉鱼类的繁殖(指产仔)与上述水质没有直接关系，只是前期有影响，最关键的却是要有一特殊产缸，让刚产出的仔鱼远离母鱼的大嘴。这种缸易制作，如做一个“二层楼”的缸，让母鱼住上层，“楼底满是小洞”，让仔鱼从楼上掉到楼下。也可以不“盖楼”，用1~2个塑料圆篮子解决母鱼吃仔鱼的难题。

把雌鳉鱼置于两个相扣的篮中，仔鱼将穿孔而出

繁殖缸害虫的防治

害虫 繁殖缸中不能混有活体的纤毛虫、剑水蚤、水螅、固着性和弥漫性原生虫等。这是因为纤毛虫（如草履虫）、剑水蚤可直接取食鱼卵和孵化后的仔鱼，后者更能咬死或嚼食大仔鱼。水螅的触手刺到仔鱼后便将其卷到口中吞食。固着类原生虫稍多时如水下蛛网，对仔鱼有刺激作用。弥漫性原生虫更是直接污染水质，它可能释放出毒素使其他大部分微小生物死亡（然后被其腐化解体食用）。

上述4类害虫，尤其前两者危害大，被称为繁殖热带鱼的“宿敌”。

白蛆 繁殖缸中还有一个以前不为人重视的大杀手，那就是白蛆。

白蛆长0.01~0.6厘米，0.3厘米以下的小白蛆更像一条小蛆虫。白蛆的繁殖力超强，尤其在有水蚯蚓或富含蛋白质碎屑的鱼缸中。白蛆可直接蚕食水蚯蚓，造成其死亡，而后败坏水质。

故白蛆不仅存在于繁殖缸。

白蛆在繁殖缸中可直接吸收种鱼繁殖时的大量排泄物，能够直接蛀食鱼卵和孵化后的仔鱼机体。白蛆多时繁殖缸中的所有鱼卵均“自破”，或孵化出的仔鱼“白粉化”。较大（长0.1厘米以上）的白蛆更凶恶，能蛀死3~5日龄起游的丽鱼科鱼等的仔鱼。只有较大（6~7日龄）的仔鱼，如白菠萝仔鱼可通过“狂舞”甩掉身上的白蛆，但仍有不少仔鱼留下后遗症：背部、背尾等鳍留下一些蛀洞。

消毒 要消灭繁殖缸中的所有害虫和病菌等，最好的办法是彻底清洗、消毒繁殖缸。消毒药剂用硫酸铜和福尔马林，消毒方法：清缸时缸底留1厘米深水，按此水体积计算，使其硫酸铜浓度达7毫克/升，同时福尔马林浓度达500毫克/升。用这水洗缸壁和用具，然后晾干，即可往缸里注入洁净水或调制的繁殖缸用水。

五、热带鱼常见病防治

淡水鱼白点病

症状 缸水不甚老，当水温不高时（25℃以下）起初个别鱼身上长出可数得清的“小白粒”，几天以后“小白粒”密度大增，同时几乎同缸鱼均受感染，躁动不安。不治疗则后果严重。鱼体白点为小瓜虫侵入而引发，该病可使鱼皮肤溃烂、脱落，甚至瘦弱、瞎眼、死亡，但以体表黏液多为特征。不接触传染源就不发病。

患白点病的潜水艇鲫鱼

预防 首先是提高警惕，避免感染。其次，因使用老水、氮平衡、生态平衡的养鱼缸都不容易感染白点病，这暗示着水不能太新、缸不能太“裸”（太空旷）、鱼不能太“稀”（鱼密度太小、有益微生物太少），否则易发此病。说白了，鱼新陈代谢旺盛、鱼体外分泌物更新快，鱼就不容易患上白点病。那些瘦弱有气无力的鱼便是小瓜虫寄生的“安全公寓”，因此，小瓜虫的传染情况与鱼的健康状况、大小、饲养状况相关。

治疗 若可能，最环保的方法是把整缸整池水温维持在28℃或稍高（29~31℃），时间1星期左右，一般的白点病都能治愈。夏日水温在23~26℃时所患的白点病，加热治疗的效果差，用药则能较快根治。对于缸养热带鱼，治白点病的最好方案是把鱼捞到暂养缸，用浓度为15~25毫升/米^{3}的福尔马林药浴1~2小时，隔日1次，共用3次，或者用浓度为250毫升/米^{3}的福尔马林，药浴10分钟。这种方案最好，因为不污染环境。其次是用亚甲蓝（次甲基蓝、碱性湖蓝），在21~26℃水温条件下，保持5毫克/升浓度约1周，遇“耐药”的小瓜虫可隔1天后再用药数天。

有人仍提倡观赏鱼可用硝酸亚汞和孔雀石绿治白点病，理由是观赏鱼是非食用鱼，不愁汞毒和孔雀石绿的致癌作用。但问题在于这两种药会污染环境，硝酸亚汞及其所生成的化合物均有毒，孔雀石绿也影响长久，仍可致癌，故不提倡使用。

卵鞭虫病

症状 卵鞭虫病又叫打粉病，曾叫嗜酸

七彩神仙鱼患卵鞭虫病

神仙鱼患卵鞭虫病

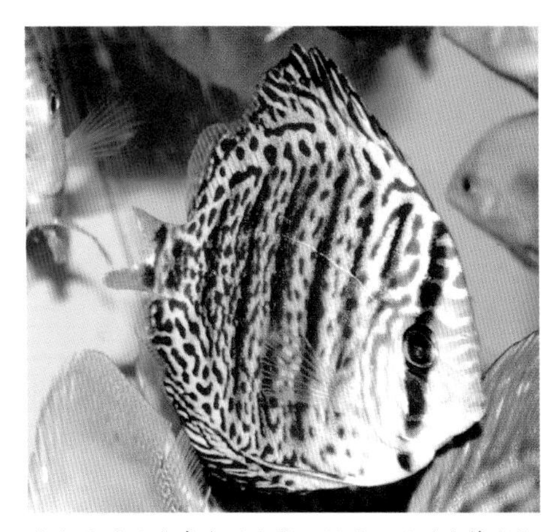

卵鞭虫病后期常出现缺鳍、烂尾、眼膜白等症状

性卵甲藻病。患该病的鱼明显地游动少，最初幼鱼在水面附近挤成一团，有些鱼对饵料仍有兴趣，只是吃得少。严重时如同遍涂爽身粉，不定位溃疡烂蚀、落鳞丢鳍，以皮肤脱落后能见到充血点为典型特征。该病的元凶是寄生藻，对一般能杀灭细菌和原生虫的药物不敏感，甚至可使鱼致死的剂量对卵鞭虫亦无效。传染性极强，接触发病缸中的鱼，甚至是一滴水都要被传染。该种病袭击的对象是丽鱼科鱼类，鲤科、鲻科、攀鲈科等鱼类也常受其害。成鱼的死亡率差异大，为 0~50%，大幼鱼死亡率为 50%~100%，体长 2 厘米以下幼鱼感染卵鞭虫病后几乎全死。所以是一种威胁性很强的常见病。

预防 该病在水温 22~32 ℃时传播，并且水质偏酸性时多发此病。预防此病的办法：一是能用中性、弱碱性水养的鱼，尽量把水调到中性或弱碱性；二是严防感染，切断传播途径；三是改善环境，略提高酸碱度，如在对水 6 小时前用 2.5~5 毫克 / 升的高锰酸钾入缸（幼鱼取小量 2.5 毫克，成鱼取大量 5 毫克）。

治疗 目前该病还没有特效药，只能创造一些环境条件（如上述）让病鱼“坚持住考验”，在整个鱼得病的时期不要忘做的事情就是按原习惯的时间照常对水，清去污物，使酸碱度上升。一般从“鱼挤成团”之日算起，过半个月后此病便销声匿迹，或只见遗留病鱼的鳍肤残缺等，吃食反应等已正常。因此治疗该病的继发感染，尤其

硫酸铜

是细菌病、霉菌病应成为重点，可用抗生素等药预防。若能让鱼“挺”过这关键的十来天就是胜利。对于红斑马等鱼，控制病情发展可用 0.7 毫克 / 升的硫酸铜加 400 毫克 / 升的食盐、7.5 毫克 / 升的米诺霉素。

细菌性肠炎

症状 病鱼体色暗或黑，开始时仅数尾不摄饵，但过 1~2 天便有一批鱼“绝食”，幼鱼发病率高。后期腹侧充血或肿胀，肠充满黄色黏液，约 1 周内死亡。多见于鲤科鱼和其他杂食性鱼。

肠炎致死的鱼，体表微充血

预防 首先是不投喂不新鲜和霉变的食物，劣质食物有的带菌，有的则会破坏肠道功能而致病。其次，投喂生饵要预防感染，尤其不要到有肠炎病鱼（如有腹鼓胀死亡的鱼）的池塘、湖泊等处捞水蚤等鱼虫。另外，要保持缸水的正常水质与清洁，要经常检查过滤系统是否工作正常，有无阻塞，有则要及时处理。

治疗 药浴：40~50 毫克 / 升的氨苄西林，时间为 2 小时，每天 1~2 次，连

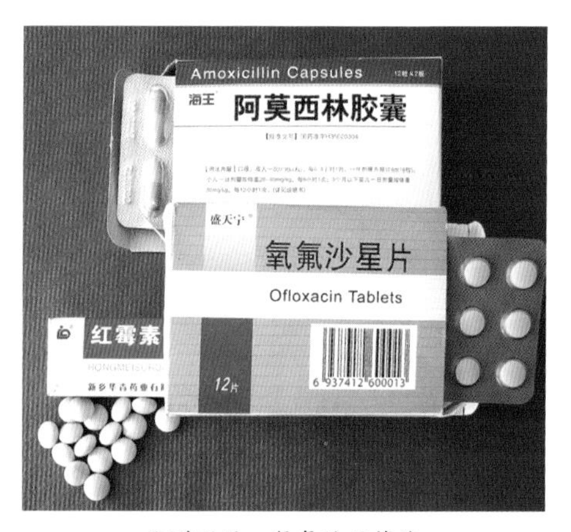

阿莫西林、氧氟沙星等药

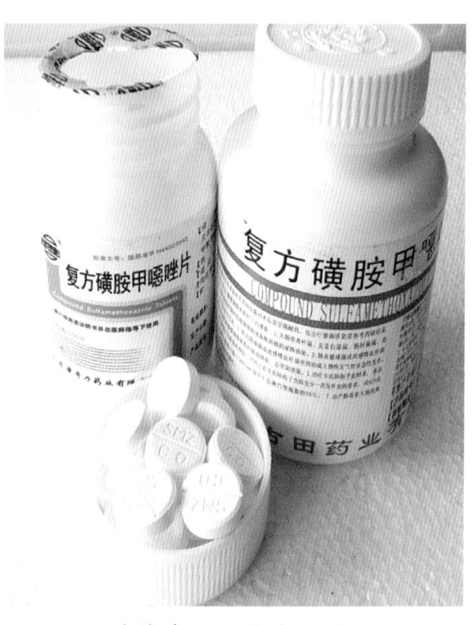

成药磺胺甲噁唑（SMZ）

用 3 天；35~40 毫克 / 升的阿莫西林，时间为 1~2 小时，每天 1 次，连用 3 天；3~4 毫克 / 升的黏菌素，每次 3~6 小时，每日 1 次，连用 2~3 天；30~50 毫克 / 升的米诺霉素，每日 2 次，连用 4~6 天。药饵：每千克体重 10 毫克氨苄西林或阿莫西林，每日 2 次，连用 2~3 天；每千克体重 20~30 毫克黏菌素，每日 2 次，连用 3~5 天；每千克体重 150~200 毫克磺胺甲噁唑，每日 2 次，连用 6 天（第一天用最高剂量，以后用最低剂量）。大鱼肌注：每千克体重 10~20 毫克黏菌素，每日 1 次，连用 2~3 天。

爱德华菌病

症状 高温时发现鱼体肿胀、腹大，有腹水，内脏均肿大，眼球白浊，肛门红肿常外突，鳍端软组织坏死而发白，甚至尾鳍等全白后烂落，发病缸有浓腥臭味。病程可延续 1~2 个月。多见于丽鱼科鱼、胎鳉鱼类、攀鲈科鱼、鲤科鱼。

七彩神仙鱼患爱德华菌病

玻璃鲇患爱德华菌病

患爱德华菌病的叉尾斗鱼等常烂尾

预防 因该病流行于高温时期 (30℃左右) 或高水温饲养缸，若把水温降到 25℃则病情发展减缓，所以降温饲养作用明显。平时可进行一般性杀菌，如用 1 毫克 / 升漂白粉入缸进行预防。若天然水域有鱼得了该病，通过采捞活饵则可以明显地发现有部分鱼得了此病，因此本病严防交叉感染十分重要。缸中鱼发病后也应该及时隔离开来。此外，健全的过滤系统和经常性对水，也可以减少发病率。对于前胸鼓大的剑尾鱼（不育症），应增加光照，不以水蚯蚓为主食。

治疗 药浴：20~30 毫克 / 升的甲砜霉素，每次 1~2 小时，每日 1 次，连用 2~3 天；6~8 毫克 / 升的氟甲砜霉素，每次 3~4 小时，每日 1 次，连用 2~3 天；3~4 毫克 / 升的诺氟沙星，每次 1~2 小时，每日 1 次，连用 2~3 天。药饵：每千克体重 20~25 毫克甲砜霉素或 10~15 毫克氟甲砜霉素，均分两次投喂，连用 3~5 天；每千克体重 50~100 毫克磺胺嘧啶，均分两次投喂，连用 6 天（第一天用最高剂量，以后减半）；每千克体重 25~50 毫克诺氟沙星，分 2 次投喂，连用 3~5 天。

水霉病

症状 水霉病又叫肤霉病，染病鱼体或鱼卵“发霉”，极似棉花状。被感染的鱼烦躁不安，随着病情发展，鱼体质恶化，消瘦死亡。当鱼体表受伤后，极易被感染，尤其在水温为 5~26℃时，而这正是适于鱼生长的水温，所以很难避免。

外伤和低温常使鱼患水霉病，此为圆尾斗鱼

预防 最重要的是在移鱼等操作过程中，尽量不要使鱼受伤。万一鱼已受伤（如远处空运来的鱼难免受伤），若有可能要将水温提高到 27℃或稍高点，可减少发病机会。平时让缸水保持上等水质，维持过滤系统至最佳状态，也很有助于避免水霉病的发生。

治疗 药浴：水温 25~28℃时用 70~80 毫克 / 升的福尔马林，水温为 20~25℃时用 80~100 毫克 / 升的福尔马林，药浴时间均为 30~60 分钟；20 毫克 / 升的亚甲蓝，药浴时间 20 分钟；用浓度均为 30 克 / 升的食盐和碳酸氢钠（小苏打）两种溶液等量混合后药浴 10 分钟。长期浸浴：20~40 毫克 / 升的福尔马林，缸水清洁时用下限，缸水有机物多时用上限；1~2 毫克 / 升的亚甲蓝，缸水清时用下限，缸水有机物多时用上限；用等量的浓度均为 800 毫克 / 升的食盐和碳酸氢钠（小苏打）两种溶液，混合后浸浴。

细菌性烂鳃病

症状 病鱼体色变暗，尤其头部发黑明显，离群独游或待在某处，反应迟钝，不吃食。鳃丝淡红色至白色，末端缺损，缺氧浮头。鳃盖内面发炎溃烂丢落，鳃盖变透明，俗称“开天窗”，较大鱼或大鱼皮肤发炎充血。

预防 当饲养水不洁，有外源性传染病史时，极有可能暴发流行。但如果水质好，过滤系统健全就不容易大面积感染，所以常清污、常对水是预防的关键步骤。此外，鱼密度不能太大，鱼过密时排泄物多，鱼抵抗疾病的能力也大大下降。因病菌在10~37℃范围内皆具活力（26℃为其最佳生长水温），故不能靠调高水温防治，否则往往适得其反。但调高酸碱度至8（或以上），有明显的效果。平时还可用1毫克/升的漂白粉预防。不过到了夏季，所有微生物都活跃，病菌可能没了优势，流行渐停。

治疗 1毫克/升的漂白粉长期浸浴。药浴：5毫克/升的漂白粉，当水温为25~28℃时药浴15~20分钟，水温15~25℃时药浴20~25分钟；20~40毫克/升的二氧化氯，药浴5~10分钟，每日1次，直到舒缓为止；4毫克/升的氧氟沙星，每次1~2小时，每日1次，连用2~3天。药饵：每千克体重150~200毫克磺胺二甲异嗯唑，分两次投喂，连用4~6天；每千克体重100~200毫克磺胺二甲嘧啶，分两次投喂，连用6天。上述两种磺胺药第一天投喂应取最高剂量，第二天起可用最低剂量。

鱼波豆虫病

症状 病鱼时有挣扎行为，以体侧有“一片白云”为特征，“白云”略有丝光感（白点病、卵鞭虫病则无规则，有毛糙感），“白云”也可在鳃内部出现，使鱼呼吸困难而轻度浮头。严重者体暗而瘦，皮肤异常，不久死亡。以幼鱼感染为常见，并且水温往往偏低，被感染的鱼群以中密度为多见。此病死亡率低，但对稚鱼却不能掉以轻心。感染途径几乎都是经活饵传入，细查可见野外鱼也有此病，或附近有金鱼场的排水沟等。此病近年呈下降趋势。

预防 一般认为此病流行于12~20℃时，但这可能是针对经济鱼类或耐寒鱼类而言，水温25~26℃时的七彩神仙鱼等也易得此病。可能是长期水温偏低，或长期稳定的较高温饲养，忽又让水温下降，鱼感到不适应而被感染。所以首要措施是水温调节，调节到已得病的鱼所需的最佳水温，如七彩神仙鱼为28~29℃，剑尾鱼类为25℃，鲤科鱼、脂鲤科鱼为23~27℃等。其次，应预防交叉感染，采集生饵前应该确定周边环境对该水域无感染和影响。此外，也是最基本的，即调节好缸水质，尽量不在“脏水”中养鱼。

治疗 提高水温到鱼最适水温范围内。0.5毫克/升的硫酸铜加0.2毫克/升的硫酸亚铁，长期浸浴。药浴：15毫克/升的高锰酸钾，每天20分钟，连用3~4天；8毫克/升的硫酸铜，每天20分钟，连用2~3天；2.5%~3.0%食盐，每天5~10分钟，连用3~4天。忌心急乱投药。

请教 实在搞不清是哪一种鱼病时，千万不要胡乱投药，因为乱治鱼病损失可能更加惨重。请教有经验者是一种明智的选择，买成品药治鱼病则要慎重，因许多种鱼病似是而非，判断失误会造成更大的损失。要做到“知己知彼”，“知己”是知道自家鱼所患的是何病，“知彼”则要了解该成品药的成分、实际作用与效果，不应该只看说明书，更不

鱼用成品药种类繁多，切忌盲目用药

应该相信有治百病的药物。

七彩神仙鱼稚幼鱼常见病

七彩神仙鱼的成鱼没有稚幼鱼多病，稚幼鱼常见病分述如下。

1. 七彩神仙鱼稚幼鱼的指环虫病

症状 该病发作水温常见为 20~25℃，七彩神仙鱼稚幼鱼则常见为 25~30℃，且多见于幼鱼，但因交叉感染或投喂水蚤等小活饵，也有可能使稚鱼（一般指与“哺乳”亲鱼未脱离的前期幼鱼）染上该病。病鱼体部症状不明显，虫体多时鳃盖内有黏液，鳃盖张开得略大一些，鳃颜色变浅，有不同程度的浮头。镜检较易，虫体大者超过 0.5 毫米，肉眼隐约能看到。病鱼躁动不安，常挣扎与摩擦。后期游动缓慢，不吃食而死，死时无明显外伤。

预防 因该病一旦发现就意味着一胎稚鱼将有过半要“牺牲”，治愈的可能性较小，所以预防就显得特别重要。首先要检查种鱼。种鱼如果带虫，则必定会传染给仔稚鱼，种鱼有发现虫体的应先治。其次要注意周边有无传染源，防止渔具等感染。其三要注意活饵的来路是否带虫，有则该来路活饵不能用。也可以不投喂水蚤，而喂丰年虾仔，10 天后直接投喂切碎的冻血虫和“汉堡”。

治疗 据说到目前为止，指环虫（至少是一部分种或个体）对高锰酸钾、敌百虫（0.3 毫克 / 升长时间浸浴）已不敏感，好在变换疗法后仍有效果。药浴：5 毫克 / 升的晶体敌百虫与面碱（纯碱）合剂（1 ∶ 0.6），时间 10~15 分钟。浸浴：用 0.2 毫克 / 升的上述合剂长时间浸浴；20 毫克 / 升的高锰酸钾，浸浴 15 分钟（控温 25℃），然后移入 3% 食盐溶液中漂洗 5 分钟（控温 24~26℃）。但应注意的是不满 10 日龄的七彩神仙鱼稚鱼对药的忍耐性很弱，故应该先用数尾试水，不行则适当降低浓度、温度等。

2. 七彩神仙鱼稚幼鱼的肠炎病

症状 未脱离亲鱼的稚鱼（5~15 日龄）和刚脱离亲鱼的幼鱼群，第 1 天可能只死去 1~2 尾，第 2 天可能多几尾，到第 6~7 天有可能全胎稚幼鱼全死光。病死的稚幼鱼外观完好，但在死前就已经“绝食”2~4 天。轻按死幼鱼腹部有的有黄色黏液流出，但稚鱼没有黏液流出。七彩神仙鱼患肠炎病一般有两个原因：一为周围有患过该种病的七彩神仙鱼种鱼或幼鱼，二为频繁地投喂水蚤、水蚯蚓（间或杂有血虫若干）等活饵，且采捞活饵处环境较复杂。

预防 首先对亲鱼进行预防治疗。其次在流行该病的季节，即晚春和初秋应特别注意，不要贪鱼虫之丰而忘乎所以，确认某水域有问题则不到该水域采捞活饵。对于七彩神仙鱼的稚鱼来说，不投活饵，晚几天直接喂“汉堡”，成长基本上不受影响，也顶健康。其三是防止交叉感染，尤其是自家的渔具也要专缸专用，否则将十分危险。平时可用1毫克/升的漂白粉进行长时间浸浴。

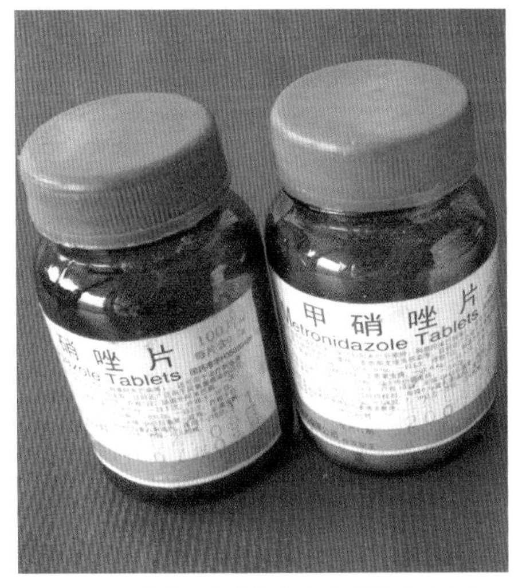

甲硝唑可作为肠炎病与鱼瘦病的辅助预防药

治疗 用大孔捞网（这样捞大鱼时稚鱼不至于一同捞起而压伤）先把亲鱼两只捞到药浴缸，再用小孔捞网把稚鱼捞到药浴缸（脱离亲鱼的幼鱼也一样），用3~5毫克/升的二氯异氰尿酸钠，药浴30分钟，其间应注意稚鱼是否对药物有承受不了的反应。药浴：2~4毫克/升的黏菌素，每次3~6小时，每日1次，连续2~3天。用8.75毫克/升的土霉素，相当于每立方米水量用35粒0.25克（250毫克）土霉素，长期浸浴。

3. 七彩神仙鱼幼鱼的鱼瘦病

症状 患鱼瘦病的鱼品种很多，七彩神仙鱼的幼鱼似乎是患该病比例比较高的一类。鱼瘦病也称萎瘪病，最初鱼体食欲不怎么下降，但摄食有限，后期无食欲。最怪的是原来很大很丰满的一条鱼，40~60天后已“鱼肉大失，皮包骨架”，更感背脊瘦如菜刀，但体色不呈深黑，以此可容易与黑死病相区别。一般说来，几十尾七彩神仙鱼幼鱼中至少有那么数尾得鱼瘦病。有人认为这是因饵料欠缺所致，但饵料充足时照样有此病出现。有人把病因归为六鞭毛虫感染，看来也不一定对，

七彩神仙鱼幼鱼患鱼瘦病

七彩神仙鱼稚鱼患鱼瘦病

拉白色半透明粪便的鱼被认为后肠道受六鞭毛虫感染，但却不一定瘦。用百必除确有效果，而真正患鱼瘦病的鱼却始终不见有“白便”，并且用百必除也不见得有效果。从鱼死时体薄如纸来看，可以认为鱼的消化系统功能被病菌等破坏而丧失，无法分泌消化酶，尤其是蛋白质分解酶，或肠壁病变根本无法吸收营养。

预防 根据上述症状及分析，可得出如下预防措施：一种是“室内模式”，即尽量不接触野外可能感染鱼瘦病的传染源，这一点可以办到，即不喂生饵活饵，改喂人工饵料或熟鱼肉、贝肉等。稚鱼可喂丰年虾仔。另一种是“室外模式”，要求模拟全天候的野外环境，即要降低鱼密度，每天能够取食足够多的天然活饵（不能只吃水蚯蚓），更重要的是要有流水和复杂的水草（包括青苔）丛，以及底泥等含大量平衡的天然微生物环境，并要求 pH5~6.5。室内裸缸饲养时，投喂水蚯蚓是最大忌讳（即使只是偶尔投喂也成问题）。目前看来比较好的模式是投喂以“汉堡”为主的无病源饵料，条件是在投喂“汉堡”之前鱼本身无潜在病原，否则也不能保证不染鱼瘦病等。

治疗 对于拉白色半透明粪便的鱼可用百必除药浴或制药饵投喂，对于无白便的可试用杀灭寄生虫与霉菌的药。总之，目前该病无特效药可治，应以预防为主。若觉得品种稀有，一定要设法不让品种毁于某些难治的病，可

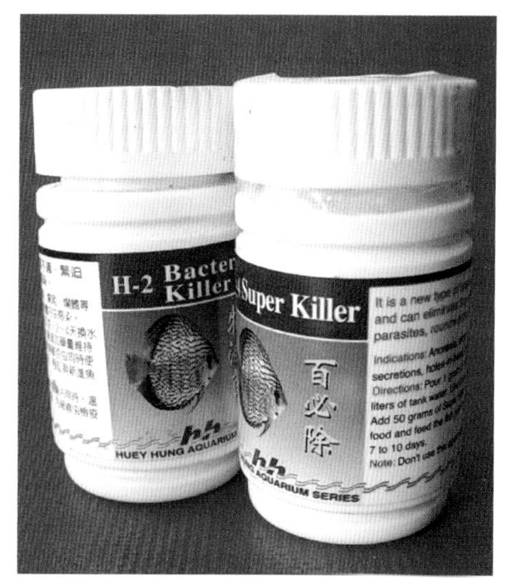

百必除可治白便等鱼病

以考虑化整为零。如把 10 尾要留种的幼鱼分 5 个小缸饲养（从理论上说不可取，怕大欺小），这是不得已的办法，一直要到鱼成熟时统缸配对。另一个办法是对于好鱼应尽早注意营养搭配，注意维生素是否全面，最简单的办法是补充素饵，在“汉堡”中可添加蔬菜类（但胡萝卜、西红柿和白萝卜、包菜等青菜应该分开添加），让幼鱼健康壮实，对各种怪病有较强的抵抗力，此为上策。

七彩神仙鱼大鱼常见病

这里所说的大鱼仅指成鱼和较大规格的幼鱼，即体长 8 厘米以上的幼鱼。

1. 眼球突出病

症状 病鱼多为繁殖过的成熟大规格鱼，眼球凸出像小灯泡，多有浑浊，周围组织也常见充血、坏死，严重者

双眼掉落，残废而死。导致眼疾的原因较复杂，至少有如下几种：一为缺乏维生素，如缺乏维生素 B_2、维生素 B_3、维生素 C 将引起角膜炎、角膜血管破裂出血、晶状体混浊、白内障等眼部疾病；而缺乏维生素 A、维生素 B_6 将直接引起眼球突出、白内障、眼眶出血等。二为病菌引起，如爱德华菌能引起眼球突出和白浊；局部链球菌感染也能引起眼球突出，周围充血发炎。

预防 防感染，缸中如有病鱼应尽早捞移，缸内进行杀菌：1 毫克 / 升的漂白粉，隔日 1 次，共施药 2~3 次；20~30 毫克 / 升二氧化氯药浴，时间 8 分钟，然后使原缸水浓度达 0.2 毫克 / 升，长时间浸浴；1 毫升氯霉素眼药水加水 5 升，长时间浸浴。加强卫生管理，完善过滤（生化）系统。在“汉堡”中加大素饵的分量，每天最好固定两次投喂。捞鱼移鱼、清理卫生时勿伤及鱼。3 龄鱼要注意杀灭六鞭毛虫。

氯霉素眼药水（每 5 升水加入 1 毫升药液，然后药浴）

治疗 根据上述分析可有如下救治措施：一是饵料忌太单纯。如发病原因确为维生素缺乏，应设法在饵料中添加少量，尤其应注意是否缺乏维生素 A 和维生素 B_2。二是用抗生素等解决病菌的困扰。眼球仅突出、充血或发炎不明显，用药方法参见前述的爱德华菌病。若充血发炎明显，可选择药浴：30~50 毫克 / 升的氨苄西林，时间 2 小时，每日 1~2 次，连续 3 天；30~50 毫克 / 升的新霉素，每次 1~2 小时，每日 1 次，连续 3 天；30~50 毫克 / 升的米诺霉素，每次 1~2 小时，每日 1 次，连续 2~3 天。还可选择浸浴：1~5 毫克 / 升的土霉素和 20~30 毫克 / 升的甲砜霉素来治疗。老鱼可参考头洞病治疗方法。

2. 黑体病

症状 黑体病也叫黑死病。七彩神仙鱼的大鱼（体长 8 厘米以上）常发生本病，稚幼鱼更易感染，但稚幼鱼本病常同卵鞭虫病等相混淆。一般过滤

患黑体病的七彩神仙鱼幼鱼

系统较理想的缸，即使养了20尾左右也顶多只有1~2尾染上本病，但卫生等条件较差的缸，较常发病。病鱼食欲很快从正常减至无，体色变为黑色，绝食，常呆滞于水面下某处不想游动，各鳍鳍条紧靠闭拢不舒展，鱼体很快消瘦。后期鱼体皮肤剥离，淡色肌肉与黑色皮肤形成强烈对比，此时已近死亡。看来此病不是皮肤有病发黑，而是霉菌侵入体内。该病虽不如卵鞭虫病传播快，但同缸传染现象十分明显。病鱼常有挣扎动作，病程较长，多半拖2~3个月，如果不早治疗，最终总是一死。

预防 应立即捞移病鱼。新购的鱼有可能带菌而无症状，最好先另养。改善缸中卫生环境，不与有或曾有过该病的缸共用渔具。经常用0.2毫克/升的二氧化氯药浴，但二氧化氯不能入缸，以免破坏生化环境。50~100毫克/升的制霉菌素药饵，每日1次，连用5天。

治疗 宜早治疗才有效果，太迟则鱼已不吃食，只能选择药浴：100~200毫克/升的制霉菌素1~2小时，每天2次，连续3天，停1天后继续用药。灰黄霉素或克霉唑入缸长期浸浴，浓度均为10毫克/升。制霉菌素入缸长期浸浴，浓度为100毫克/升。还可选择黑死病专用药来治疗。

3. 头洞病

症状 大七彩神仙鱼“鼻孔”隆起，变大发红，有的鼻孔附近还有好几个排列整齐的小孔，过一段不长的时间（1个多月），这些小孔中有微

患头洞病的七彩神仙鱼

黄色稠状物冒出，过几天又冒出一些来。最后有可能眼吻部的皮肉全烂去，只剩下头前部骨架，“残”不忍睹。一般认为这是六鞭毛虫在作祟，有一种理论认为这是病鱼肠道充满六鞭毛虫，把钙、磷或维生素D等营养劫走，或者饵料中钙、磷及维生素D缺乏，导致鱼无法获得均衡的营养。此时鱼的软组织发生病变，先结成块，后坏死的组织分解，尤其是头部骨架间的软组织也崩溃，分解的软组织顶破眼周围的皮肤，呈流脓状，最后蛀洞直径大至几毫米。

预防 其一，防病要讲究方法，方法基本上同于前述鱼瘦病。其二，要更早更严格地进行隔离，虽然头洞病传染性不如卵鞭虫病等，但其传染性却胜过鱼瘦病与竖鳞病若干倍，因此仍要按危险传染病来处理。其三，要注意远离六鞭毛虫传染源，严防经生饵、渔具等感染缸或鱼。其四，要为七彩神仙鱼提供营养全面的饵料，不但饵

料中蛋白质含量要足，其氨基酸配比也要合理，维生素矿物质也不可缺。如此可大大减少发生头洞病鱼的概率。

治疗 药浴：8毫克/升的硫酸铜，15~30分钟，每天1次，连用4~6天；6~8毫克/升的甲硝唑或替硝唑，连用7~10天，隔1周后再治疗一疗程。浸浴：0.7毫克/升的硫酸铜，长期浸浴；0.3毫克/升的四烷基季铵盐络合碘（有效成分50%），长期浸浴。药饵：每千克体重4毫克阿苯达唑，分1~2次，4小时之内投喂完毕；每千克体重8~10毫克甲硝唑或替硝唑，分两次投喂，连用6天；每千克体重200毫克烟曲霉素，每天1次，连喂10天，两周后再喂7天。也可选用进口驱虫药百必除等。预防继发性感染：10毫克/升的米诺霉素长期浸浴，作为辅助治疗。

“感冒”与气泡病

症状 “感冒”这个病名是从金鱼的病中“抄袭”来的。据说“感冒”的病因是“新鱼入缸操作不当”、“水温剧变”、“新老水温相差过大”等。病鱼无力地漂浮于水面，“精神萎靡”、无食欲、颜色暗淡，“默默”地死去。笔者认为“感冒”是“急性”的体内气泡病。试想想，无论是较冷水缸注入温度高点的温水，或者温水缸中注入未加热的自然状态下的较冷水，且注入水量与缸水量差不太多，“戏”就来了。前者导致鱼体急剧升温，鱼鳍内脏中过溶的一部分溶氧溶氮等将急剧变为气体，此时鱼内脏会严重受伤；而后者注入的冷水遇到热水时将释放出过溶的一部分氧、氮，而其接受对象之一就是变冷中的鱼体，鱼也不能不得气泡病。而普通气泡病多是因水温较高时，水中单胞藻或水草、青苔等植物进行强烈的光合作用，水中充满氧气泡或过溶氧，鱼体也同时充满太多的氧气与溶氧，严重时鳍条内脏均充满氧气，鱼浮于水面，并有部分露出水面，整个过程比较“慢性”。因鳍条腐烂、内脏损伤，几天后有部分鱼将致死。两种气泡病比较，“感冒”比较严重些，原因一是“急性”，二是体气泡中夹有氮气（不能被组织细胞吸收，哪怕只有一丁点）。

预防 对于“感冒”，注水时温差应该严格控制，每次注水时温差不能大于2℃；若实在没有适合注入的水怎么办？有两个方法，一为放慢速度，一桶水可用细管慢慢地虹吸注入，二为猛烈充气与增加潜水泵功率，即让水动得更激烈。对于普通气泡病，非动水缸应该调节光线，中午要遮阴，还要大幅度减少缸、池中的植物或不让水太绿（顶多维持淡绿）；更有效的办法是当太阳猛烈时进行猛烈充气，让所有多余氧气逸出。

治疗 把病鱼另置于一水温最适宜该种鱼的缸中，温和地充气，鳍条中有气泡的应该小心地把其挤出来，让鱼慢慢地恢复。为让鱼在恢复过程中不继发感染他病，可在缸中施用比较温和的抑菌药，如10毫克/升的米诺霉素。不过对于患“感冒”和气泡病严重的鱼，无特效药可治，也无其他有效方法。

下篇

常见热带淡水鱼饲养

银龙鱼

Osteoglossum bicirrhosum

银龙鱼（银龙鱼属）

（双须骨舌鱼、龙吐珠、银带鱼等）

银龙鱼

饲养难度：★★☆☆☆

市场价位：★★★☆☆

分布：巴西、圭亚那

体长：100 厘米左右

水质：pH6.5~7.2，硬度89~178毫克/升（5~10°dH），水温24~28℃

简介 银龙鱼是大型鱼。骨舌鱼是历史悠久的鱼，据化石鉴定有近亿年的历史。而根据地质史，冈瓦那古陆于白垩纪分裂为南美、印、非、澳等几个互相隔离的陆块，此时骨舌鱼隔洋分道发展，经历了亿年坎坷，各大陆于是留下了红龙鱼、银龙鱼、非洲的骨舌鱼等活化石。

饲养模式 大中型缸、裸缸（或置少量大卵石）、潜水泵过滤养鱼，有条件的可用特大型缸或大池饲养。

水质 银龙鱼适应在中性水中生活，但对亚马孙河的低酸碱度并不惧怕，只要碱性不太强问题都不大，一般水质都可按上述数值调控。虽喜高氧，但也能适应短期低氧环境，因已进化出能利用空气中氧的本领——辅助呼吸器官，并仍处于完善的发展过程中。

饵料 以小虾、卫生的野杂鱼、昆虫等为活饵，搭配鲜冻鱼块。经驯化也可接受人工饵料。

繁殖 银龙鱼的繁殖极似金龙鱼，在较大水体中雌雄并排配对游，卵粒为橙色调，雄鱼口孵方式。

本属的黑龙鱼以及海象鱼属的海象鱼，其饲养方法与银龙鱼相似。

老鱼友热线

银龙鱼可以群养吗？要注意些什么问题？

答：常见体长 20 厘米左右的银龙鱼扎堆养，正如在商店中见到的那种景观，所以若不管它成长的快慢，至少短时间内应该问题不大。然而，银龙鱼再大一点就互相排斥，无法“和平共处”了。

在自然界，银龙鱼并不“依靠集体力量”觅食与躲避敌害，而是个人行动。在不大的鱼缸中，如果把几尾银龙鱼“统”在一起，弱者自然会倒霉。事实证明，最糟糕的是一缸养 2~7 尾，如此总有 1~3 尾将成为倒霉蛋，被咬得失去观赏价值。多养几尾也不是没问题，如果缸小而鱼已长大，则照样存在“排斥异己”的问题，只不过弱者更多几尾，这几尾“分摊挨刀”罢了。

银龙鱼一般总在水面附近游弋，遇投饵便乱了队伍。银龙鱼如见缸旁边墙壁上有一只蟑螂，可能会出击扑食，蟑螂极有可能葬身银龙鱼之腹，但扑食后落下时却不一定落在缸内，因此银龙照样要防蹦出缸外。银龙鱼索饵状态好，不要投喂太多，更不要投喂不新鲜的冻饵等，偶尔2~3天不吃食问题不大。不要投喂游速较快的活饵料鱼等，以免银龙鱼撞到缸壁后把优美的龙须撞歪撞落，而降低观赏价值。

过背金龙鱼、红龙鱼

骨舌鱼科

Scleropages formosus

过背金龙鱼、红龙鱼（金龙鱼属）

过背金龙鱼

红龙鱼

饲养难度：★★★☆☆

市场价位：★★★★☆（前者）

★★★★★（后者）

分布：马来西亚（过背金龙），加里曼丹岛、苏门答腊岛（红龙）

体长：60~80厘米

水质：pH6~7，硬度107~178毫克/升（6~10°dH），水温24~30℃

简介 金龙鱼仅有一个种（生物学），但因产地不同而颜色不同、“贵贱”悬殊。一般来说，产在印尼大岛上的龙鱼价位高，产于中南半岛的青（金）龙鱼体长可达80厘米，价位较低。加里曼丹岛的红龙鱼体长可达70厘米，除背鳍、臀鳍、尾鳍为橙红色或红色以外，鳞框、偶鳍边、嘴唇、鳃盖均为红色，鳞片亦为红色（鳞基部色暗）且具金属光泽。红龙中的红而优者称血红龙，价格昂贵（“古董价”）。金龙鱼体长可超过70厘米，与红龙鱼比，明显的不同是鳃盖不发红，鳞片红调亦少，因而鳞框的金色倒很突出显眼。金龙鱼背部一排或数排鳞片有不闪光暗色者称无过背金龙鱼，常误称红尾金龙鱼、黄尾金龙鱼；全身鳞基本上均具金属光泽的称过背金龙鱼。金龙鱼产于加里曼丹岛北部的马来西亚。黄尾金龙鱼体长可达80厘米，与金龙鱼相比很像无过背金龙，但尾鳍与背鳍暗色片区更大，背部有至少1~2排鳞为暗色而无金属光泽，不过尾鳍、臀鳍相对较红。总体印象，黄尾金龙鱼鳞片较暗，不如金龙鱼金亮。黄尾金龙鱼产于苏门答腊岛。班加红龙产于加里曼丹岛的班加地区，体长可达80厘米，总体为橙黄色调，尾鳍、背鳍、臀鳍为橙红色，鳞片金属光泽很差，因产地接近红龙，故又称二号红龙或一号半红龙，但却是另一地区亚种。

饲养模式 大中型缸、裸缸（或置少量大卵石）、潜水泵过滤养鱼，有条件的可用特大型缸或大池进行饲养。

水质 微酸至中性，水温控制在24~28℃时较好养。pH有时低至5问题也不大。

饵料 金龙鱼食性广，嗜食所有适口活饵。鲜饵、冻饵、干饵均可以接受。专为龙鱼制的人工饵料也能接受。活饵有血虫、黄粉虫、蟋蟀等昆虫、虾、小鱼（包括泥鳅、次品金鱼等）、小青蛙等，但均应知其来路，对其是否带有病菌应该心中有数，必要时可在食用前作有针对性的处理。

繁殖 到目前为止可以说各种龙鱼均能繁殖，但批量生产仅限于专业公司和动物保护机构等。原因在于大龙鱼正常生活要特大型缸、大池（半吨水以上），饲养此类鱼的池水面最好要几平方米，配对繁殖时要更大些。水温的调节对热带以外的地区有若干难处。要尽可能把多尾同种龙鱼在一池里从小养到大，3年左右性成熟，雌鱼腹部大显得丰满，雄鱼则鳍较大。当出现两尾龙鱼常并排着游时，说明已配成对，最好把此对鱼移至产卵池（或把原缸、池他鱼移走）。雌雄鱼分多次产卵并排精，受精卵随后被衔于雄鱼的大口中（龙鱼行雄性口孵方式繁殖）。卵粒产下时有膨胀后的豌豆大，遇水膨胀后有小蚕豆大。当水温为28~29℃时约3天半孵化出带大卵囊的仔鱼，约过40天后卵囊基本消失，但此时仍由亲鱼照顾，此过程似罗非鱼。人工繁殖时也同其他口孵观赏鱼，可提早让仔鱼离开亲鱼大嘴而予以人工照顾。当仔鱼长到体长7~8厘米时，可投喂血虫等小活饵。由于繁殖要消耗大量能量，雄鱼口孵约2个月，此间不吃任何饵料，因此龙鱼的繁殖周期较长。

龙鱼是大型鱼类，对于大型鱼类而言，繁殖能否成功在于容器、环境等条件是否符合大型鱼的起码要求。

小贴士 除金龙鱼外，本属还有两种，即带红点的星点珍珠龙和以青调为主的珍珠龙。金龙鱼种因产地不同有几大亚种，颜色也有差异，常见有红尾(黄尾)金龙、过背金龙、红龙鱼、班加红龙鱼及青龙鱼。

老鱼友热线

1. 饲养龙鱼一般要多大的缸才好?

答：体长20厘米以下的龙鱼可按一般热带鱼饲养的标准来处理。一般来说，对于体长25厘米以上的较大龙鱼，设其体长为L，则其鱼缸的长、宽、高最好应不小于4L、1.2L、1.1L。如果条件有限，可以略小一些。

2. 有时昆虫停在缸旁或落在缸中，总被红龙鱼等吞食，很担心会吃出毛病来，吞食昆虫会不会影响龙鱼的健康？

答：红龙鱼的老家是印度尼西亚的加里曼丹岛，纬度不超过5°，为典型的热带雨林气候，可想而知昆虫是极多的，还有有毒的蜈蚣、蜘蛛、蛙等。但这些对于有一亿多年历史的“活化石”龙鱼来说，都是美餐。为什么？假设龙鱼惧怕毒虫毒小动物，一吃就受不了或活不成，则如今见到这些定避之不及，但事实上并非如此，这就反证了龙鱼为了活命或活得更好，已进化出摧毁几乎所有毒素的本能。但为安全计，仍应谨慎行事，如专业养殖场把人工饲养的蜈蚣去头后喂龙鱼，又如把大虾去头后投喂等，但龙蛋类硬壳甲虫最好要不甚活的，对于软体的蟑螂、蚱蜢等不必担心。

红 苹果彩虹鱼、半身橙彩虹鱼、蓝彩虹鱼、澳洲彩虹鱼、电光彩虹鱼、霓虹燕子鱼

Glossolepis incisus

红苹果彩虹鱼（黑线鱼科舌鳞鱼属）
（红新几内亚彩虹鱼）

红苹果彩虹鱼

饲养难度：★★☆☆☆
市场价位：★★☆☆☆～★★★★☆
体长：10~15厘米

Melanotaenia boesemani

半身橙彩虹鱼（黑线鱼科黑线鱼属）
（石美人鱼）

半身橙彩虹鱼

饲养难度：★★☆☆☆
市场价位：★★★☆☆
体长：8~10厘米

Melanotaenia lacustris

蓝彩虹鱼（黑线鱼科黑线鱼属）
（蓝美人鱼）

蓝彩虹鱼（下）、红彩虹鱼（中）

饲养难度：★★☆☆☆
市场价位：★★☆☆☆
体长：8~10厘米

Melanotaenia maccullochi

澳洲彩虹鱼（黑线鱼科黑线鱼属）

（五彩金凤鱼、短虹鱼、虹银汉鱼、五彩虹鱼）

饲养难度：★★☆☆☆

市场价位：★★★☆☆

体长：9 厘米左右

Melanotaenia praecox

电光彩虹鱼（黑线鱼科黑线鱼属）

（红鳍蓝彩虹鱼、闪电美人鱼）

饲养难度：★★★☆☆

市场价位：★★☆☆☆

体长：5~6 厘米

Pseudomugil furcatus

霓虹燕子鱼（银汉鱼科银汉鱼属）

（黄金燕子鱼）

饲养难度：★★★☆☆

市场价位：★★★☆☆

体长：3~4 厘米

简介 半身橙彩虹鱼、蓝彩虹鱼、红彩虹鱼、电光彩虹鱼分布于澳大利亚北面大岛新几内亚岛的东部，地理纬度 4.4°S~11°S。红苹果彩虹鱼分布于新几内亚岛的南部，地理纬度 4.4°S~8.9°S。红彩虹鱼、红尾彩虹鱼、澳洲彩虹鱼分布在澳大利亚，地理纬度 11°S~19°S。霓虹燕子鱼则分布于新几内亚岛和澳大利亚东北部。银汉鱼是一个大家族，主要分布于三大洋的沿海、岛屿附近。淡水彩虹鱼是少数由海水银汉鱼进化而来的次生淡水鱼，所以此类鱼一般都喜碱性水，水中含有少量海水对其正常生长发育很有利。但在普通家庭饲养此类鱼时，往往因管理疏忽而使水质过于酸化，导致鱼长不好且毛病多，严重时造成死鱼。不过彩虹鱼注意了水质就不算很难养，原因是彩虹鱼生命力强，适应性也强，似乎只要养在稳定的较大水草缸中，总能顺利成长、繁殖。

饲养模式 潜水泵过滤养鱼、水草缸养鱼。

水质 pH ≈ 7.2（6.9~7.5），半身橙彩虹鱼和绝大部分燕子鱼 pH ≈ 7.5（7~8），硬度 125~232 毫克 / 升（7~13° dH），水温 21~28℃（燕子鱼水温 25~30℃）。

饵料 彩虹鱼系荤食性杂食鱼类，对一般活饵，如水蚤、血虫、水蚯蚓等均能很好接受，成鱼对海水蚤类、小糠虾、钩虾、丰年虾等绝不“口软”，缺饵时能接受薄片等人工饵料。各种彩虹鱼对青苔等植物性饵的兴趣都远不如对动物性饵那么大。仔鱼与稚鱼应以小活饵为主。

繁殖 成熟的彩虹鱼总喜欢把卵产在离水面最近的水草等物体上，或是在容器壁旁产卵，所以在水草缸中饲养的彩虹鱼，只要水草长高到水面或接近水面，就不必为彩虹鱼另置产缸，可以“原地生产”。普通彩虹鱼对水质的要求不算苛刻，以硬度161~196毫克/升（9~11°dH）、水温25~27℃为最佳。在密植水草的缸中一般都不必去测水质、调水质。彩虹鱼产卵容易，卵量大，能连续产卵5~10天，每天产卵几十粒至上百粒不等，产卵后照例觅食。

彩虹鱼的繁殖方式为排挤式（雌雄种鱼各有多尾共缸）和条件配对式（一产缸中雌雄鱼各有几尾）。不同种的雌雄彩虹鱼常可自行杂配产卵，有时也可得到几乎不繁殖的杂交后代鱼。彩虹鱼的卵有具韧性的胶质丝，借此丝可把卵轻易黏附于水草及其他物体上。每次产卵后水草顶部可见大量卵粒，可将其移出缸外孵化，避免大鱼取食，卵约10天后孵化。

彩虹鱼的卵较小，一般为0.5~0.8毫米，当水温为25~26℃时，受精卵经过约10天后孵化出2.5~3毫米的仔鱼，仔鱼停或用头丝挂于高处水草等物上，2~3天后起游觅食。彩虹鱼的开口饵料为草履虫、灰水等。

小贴士 黑线鱼科黑线鱼属鱼色彩五彩缤纷。除上述种外，尚有相当热门的紫映彩虹鱼、红尾彩虹鱼、月光彩虹鱼等。银汉鱼科银汉鱼属鱼（燕子鱼），均为透明或半透明的“水彩画”风格鱼，常见的尚有玻璃燕子鱼、彩虹燕子鱼、珍珠燕子鱼、蓝眼燕子鱼等。本科羽鳍鱼属的燕子美人鱼也是深受人们喜爱的品种。它们饲养方法与本类鱼相似。

老鱼友热线

1. 彩虹鱼雌鱼、雄鱼体形看起来都一样，有无鉴别诀窍？

答：彩虹鱼的雌、雄鱼在体形方面的确差异很小，尤其是亚成鱼之前的幼鱼阶段，也令饲养老手犯难。不过可以根据一般雌、雄鱼的差别，尽早地鉴别出雌、雄鱼。如红苹果彩虹鱼，当亚成鱼个体出现第一抹朱红色彩时，几乎可以百分之百地判定该鱼是雄鱼，而雌鱼则永远为类金云母色彩。同理，发现半身橙彩虹鱼后半身出现淡淡的橘红色时，也可以断定此鱼定为雄鱼。而蓝彩虹鱼就只能看其体形是否高而“窈窕”及鳞片的色彩是否更艳丽来判断其是否为雄鱼。其他的霓虹燕子鱼等雄鱼的判定，也多要待个头稍大时观察体鳍部橙色是否已显著等特征而定。

2. 饲养彩虹鱼仔鱼有无好办法？

答：首先是不与亲鱼共缸养。虽然彩虹鱼有部分（如电光彩虹鱼）不吃卵与仔鱼（小鱼也善于利用漂浮的水草作隐蔽物），但有的鱼却照吃不误，即使仔鱼的安全不成问题，大鱼缸的管理也不适合于仔鱼，如仔鱼有可能被吸到滤槽，有可能被气石逸出的大气“掀翻”。其次，同缸仔鱼应差不多大。

养仔鱼水要浅一些，以深不超过15厘米为宜，只充气不过滤。每日一般投喂细活饵2次，时间为日出后不久与午后1~2小时之内。2~3天抽底污1次，用充气导管（外径仅0.5厘米）作虹吸管，每次抽的水要少而添加的水要多，约1个月后缸水深从15厘米上升到25~30厘米，仔鱼体长此时已达1厘米以上，此后进入稚鱼期就比较好饲养了。在这一个月之内为防水质突变，应该把仔鱼养在缸壁、缸底具“短茸青苔”的浅水缸中，并且尽可能保持一定光线强度，让青苔等把水中的氮素吸收去。

胭脂鱼

Myxocyprinus asiaticus

胭脂鱼（胭脂鱼属）

（一帆风顺鱼、紫鳊鱼、帆鳍鲨鱼、火烧鳊鱼、雷公鱼等）

胭脂鱼（幼鱼）

饲养难度：★★☆☆☆

市场价位：★★★☆☆

分布：原产中国长江干支流及附属湖泊和闽江中上游

体长：50~60厘米（可超过100厘米）

水质：pH6.6~7.3，硬度89~214毫克/升（5~12°dH），水温13~26℃

简介 胭脂鱼原产于长江和闽江，但20世纪70年代至今，笔者从未见过闽江产的胭脂鱼，极可能已绝种。在良好的生态环境中，胭脂鱼稚鱼体长1~2厘米，以硅藻、单胞藻、草履虫、轮虫为食，体长2~9厘米的幼鱼以摇蚊幼虫和水蚯蚓（均为底栖）为主食。此时鱼的体色呈深褐色，幼鱼后期至中鱼，体长8.5~23厘米时，原先3条黑色斜宽带逐渐退化变淡。胭脂鱼最大体长可达1.5米左右，成鱼体呈胭脂红色，故名胭脂鱼，且两侧各有条曙红纵纹，有“中国美鱼”之称。

饲养模式 因所养的胭脂鱼一般体长不超过30厘米，故可用中大型玻璃缸或小水泥池等，一般都要不间断过滤，最好要养在可生长底栖硅藻的缸、池中，所以光线不宜太弱或太强。

水质 适宜中性水质等，但体长30厘米以上的鱼可忍受江河的自然水质渐变与波动。

饵料 商品胭脂鱼，均可以鲤鱼等人工饵或水蚯蚓为主食，辅以底栖藻类或蠕蚊幼虫等小活物。体长30厘米以上的鱼宜养在较大水体中，除大型蚤类

外，还吞食多种适口饵料，如蚯蚓。

繁殖 春季在江河上游及支流产卵，繁殖一度被认为大大难于四大家鱼，如今我国一些淡水鱼科研和饲养繁殖机构早已能进行人工繁殖，且有小部分供观赏鱼市场，货源稳定。

老鱼友热线

胭脂鱼为鲤形目中国江河鱼类，有无一般鲤科鱼类的共性？

答：胭脂鱼并不属于鲤科，而属于胭脂鱼科，它们只是姐妹科，故生活习惯与鲤科鱼有所不同。幼鱼稍显得娇气，虽可耐低程度缺氧，但时间一长易生病，甚至猝死。稚幼鱼阶段胭脂鱼游动缓慢，似乎永远体能不足。然而就是这样的慢速“蜗牛”，竟然可以扩散到海河（天津市附近）的中上游水系及湖泊中，可能是从长江顺运河或洪水通道大量抵达海河水系。也有人认为海河可能有原种胭脂鱼，这已成为一个谜。不过现在可能也见不到了。

奇怪的是，胭脂鱼在亚成鱼及成鱼阶段却一反常态，行动敏捷矫健，游速极快，活泼好动，比四大家鱼及其他大鱼有过之而无不及。此时的胭脂鱼耐粗放，有股“闯劲”。

此外，胭脂鱼的成鱼比幼鱼漂亮，像是两种鱼，这也是鲤科鱼类中罕见的。

银鲨鱼、蓝斑马鱼、红斑马鱼、黑带飞狐鱼、大斑马鱼、银河斑马鱼、红银光鲔鱼、紫蓝三角灯鱼、大点鲫鱼、红线波鱼、大红剪刀尾波鱼、小黑剪刀尾波鱼、牛矢鲫鱼、九间银灯鱼

鲤科

Balantiocheilus melanopterus

银鲨鱼（袋唇鱼属）

（黑边鳍鲦鱼）

银鲨鱼

饲养难度：★☆☆☆☆

市场价位：★★★☆☆

分布：苏门答腊岛、加里曼丹岛、马来半岛及泰国

体长：30 厘米左右（< 40 厘米）

水质：pH6.5~7.5，硬度 107~214 毫克 / 升（6~12° dH），水温 24~28℃

Brachydanio rerio

蓝斑马鱼（短担尼鱼属）

（蓝条鱼斑马鱼）

蓝斑马鱼

饲养难度：★☆☆☆☆

市场价位：★☆☆☆☆

分布：南亚

体长：4~6 厘米

水质：pH6.5~7.5，硬度 71~161 毫克 / 升（4~9° dH），水温 20~31℃

Brachydanio rerio 'pink'
红斑马鱼（短担尼鱼属）
（粉色斑马鱼）

红斑马鱼

饲养难度：★☆☆☆☆
市场价位：★☆☆☆☆ ~ ★★☆☆☆
分布：基因改良品种
体长：4~6 厘米
水质：水质 pH6.5~7.3，硬度 71~161 毫克 / 升（4~9° dH），水温 20~29℃

Crossocheilus siamensis
黑带飞狐鱼（箭形鱼属）
（泰国飞狐鱼、高体飞狐鱼、白玉飞狐鱼）

黑带飞狐鱼

饲养难度：★★☆☆☆
市场价位：★★★☆☆
分布：泰国、印度等地
体长：14 厘米左右
水质：pH6.5~7.5，硬度 89~268 毫米 / 升（5~15° dH），水温 22~27℃

Danio malabaricus
大斑马鱼（担尼鱼属）
（大鲋鱼、巨人斑马鱼等）

大斑马鱼

饲养难度：★★☆☆☆
市场价位：★★☆☆☆
分布：印度、斯里兰卡
体长：10~12 厘米
水质：pH7~7.5，硬度 89~196 毫克 / 升（5~11° dH），水温 23~29℃

Microrasbora cyanocheilus
银河斑马鱼（迷你宝贝鱼属）
（红翅珍珠灯）

银河斑马鱼（雌）

饲养难度：★★★☆☆
市场价位：★★★☆☆
分布：缅甸
体长：1.5 厘米左右
水质：pH6.5~7，硬度 71~161 毫克 / 升（4~9° dH），水温 22~29℃
原产地：缅甸一河流上源，据说现批量生产于中国台湾

Notropis lutrensis

红银光鮈鱼（美鮈属）

（红头鲹鱼等）

红银光鮈鱼

白化红银光鮈鱼

饲养难度：★★☆☆☆

市场价位：★★☆☆☆

分布：美国自伊利诺伊州、堪萨斯州至里奥格兰德

体长：8 厘米左右

水质：pH6.8~7.5，硬度 143~357 毫克 / 升（8~20° dH），水温 15~25℃

Rasbora heteromophe var.

紫蓝三角灯鱼（波鱼属）

（三角旗鱼、三角灯鱼、红三角鱼、正三角波鱼）

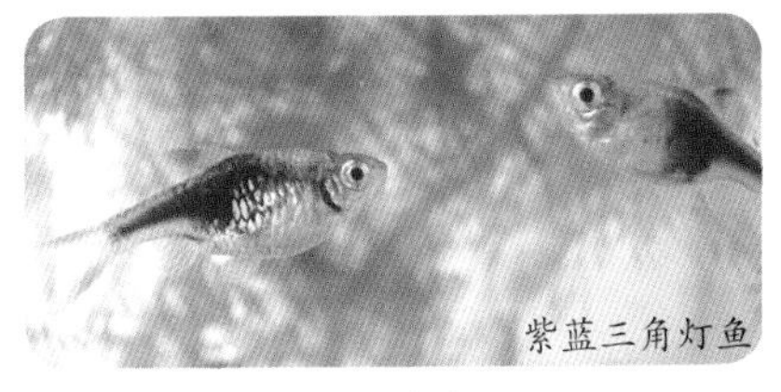
紫蓝三角灯鱼

饲养难度：★★☆☆☆

市场价位：★★☆☆☆

分布：欧洲改良品种，原产泰国、印度尼西亚

体长：4 厘米左右

水质：pH5~6.5，硬度 54~125 毫克 / 升（3~7° dH），水温 24~28℃

Rasbora maculata

大点鲫鱼（波鱼属）

（美丽波鱼、迷你红鱼）

大点鲫鱼

饲养难度：★★★☆☆

市场价位：★★★☆☆

分布：苏门答腊岛等地

体长：2.5 厘米左右

水质：pH6~7 硬度，89~143 毫克 / 升（5~8° dH），水温 24~28℃

Rasbora pauciperforata

红线波鱼（波鱼属）

（红线斑马鱼、红线鲫鱼、一线长红灯鱼、红线鲗鱼）

红线波鱼

饲养难度：★★★☆☆

市场价位：★★☆☆☆

分布：苏门答腊岛

体长：6 厘米左右

水质：pH6.5~7，硬度 89~143 毫克 / 升（5~8° dH），水温 24~28℃

Rosbora caudimaculata

大红剪刀尾波鱼（波鱼属）

（大型红剪刀波鱼）

大红剪刀尾波鱼

饲养难度： ★★☆☆☆

市场价位： ★★★☆☆

分布： 泰国、马来西亚和苏门答腊岛

体长： 12~15 厘米

水质： pH6.5~7，硬度 71~125 毫克/升（4~7° dH），水温 22~26℃

Rosbora trilineata

小黑剪刀尾波鱼（波鱼属）

（剪刀波鱼、剪刀鱼）

小黑剪刀尾波鱼（雌）

饲养难度： ★★☆☆☆

市场价位： ★★★☆☆

分布： 马来半岛、苏门答腊岛、加里曼丹岛

体长： 6~8 厘米（≤ 10 厘米）

水质： pH6.5~7，硬度 71~143 毫克/升（4~8° dH），水温 21~26℃

Acanthorhodeus macropterus

牛矢鲫鱼（大鳑鲏鱼属）

（蝴蝶彩鲫鱼）

牛矢鲫鱼

饲养难度： ★★★☆☆

市场价位： ★★☆☆☆

分布： 原产中国、朝鲜、日本等国，常见于温带及以南的沟、池、湖、水库、江河浅水中

体长： 5~7 厘米（< 19 厘米）

水质： pH6~7.5，硬度 89~303 毫克/升（5~17° dH)，水温 10~25℃

Barilius barna

九间银灯鱼（鲻属）

（银天线梭子鱼、白鲑鱼、小桃花鱼）

九间银灯鱼

饲养难度： ★★☆☆☆

市场价位： ★★★☆☆

分布： 中国南部及东南亚一些江河干支流中上游

体长： 7~10 厘米

水质： pH6.7~7.3，硬度 71~143 毫克/升（4~8° dH），水温 17~25℃

简介 鲤科鱼类主要分布在亚洲，欧洲有极少数种类，至于属于鲤科的红银光鉤鱼（分布于美国的中西部）似乎是一个特例，更奇怪的是，该鱼生长于温带而颜色竟然美艳到可观赏的程度。鲤科鱼虽然在亚热带、温带品种也非常多，但能作为观赏鱼的绝大部分都分布于热带，并且鲃亚科鱼最多，原产地在中国亚热带的有金丝鱼、黄金条鱼等数种，在中国温带的有鳑鲏、宽鳍鱲及金鱼等。

饲养模式 鲤科鱼除了红银光鉤鱼等数种游速稍慢外，绝大部分鱼，尤其是鲃鱼等均游得极快，所以要宽缸饲养，提供足够的游泳空间，还要注意增氧，一旦缺氧容易死亡；同时，过滤与增氧都很重要，养较多鱼时除用潜水泵过滤（增氧）外，还可以考虑增加1~2个充气头。

水质 鲤科鱼主要分布于亚洲东部和东南部广阔而富饶的土地上。这里面有原始森林，水质酸化，硬度较低（$CaCO_3 <$ 200毫克/升）；有钙质土，甚至有云南、贵州、广西等世界最典型的石灰岩（喀斯特）地形区，水质碱化硬度较高（200~400毫克/升），这些地方的鱼类能“入乡随俗”，适应多种水质。上述各种鱼水质的数值并不是指上限和下限，只是一种“共识”或经验，可在此基础上，在养殖过程中做些微调，或自己积累经验、记录极限数据，如虎皮鱼18℃及以下易得病死亡等，这样有助于更好地饲养这类鱼。

饵料 鲤科鱼食谱很杂，论食性绝大多数是很标准的杂食性鱼，缺饵时一般都会有“保命措施”，如吃软泥（以死亡单胞藻为主），或暂时以一些不可口的水草、苔藻为食等。在家养的条件下它们也表现出这种特性，所以人们说训练鲤科鱼类接受人工（颗粒等）饵料最为容易。一些公认的素食性鲤科鱼，如双线鲫鱼、黑带飞狐鱼见有血虫、水蚯蚓、鲜或熟鱼虾肉，甚至是死的水蚤、死鱼等时，都会争先恐后来“赴宴”，时见以强凌弱、“大打出手”、据为己有等“不文明行为”。如果主人不投荤饵，这些鱼相对平静，但仍会“争吵”，仍靠素饵“乐观生活”。对这类鱼每周投喂2~3次荤饵足矣，但要1~2次多投荤饵。银鲨鱼则以荤食为主，金丝鱼、三角灯鱼、大点鲫鱼也对荤食从不放弃。上述鱼类一律为“机会主义者”，见荤食“当仁不让”，见素食也乐于接受，是典型的“实用主义哲学家”。

繁殖 人们说鲤科鱼最容易繁殖，虽有一定道理，但也只是相对于其他鱼来说的，鲤科鱼中也有不易繁殖的。银鲨鱼、两种飞狐鱼是目前公认最难在水族缸中繁殖成功的品种；红银光鉤鱼、亚洲红鼻鱼等则未听说过该鱼繁殖的片言只语；彩虹鲨鱼等据说要行人工激素注射催产，并在流水中产卵孵化，这只能让专业养殖部门与专业养殖者去“玉成此事”。当然也有容易繁殖的，如金丝鱼，只要缸宽或种植1~2处密水草，不缺氧、水质良好，则春夏之交可常见水面浮出一些黑灰色小金丝仔鱼；斑马鱼的繁殖虽也容易，但斑马鱼却有吃卵恶习（在自然界中斑马鱼的无黏性沉性卵产在满是卵石的溪流中，绝大部分能够保存并孵化）。鲤形目鱼严格配对的较少，绝大部分为条件配对（如鲃鱼中虎皮鱼的繁殖），即鱼少时雌、雄鱼都各自争斗，取得交配权、场地繁殖优先权等，然后进行繁殖；鱼多时只好“且战且繁殖”，于是变成比较地道的“排挤法”繁殖。所以人工繁殖鲤科鱼也要根据此习性，让它们“竞争选拔”或人为选拔种鱼，在傍晚之前移入调好水质的产卵缸中，一般成熟的一对种鱼次日或隔日总会产卵，产完卵后要尽早移出种鱼。精心照顾受精卵缸水质，主要应做到防缺氧、防微生物（纤毛虫等）、防水质败坏（繁殖时排泄物对鱼卵有防腐作用，对仔鱼有助开口饵料微生物生长的作用，但过多也会导致腐败）。在上述鱼中只有几个品种三角鱼是较严格配对的，它们（如丽鱼）配对后把卵产在隐蔽处（如大树叶背后或大卵石的侧面等处）。特别需要注意的是三角鱼无护卵习性，产卵后应立即捞出孵化。

鲤科鱼中除鲃类鱼和上述品种外，还有许多明星级的品种，例如闪电斑马鱼、九间灯鱼、飞狐鱼、彩虹鲨鱼、红鳍鲨鱼、蓝三角鱼、红蓝三角鱼、亚洲红鼻鱼、金丝鱼等数十种，其饲养方法与本类鱼相似。

老鱼友热线

1. 鲤科鱼可以密集饲养吗？

答：鲤科鱼虽可以密集饲养，但因其食量较大，密集饲养时水质易腐败（氨等升高，有机物过多），因而一般条件下无法完全靠生化方法处理水质，而要经常对水，甚至一天对两次水才能维持水质。

2. 鲤科鱼是否均可混养？

答：鲤科鱼一般都并不凶悍，因而大体上说它们可以混养，但一些品种也要区别对待。相对喜静的种类，如三角鱼（即大部分波鱼属鱼）、金丝鱼等，以及体型较小的鱼，不宜与游速快的鲃属鱼、九间银灯鱼、斑马鱼、小黑剪刀尾波鱼等，以及体型较大而健壮的银鲨鱼等养在一个缸内。波鱼比鲃鱼等一般鲤科鱼所要求的酸碱度更低些，这点也应注意。此外，亚热带、温带鱼可耐低温，而热带（东南亚地区）鱼不耐低温，最好也不混养。

黄金条鱼、双线鲫鱼、红玫瑰鱼、玫瑰鲫鱼、一眉道人鱼、黑斑鲫鱼、潜水艇鲫鱼、钻石彩虹鲫鱼、金双线鲫鱼、虎皮鱼

鲤科

Puntius sachsi

黄金条鱼（须鲃属）

（金条鱼）

饲养难度：★☆☆☆☆

市场价位：★★☆☆☆

分布：中国闽南、广东、广西，直至中南半岛的马来半岛

体长：5~9 厘米，可达 10 厘米

Puntius schwanenfeldi

双线鲫鱼（须鲃属）

（红鳍银鲫）

双线鲫鱼

饲养难度：★☆☆☆☆

市场价位：★★★☆☆

分布：泰国、印度尼西亚、马来西亚等国

体长：30~35 厘米，可达 40 厘米

Puntius titteya

红玫瑰鱼（须鲃属）

（樱桃鲫、樱桃灯）

红玫瑰鱼

饲养难度：★☆☆☆☆

市场价位：★☆☆☆☆

分布：斯里兰卡

体长：4~5 厘米

Puntius conchonius

玫瑰鲫鱼（须鲃属）

（玫瑰鲃、玫瑰鲫）

玫瑰鲫鱼（绿色者为雌）

饲养难度：★☆☆☆☆

市场价位：★☆☆☆☆

分布：印度恒河流域

体长：7~12 厘米

Puntius denisonii

一眉道人鱼（须鲃属）

（红眉道人）

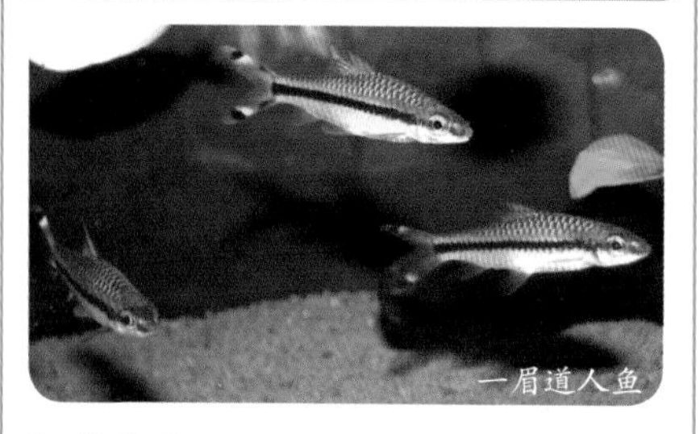

一眉道人鱼

饲养难度： ★★☆☆☆

市场价位： ★★★☆☆

分布： 印度

体长： 15 厘米左右

Puntius filamentosus

黑斑鲫鱼（须鲃属）

（卵斑鲫鱼）

黑斑鲫鱼

饲养难度： ★★★☆☆

市场价位： ★★★☆☆

分布： 印度等地

体长： 体长：12~15 厘米

Puntius pentazona rhomboocellatus

潜水艇鲫鱼（须鲃属）

（咖啡鱼）

潜水艇鲫鱼

饲养难度： ★★☆☆☆

市场价位： ★★★☆☆

分布： 加里曼丹岛

体长： 5 厘米左右

Puntius sp.

钻石彩虹鲫鱼（须鲃属）

（火烧霞鲫鱼）

钻石彩虹鲫鱼

饲养难度： ★★☆☆☆

市场价位： ★★★☆☆

分布： 人工培育品种，原产印尼加里曼丹岛

体长： 6 厘米左右

Puntius schuanenfeldi 'albino'

金双线鲗鱼（须鲃属）

（红眼双线鲗鱼、泰国鲫鱼）

金双线鲗鱼

饲养难度： ★☆☆☆☆

市场价位： ★★★☆☆

分布： 马来半岛、印度尼西亚

体长： 25~33 厘米

Puntius tetrazona

虎皮鱼（须鲃属）

（四间鲗等）

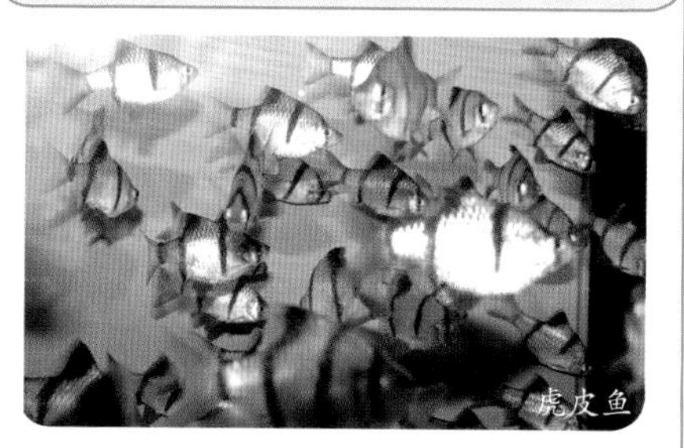

虎皮鱼

饲养难度：★★☆☆☆

市场价位：★☆☆☆☆～★★☆☆☆

分布：苏门答腊岛、加里曼丹岛

体长：5~6 厘米

简介 鲃类鱼广泛分布于东亚、东南亚与南亚等地的热带、亚热带地区。鲃亚科鱼生命力强，对于高温耐受力较强。亚热带品种一般都耐低温。它们多生活在流动的江河与溪流中，游速快且敏捷，一般都不耐低氧。鲃亚科鱼是鲤科鱼中最活泼、最绚丽多彩的一大类，在淡水缸中其种类之多仅次于南美洲的脂鲤科鱼与丽鱼科鱼。

饲养模式 清水动水养鱼，包括充气养鱼、过滤盒养鱼、过滤筒养鱼、潜水泵过滤养鱼。还可以养在水草缸中。

水质 pH≈ 6.8（6.6~7），硬度 89~161 毫克 / 升（5~9°dH），水温 22~28℃。

饵料 杂食性鱼类，嗜食几乎所有适口或稍大活饵，缺饵时可摄食萍类、青苔等充饥。但因植食性程度不同，种间仍有很大差别：双线鲗鱼可主动摄食青菜等素饵，而虎皮鱼却是不到不得已不轻易取食素饵。但经过训练它们基本上都能接受适口人工饵。

繁殖 鲤科鱼的优越性就在于繁殖容易，鲃亚科鱼也不例外，每年都可人工繁殖大量虎皮鱼。从繁殖的方式来看，当雌、雄鱼较少时，行条件配对（强者优先）繁殖；当雌、雄鱼均较多时，行排挤法繁殖。具体的操作方法有粗放法和精细法之分：粗放法是把多尾雌、雄鱼养在一个大缸池中，水面附近有足量水草、凤眼莲（根）或人工巢等，一旦一些雌鱼临产，雄鱼也将兴奋起来，最终雄鱼追逐着雌鱼，雌鱼在水草上产下大量卵粒，不少雌鱼边产卵边吞食卵粒，因此最好把卵带水草捞移至孵化缸进行孵化；精细法是在傍晚之前挑选一对临产种鱼（雌鱼生殖孔有所下垂，腹部饱满，雄鱼时有追逐雌鱼行为）移入布置有人工巢或水草的繁殖缸中，一般次日或隔日将会产卵，并且一般总在上午 10 点前完毕。然后把种鱼捞移产缸，因多数种鱼都有吞食卵粒的习惯。

小贴士 鲃类鱼品种繁多，除上述品种外，极常见的还有五间鲫鱼、金光五间鲫鱼、皇冠鲫鱼、金虎皮鱼、绿虎皮鱼等多种，其饲养方法与此类鱼相似。

老鱼友热线

1. 养鲃类鱼有什么特别要注意的问题？

答：虽说可把鲃类鱼作为一般鲤科鱼来养，但仍有一些小问题要注意。体长数厘米的鲃类鱼已相当强悍，饥饿时有意无意中咬伤或吃掉稚鱼是常有的事；

双线鲫鱼系大中型观赏鱼，小时较温顺，稍大后变强悍，在水中翻腾，小的鱼可受不了。同时更要注意，此类鱼似乎养在大缸中才长得好、发育快，素食不可缺；黄金条鱼“最乖”了，不过水浅时也喜跳，会蹦出容器；红玫瑰鱼也同样温顺合群，但常把自个产的卵吞食殆尽；玫瑰鲫鱼不吃卵粒与仔鱼，也很好养，但像斑马鱼一样，整日游个不停，令人觉得此鱼“能量过盛”；一眉道人鱼常同类争斗，尤其是雄鱼之间；虎皮鱼在繁殖之前也好斗，显得很凶，平时虎皮鱼不论雌雄都喜咬神仙鱼等长长的腹鳍，可能以为那是虫子，所以人们很少让虎皮鱼与神仙鱼同缸。

2. 为什么说玫瑰鲫鱼很好繁殖?

答：玫瑰鲫鱼如普通小鲫鱼，色带微绿，看上去似平淡无奇，但成熟后雄鱼将呈现闪闪亮光的玫瑰色，雌鱼绿背、白腹、红鳍，并且银光闪闪，这时观赏价值最高。如果在一个大、中型缸或小水池中种植大量水草，其中养 1~3 对玫瑰鲫鱼（其他鱼不养，或养不吞食卵与仔鱼的鱼），则一段时间后你将发现满缸的仔鱼，并且有大有小，有好几种规格。原因是玫瑰鲫鱼数次繁殖，而且既不吞食卵粒，也不追吃仔鱼（但小活饵照吃不误），卵的孵化率极高，所以玫瑰鲫鱼的繁殖很容易。

宽带老虎泥鳅鱼、金环泥鳅鱼、三间鼠鱼

鳅科鱼

Leptobotia guilinensis

宽带老虎泥鳅鱼（大口鳅属）

（宽带鼠鱼）

宽带老虎泥鳅鱼

饲养难度：★☆☆☆☆

市场价位：★☆☆☆☆ ~ ★★☆☆☆

分布：中国西南江河

体长：12 厘米左右

水质：pH6.5~7.5，硬度 71~143 毫克 / 升（4~8° dH），水温 21~28℃

Botia robusta

金环泥鳅鱼（沙鳅属）

（圆窗别墅鼠鱼、金环带沙鳅鱼、枝纹沙鳅鱼）

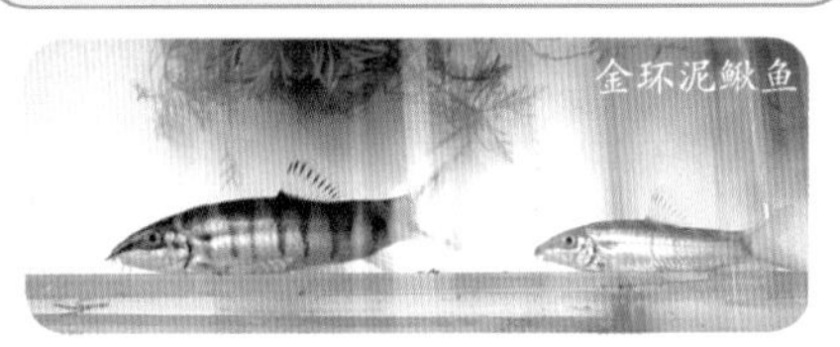

金环泥鳅鱼

饲养难度：★★★☆☆

市场价位：★★★☆☆

分布：中国南部、东南亚

体长：10 厘米左右

水质：pH6.5~7.5，硬度 71~143 毫克 / 升（4~8° dH），水温 23~28℃

Botia macracantha

三间鼠鱼（沙鳅属）

（皇冠鼠鱼、虎纹鱼、皇冠泥鳅鱼等）

饲养难度：★★★★☆

市场价位：★★★★☆

分布：印度尼西亚

体长：18~20 厘米

水质：pH ≈ 6.5，硬度 71~143 毫克/升（4~8° dH），水温 23~28℃

简介 此 3 种鱼具夜行性，夜晚活跃，能正常觅食，喜躲藏，畏光。三间鼠鱼有 3 条宽黑横带穿过眼、胸背、尾柄前。在自然界或大池中饲养的三间鼠鱼体长通常为 18~20 厘米，但在普通鱼缸中饲养要大打折扣。原产地为印度尼西亚的苏门答腊岛和加里曼丹岛，分布的地理纬度界于 7° N~6° S，为热带雨林区。三间鼠鱼为亚洲热带鱼之代表种，名气远大于一般鳅科鱼。

饲养模式 至少要在较大的小型缸中养，铺垫底沙或小卵石及隐蔽物体，用潜水泵进行强过滤。如果不便铺底沙等，则应多对水。

水质 实际饲养中，除三间鼠鱼外，水质应调控为 pH6.5~7，水温 25~26℃。

饵料 均为杂食性鱼，能摄取活饵、鲜饵、人工饵、青苔，以及白天的剩饵等。

繁殖 三间鼠鱼水族箱饲养的历史相对悠久，饲养的人也真不少，但未有人工繁殖的记录。国外有同属鱼在铺垫底沙的水族箱中繁殖成功的报道。据说在原产地，三间鼠鱼一年繁殖 1 次，且是在激流中产卵。若果真如此，则说明三间鼠鱼应在（雨季）低硬度、水温稍低的流动水中进行繁殖。可以利用饲养四大家鱼繁殖的设备圆形流水槽来繁殖三间鼠鱼（不排除用催产法），繁殖时间有可能在夜晚。

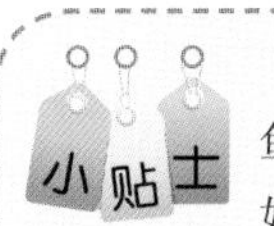

鳅科鱼种数仅次于鲤科鱼，可作为观赏鱼的占一大半，如常见的几种蛇仔鱼、蓝鼠鱼、银河潜艇鼠鱼、壮体沙鳅鱼等十数种，其饲养方法相似。

老鱼友热线

1. 购买三间鼠鱼究竟是选大的好还是小的好?

答：体长 5~7 厘米的三间鼠鱼适应缸水后体色非常靓丽，活泼可爱，养得好的话活几年是没问题的。体长 10 厘米左右的三间鼠鱼在缸中不易长大，且体幅变宽后根本不像鳅科鱼，而太老的大鱼体色变“锈”，此外大鱼相对不喜动。但大鱼比较有气派（价格也极贵），令人为之震撼。因此大好还是小好，不能一概而论，要凭个人喜好及鱼缸大小等条件来综合决定。

2. 一个小型缸可养几尾三间鼠鱼？

答：三间鼠鱼有集群性，同类间的争斗不如他鱼明显，所以可以多养几尾，单养则不如群养。但要注意，饲养三间鼠鱼至少应该不拥挤，原因是三间鼠鱼算名贵鱼，且不是很耐粗放，宁少勿多。

3. 三间鼠鱼可否与一般热带鱼任意组缸？

答：除了大小悬殊、水质要求大相径庭的鱼外，本来是可以按一般的原则组缸饲养的，但因三间鼠鱼等鳅科鱼具夜行性，可谓水中的蝙蝠，将吵得非夜行性的鱼夜晚不得安宁。考虑到这一点，应该少养三间鼠鱼，或降低饲养密度，或干脆以养夜行性鱼（如美鲇鱼等）为主。

4. 青苔鼠鱼、三间鼠鱼为什么难养？

答：青苔鼠鱼、三间鼠鱼对水质污染（氨超标、有机物过量）非常敏感，尤其在酸碱度偏低时，若水质太肥，事故常发生；如出现这种情况，最好调节水质，略提高酸碱度，增强缓冲性，以减少事故发生。

红线刺鳅鱼、大刺鳅鱼

刺鳅科

Mastacembelus erythrotaenia

红线刺鳅鱼（刺鳅属）

（火棘鳅鱼）

饲养难度：★☆☆☆☆

市场价位：★★★☆☆

体长：可达 50 厘米

Mastacembelus armatus

大刺鳅鱼（刺鳅属）

（轮胎龙鱼等）

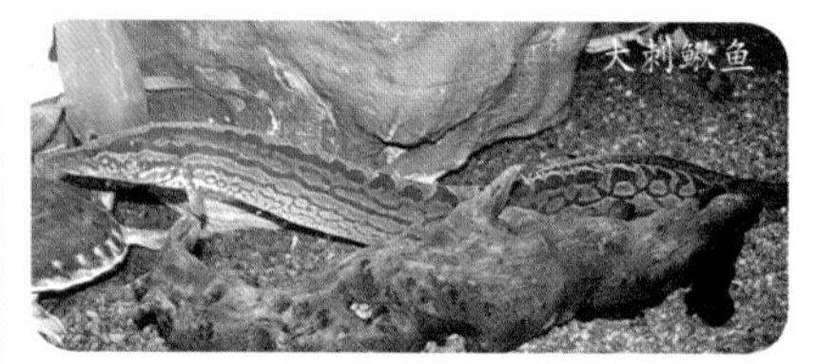

饲养难度：★☆☆☆☆

市场价位：★★★☆☆

体长：35 厘米左右

简介 刺鳅鱼和棘鳅鱼同属刺鳅亚目鱼，体形介于条鳅鱼和鳗鲡中间。习性似泥鳅，但体长比泥鳅长多了。刺

鳅科鱼昼伏夜出，依靠吻前发达的感觉器官，获取饵料和其他必要的信息。大刺鳅鱼广泛分布于我国长江以南各大水系，大者重0.5千克，海南岛较多，是当地常见的一道野味。中华刺鳅鱼分布于中国、中南半岛等亚洲的热带及近热带地区。红线刺鳅鱼的分布与中华刺鳅鱼基本相同。

饲养模式 不甚讲究，可在略置卵石、假山石等隐蔽物的较大清水缸中动水饲养，缸中鱼量多时则要过滤。

水质 pH≈7(6.5~7.5，但短期内不宜大变)，硬度107~232毫克/升（6~13° dH），水温23~28℃（中华刺鳅鱼19~28℃）。

饵料 嗜食多种小活饵，如血虫、水蚯蚓等，也接受鲜冻饵，但人工饵需经驯化方可接受，为动物性杂食鱼。

繁殖 刺鳅科鱼大多数反应比较灵敏，夜间活跃，捕食能力强，食量大、生长快，水温25~27℃时约需1年性成熟，产播散式卵，卵量不算多，如大刺鳅鱼一次能产500~1000粒卵。繁殖方式极可能为排挤法（如大部分鲤科鱼）。有意繁殖本科鱼者可试着把同种的几尾鱼共养，缸宜大，春夏之交可置细沙或清洁淤泥，让刺鳅鱼钻入活动，促进其成熟产卵。

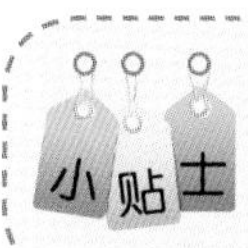

本科常见的鱼还有中华刺鳅鱼、眼斑刺鳅鱼等几种，其饲养方法与上述鱼相似。

老鱼友热线

1. 刺鳅鱼比较好养，但仍需注意些什么问题？

答：首先水质不能超标，如用水长期不注意卫生，氨氮和硝氮等浓度太高，甚至已发臭，怎能不发生事故！其次除中华刺鳅鱼较耐低温外，一般刺鳅鱼水温也不能太低，水温太低时虽不一定会立即死去，但却容易得病。第三，刺鳅鱼体长一般都超过30厘米，水浅或水太满的时候刺鳅鱼可以不费大力气地跳出容器而发生意外。

2. 刺鳅鱼可以和普通热带鱼组缸饲养吗？

答：刺鳅鱼个大体长，喜动物性饵，尤其对小活饵极感兴趣，所以太小的观赏鱼有可能被饥饿的刺鳅鱼作为大活饵吞食。再则，刺鳅鱼眼小而退化，刺端感觉细胞发达，为夜行性鱼，故最好不同非夜行性鱼组缸，以免非夜行性鱼遭到无端骚扰。但在大白天刺鳅鱼多半栖于缸底，比较安静，任其他大小鱼在其上部水域“巡逻”。

3. 刺鳅鱼的种类很少吗？

答：在热带鱼中，刺鳅鱼外形较为怪异，加之较为少见，有人误认为其种类很少。其实，这只是一部分人的推想而已，属于刺鳅亚目的鱼有2科、2亚科、8属、72种，也算是一个不小的家族，而且其在分类学上颇有地位。顺便说说，不少港台人士所说的“棘鳅”，其实指的就是我们所说的刺鳅鱼。

火 兔灯鱼、蓝灯鱼、黑线溅水鱼、黑裙鱼、黄金灯鱼、红十字鱼、红灯管鱼、红鼻鱼、大钩扯旗鱼、黑灯鱼、玫瑰扯旗鱼、黑线灯鱼、血钻灯鱼、银屏灯鱼、皇帝灯鱼、宝莲灯鱼、钻石新灯鱼、玻璃扯旗鱼、柠檬扯旗鱼、网球鱼、尖嘴铅笔鱼、红肚铅笔鱼

Aphyocharax rathbuni

火兔灯鱼（尖下唇鱼属）

（红焰灯鱼）

火兔灯鱼

饲养难度：★★★☆☆

市场价位：★★★☆☆

分布：巴拉圭河流域

体长：5 厘米左右

水质：pH6.5~7，硬度 107~178 毫克 / 升（6~10° dH），水温 23~28℃

Boehlkea fredcochui

蓝灯鱼（长线霓虹脂鲤属）

（蓝线灯鱼）

蓝灯鱼

饲养难度：★★☆☆☆

市场价位：★★☆☆☆

分布：亚马孙河流域

体长：5 厘米左右

水质：pH6~6.5，硬度 71~161 毫克 / 升（4~9° dH），水温 23~28℃

Copella metae

黑线溅水鱼（溅水鱼属）

（跳水鱼）

黑线溅水鱼

饲养难度：★★☆☆☆

市场价位：★★☆☆☆

分布：南美洲亚马孙河流域

体长：5 厘米左右

水质：pH6~6.5，硬度 71~161 毫克 / 升（4~9° dH），水温 25~30℃

Gymnocorymbus ternetzi

黑裙鱼（裸顶脂鲤属）

（裸顶脂鲤鱼）

黑裙鱼

饲养难度：★☆☆☆☆

市场价位：★☆☆☆☆

分布：巴西、巴拉圭 、阿根廷的巴拉圭河流域

体长：4~5 厘米

水质：pH6.5~7.5，硬度 152~268 毫克 / 升（8.5~15° dH），水温 20~30℃

Hemigrammus armstrongi

黄金灯鱼（半线鱼属）

（金灯鱼、蓝线黄金灯鱼）

黄金灯鱼

饲养难度： ★★★☆☆

市场价位： ★★★☆☆

分布： 亚马孙河、圭亚那西部

体长： 3~4 厘米

水质： pH6.5~7，硬度 71~178 毫克 / 升（4~10° dH），水温 23~28℃

Hemigrammus caudovittatus

红十字鱼（半线鱼属）

（十字鱼）

红十字鱼

饲养难度： ★☆☆☆☆

市场价位： ★☆☆☆☆

分布： 阿根廷布宜诺斯艾利斯

体长： 6~7 厘米

水质： pH6.5~7.5，硬度 152~250 毫克 / 升（8.5~14° dH），水温 20~30℃

Hemigrammus erythrozonus

红灯管鱼（半线鱼属）

（玻璃灯鱼、红绿光管鱼）

红灯管鱼

饲养难度： ★★☆☆☆

市场价位： ★☆☆☆☆

分布： 圭亚那

体长： 3~4 厘米

水质： pH5.5~7，硬度 71~179 毫克 / 升（4~10° dH），水温 23~28℃

Hemigrammus rhodostomus

红鼻鱼（半线鱼属）

（红鼻剪刀鱼等）

红鼻鱼

饲养难度： ★★★★☆

市场价位： ★★★☆☆

分布： 哥伦比亚与巴西交界处的内格罗河流域

体长： 4~5 厘米

水质： pH5.5~6.5，硬度 71~161 毫克 / 升（4~9° dH），水温 23~28℃

Hyphessobrycon callistus
大钩扯旗鱼（携灯鱼属）
（红旗红、红钩扯旗鱼等）

大钩扯旗鱼

饲养难度：★★☆☆☆
市场价位：★★★☆☆
分布：圭亚那河、亚马孙河流域
体长：4~5 厘米
水质：pH6~7，硬度 71~178 毫克 / 升（4~10° dH），水温 23~28℃

Hyphessobrycon herbertaxelrodi
黑灯鱼（携灯鱼属）
（黑霓虹灯鱼、黑日光灯鱼）

黑灯鱼

饲养难度：★☆☆☆☆
市场价位：★☆☆☆☆
分布：亚马孙河下游
体长：4 厘米左右
水质：pH6~7，硬度 71~179 毫克 / 升（4~10° dH)，水温 23~28℃

Hyphessobrycon rosaceus
玫瑰扯旗鱼（携灯鱼属）
（玫瑰灯鱼）

玫瑰扯旗鱼

饲养难度：★★☆☆☆
市场价位：★☆☆☆☆ ~ ★★☆☆☆
分布：巴西亚马孙河流域
体长：5 厘米左右
水质：pH6~7，硬度 71~143 毫克 / 升（4~8° dH），水温 23~28℃

Hyphessobrycon scholzei
黑线灯鱼（携灯鱼属）
（一支梅鱼、黑光管鱼、一支眉鱼）

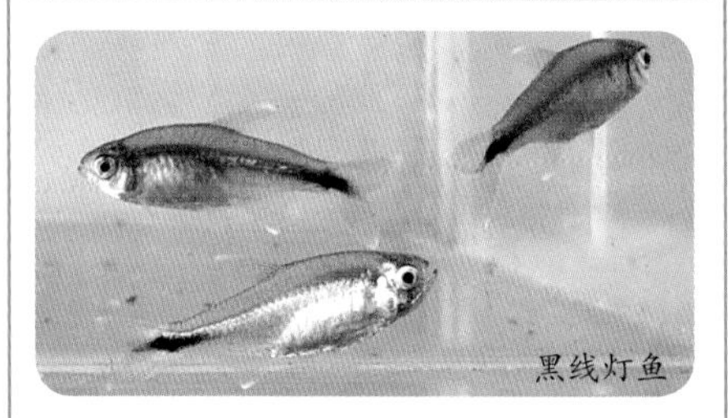
黑线灯鱼

饲养难度：★☆☆☆☆
市场价位：★☆☆☆☆ ~ ★★☆☆☆
分布：巴西亚马孙河流域
体长：5 厘米左右
水质：pH6.5~7，硬度 107~178 毫克 / 升（6~10° dH），水温 23~28℃

Hyphessobrycon serpae
血钻灯鱼（携灯鱼属）
（血玫瑰鱼、潜行灯鱼）

血钻灯鱼

饲养难度：★★★☆☆
市场价位：★★★☆☆
分布：圭亚那
体长：5 厘米左右
水质：pH5.5~6.5，硬度 54~161 毫克 / 升（3~9° dH），水温 23~28℃

Moenkhausia sanctaefilomenae

银屏灯鱼（红眶脂鲤属）

（银屏鱼、红目鱼）

银屏灯鱼

饲养难度：★☆☆☆☆

市场价位：★☆☆☆☆

分布：圭亚那、巴西

体长：5~6 厘米

水质：pH6.5~7.2，硬度 71~214 毫克 / 升 (4~12° dH)，水温 22~28℃

Nematobrycon palmeri

皇帝灯鱼（戟尾脂鲤属）

（皇帝鱼、帝王灯鱼、国王灯鱼）

皇帝灯鱼

饲养难度：★★★★☆

市场价位：★★★☆☆

分布：哥伦比亚

体长：5 厘米左右

水质：pH6.3~6.7，硬度 71~178 毫克 / 升（4~10° dH），水温 23~28℃

Paracheirodon axelrodi

宝莲灯鱼（霓虹脂鲤属）

（新日光灯鱼）

宝莲灯鱼

饲养难度：★★★★☆

市场价位：★★★☆☆

分布：亚马孙河支流内格罗河（巴西、哥伦比亚）

体长：5 厘米左右

水质：pH5.5~6.8，硬度 54~89 毫克 / 升（3~6° dH），水温 22~28℃

Paracheirodon innesi var.

钻石新灯鱼（霓虹脂鲤属）

（皇冠日光灯鱼、荧光红绿灯鱼）

钻石新灯鱼（雌）

饲养难度：★★☆☆☆

市场价位：★★☆☆☆

分布：亚马孙河上游，原种经改造

体长：3~4 厘米

水质：pH5.5~6.5，硬度 54~125 毫克 / 升（3~7° dH），水温 22~28℃

Pristella maxillaris

玻璃扯旗鱼（玻身鱼属）

（双色鳍鱼、花鳍灯鱼）

玻璃扯旗鱼

饲养难度：★☆☆☆☆

市场价位：★☆☆☆☆

分布：内格罗河上游（巴西）及圭亚那、委内瑞拉等地

体长：4~5 厘米

水质：pH6.5~7，硬度 71~250 毫克 / 升（4~14° dH），水温 23~28℃

Pristella maxillaris

柠檬扯旗鱼（玻身鱼属）

（黄扯旗鱼、黄灯鱼、黄鲷鱼）

柠檬扯旗鱼

饲养难度：★☆☆☆☆

市场价位：★☆☆☆☆

体长：4~5 厘米

分布：内格罗河流域

水质：pH6.5~7，硬度 71~250 毫克 / 升（4~14° dH），水温 23~28℃

Chilodus punctatus

网球鱼（上口脂鲤属）

（打字机鱼、见礼鱼）

网球鱼（雌）

饲养难度：★★☆☆☆

市场价位：★★★☆☆

分布：南美洲北部

体长：可达 10 厘米

水质：pH6.5~7，硬度 71~161 毫克 / 升（4~9° dH），水温 23~28℃

Nannostomus egues

尖嘴铅笔鱼（间齿鱼属）

（小企鹅鱼、黑尾铅笔鱼）

尖嘴铅笔鱼

饲养难度：★★☆☆☆

市场价位：★★☆☆☆

分布：内格罗河等亚马孙河流域

体长：4~5 厘米

水质：pH6.2~7.0，硬度 107~196 毫克 / 升（6~11° dH），水温 23~27℃

Nannostomus beckfordi

红肚铅笔鱼（间齿鱼属）

（小黑线铅笔鱼、小铅笔鱼）

红肚铅笔鱼

饲养难度：★★☆☆☆

市场价位：★★☆☆☆

分布：圭亚那、亚马孙河北部流域

体长：4~5 厘米

水质：pH6~7, 硬度 107~196 毫克 / 升（6~11° dH），水温 23~28℃

简介 灯类鱼是指体长在10厘米以内的脂鲤科鱼，在自然界中有数百种，它们只分布在南美洲各大河流域和非洲各大河、湖泊及其流域。所谓脂鲤鱼是上述水域，有两个背鳍且体形极似鲤科鱼的一大类小型鱼，有1200多种，约占淡水观赏鱼的一半。灯类鱼明显的特征是体形秀丽且有两个背鳍，后一个背鳍是“假鳍”，无鳍条，为脂肪皱褶，称脂鳍，此为无功能“器官”。灯类鱼绝大部分体长都在5厘米上下，适合养在居家不很大的鱼缸中。普通品种物美价廉，适合新养鱼者“练兵”。虽品种繁多，但灯类鱼习性仅有小异，注意了水质方面的问题，就容易饲养成功。

饲养模式 水草缸养鱼，超微型缸（水量少于31.25千克）可用过滤盒养鱼，微型缸可用过滤筒养鱼，小型缸（水量62.5~125千克）可用潜水泵过滤养鱼。

水质 一般鱼类最适合的pH可分为以下几种：A.酸性型，pH5.5~6.5；B.弱酸性型，pH6.0~7.0；C.中性型，pH6.5~7.5；D.弱碱性型，pH7~8；E.碱性型，pH7.5~8.5。灯类鱼绝大多数为B型，其次为A型，少数种为C型，D型更少，E型只在阿根廷的拉普拉塔河一带和非洲东部的一些水域才有。与此相适应的灯类鱼最适合的水硬度为107~200毫克/升（6~11.2°dH），小于150毫克/升的极软水较少，大于200毫克/升的更少。不少人以为灯类鱼都要生活在0~53.5毫克/升（0~3°dH）的水中，这是把一些灯类鱼的繁殖用水误以为是饲养用水。灯类鱼的适应水温虽然本书多标明为23~28℃，但这只是较好的区间选择，实际上灯类鱼往往可暂耐15℃的低水温和32℃以上的较高水温，当然仍比温带鱼差多了。

饵料 灯类鱼基本上都为标准杂食性鱼，喜追逐适口小活饵，如水蚤、孑孓、血虫、水蚯蚓，冻鲜活鱼虾肉、人工干饵、苔藻草菜等也能取食。当然，有的种类偏荤食性，有的则偏素食性。一般的胸斧鱼类、较小的铅笔鱼类偏荤食性，网球鱼、红十字鱼与金十字鱼偏素食性，黑裙鱼也能主动素食，但缺饵时不管哪一种，一般均能素食。饲养中常给素食的鱼更健康。

繁殖 灯类鱼的繁殖一般是备一个产缸，调节好水质。产缸水量视鱼的大小可用5千克（如红绿灯鱼、黑灯鱼）或16~20千克（黑裙鱼、红十字鱼），产缸大一些更安全。步骤一般为先备好产缸，前一天午后至傍晚时分移入一对成熟亲鱼，次日或隔日便会产卵。对于产黏性卵的鱼一般要底垫棕丝等作为卵巢，但还是在水面置密集水草效果最好；产无黏性卵的可备小卵石。产卵后应该立即把亲鱼捞出，因为有很多灯类鱼有吞食卵粒的恶习（如红绿灯鱼）。产缸水质的调节是繁殖成功的关键技术环节，应该因鱼而异，调节好繁殖用水。当然有的鱼经多代繁殖，适应性强，远不需要那么低的硬度和pH，也可顺利繁殖，如红绿灯鱼用晒过的自来水也能正常繁殖，用凉开水效果更好。但还有些鱼繁殖习性难以改变，如柠檬灯鱼、宝莲灯鱼，调控水质就显得很重要。不过，绝大部分灯类稚幼鱼生命力较强，且长得快，可吞食缸中适口小活物。

此外，金属光泽强烈的灯类鱼，或带有“荧光纵带”的鱼（如红绿灯鱼等霓虹脂鲤属鱼），受精卵往往畏光，应尽量给产缸遮挡光线，一般将产缸置于阴暗处，否则卵不孵化。

小贴士 本科鱼是观赏鱼的主角，常见的鱼还有焰尾灯鱼、火焰灯鱼、四溅花鱼（溅水鱼）、银裙鱼、金灯鱼、头尾灯鱼、金尾灯鱼、柠檬翅鱼、芙蓉旗鱼、蓝带鱼、黑旗鱼、钻石灯鱼、红印鱼、红绿灯鱼、白金灯鱼、刚果扯旗鱼、蓝刚果鱼、红尾玻璃鱼、玻璃红心灯鱼、小企鹅鱼、拐棍鱼、斑纹斧鱼、银斧鱼、三线铅笔鱼、黑线大铅笔鱼等数十种，其饲养方法均与本类鱼相似。

老鱼友热线

1. 灯类鱼有多种饲养模式，但究竟哪一种养法最好呢？

答：如果“最好”仅指鱼体色鲜艳、健康而少病，则养在水草缸中最理想了。原因是水草缸中有多种水草，水草的烂叶等使缸水成分复杂化；更重要的是水草及时吸收去缸中鱼所产生的废物，如氨等排泄物，从根本上减少了水质的不安全因素，使鱼健康生长。此外，尽可能布置些沉木，以使水质更接近自然。

2. “灯类鱼只能活两年”，此话正确吗？怎么让灯类鱼活得更长久？

答：灯类鱼命不长这种说法，可能是受了某些小型鱼（如孔雀鱼）命不长的影响而误传的。一般来说，要让灯类鱼活上3~4年，并不必“特别关照”，只要注意水质、严防感染各种病菌、适时对水就可以办到。怎么让灯类鱼长寿？这是热带鱼饲养者考虑和研究的事。行家比较统一的意见有如下几点：一为较低水温（20℃左右）饲养。在低水温中鱼体内各种生化活动（酶的作用）等显著地比常温来得缓慢，鱼的生长、发育也均慢，自然衰老也来得慢。一般只要鱼能正常生长，水温可以低到20℃以下。有人冬季长期维持水温18℃，灯类鱼长得慢是肯定的，但到初夏却也能正常繁殖。二为提供足量光照，目的是让缸、池长出一些青苔等。让鱼啃食藻类好处多多，其中天然维生素C、维生素E及叶酸等对延缓衰老也是有作用的。三为提供较宽敞的活动空间。也就是说，鱼密度不能太大，这样可使鱼“精神舒畅”而不紧张，同时水中排泄物少，水质优良，也有益于鱼的长寿。当然，也不是说密度越小越好。

皇冠九间鱼、美国九间鱼、银鲳鱼、黄金河虎鱼、飞凤鱼、红肚食人鲳鱼、金鲨鱼

Distichodus sexfasciatus

皇冠九间鱼（复齿脂鲤属）

（短吻皇冠九间鱼、六间小丑鱼）

皇冠九间鱼

饲养难度：★★★☆☆

市场价位：★★★★☆

分布：刚果河流域（4° N~10° S）

体长：30 厘米左右

水质：pH6~6.5，硬度 71~143 毫克 / 升（4~8° dH)，水温 24~28℃

Leporinus fasciatus

美国九间鱼（上口脂鲤属）

（带纹鱼）

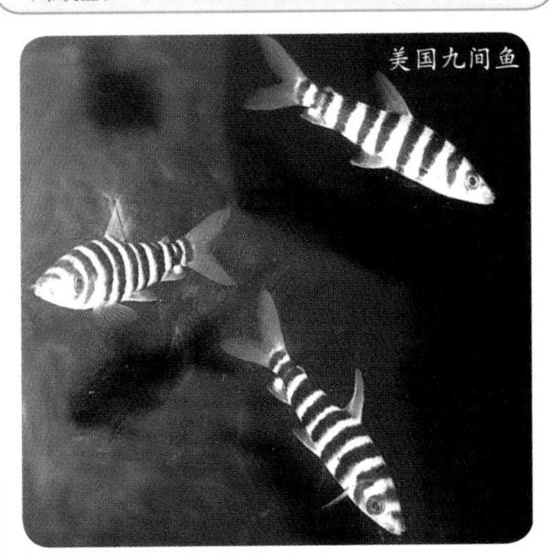
美国九间鱼

饲养难度：★☆☆☆☆

市场价位：★★★★☆

分布：圭亚那河、亚马孙河流域

体长：20~25 厘米（< 30 厘米）

水质：pH6~6.8，硬度 89~143 毫克 / 升（5~8° dH），水温 22~29℃

Metynnis hypsauchen

银鲳鱼（银身脂鲤属）

（银光鱼、银板鱼）

银鲳鱼

饲养难度：★★☆☆☆

市场价位：★★★☆☆

分布：亚马孙河流域及巴拉圭

体长：15 厘米左右

水质：pH6.5~7，硬度 107~178 毫克 / 升（6~10° dH），水温 23~28℃

Salminus maxillosus

黄金河虎鱼（鱤脂鲤属）

（长身鱤脂鲤鱼）

黄金河虎鱼

饲养难度：★★☆☆☆

市场价位：★★★☆☆

分布：南美洲巴拉圭河、巴拉那河

体长：75~100 厘米

水质：pH6.5~8，硬度 152~286 毫克 / 升（8.5~16° dH), 水温 20~30℃

Semaprochilodus teaniurus
飞凤鱼（细齿脂鲤属）
（旗尾鱼）

飞凤鱼

饲养难度：★★☆☆☆
市场价位：★★★★☆
分布：亚马孙河流域
体长：可达 40 厘米
水质：pH6.5~7，硬度 71~178 毫克 / 升（4~10° dH），水温 23~28℃

Pygocentrus nattereri
红肚食人鲳鱼（琴鲤属）
（食人鲳鱼、红肚水虎鱼）

红肚食人鲳鱼

饲养难度：★★☆☆☆
市场价位：★★★★☆
分布：亚马孙河流域
体长：20~25 厘米
水质：pH5.5~6.5，硬度 71~178 毫克 / 升（4~10° dH），水温 23~28℃

Chalceus erythrurus
金鲨鱼（粗鳞脂鲤属）
（大鳞红尾脂鲤鱼、胭脂脂鲤鱼、粉红脂鲤鱼等）

金鲨鱼

饲养难度：★★★☆☆
市场价位：★★★★☆
分布：圭亚那
体长：25~30 厘米
水质：pH6.5~7，硬度 71~178 毫克 / 升（4~10° dH），水温 23~28℃

简介 除银鲳鱼外，上述脂鲤鱼体长均可达 20 厘米以上。它们与前述普通脂鲤科的灯类鱼有很大不同，不适合在水草缸中饲养。不仅因为大身躯将使水草“倒伏”，更因它们似乎都是一些食欲甚好的饥饿者，见什么就试着要吃什么，不少水草对它们来说都是美味佳肴。一般来说，它们最好要与小型鱼分开饲养，因共养时小型鱼即使不被吃，也一定长不好（整天处于胆战心惊的应激状态）。河虎鱼、食人鲳鱼不可与较小的鱼共缸：河虎鱼为捕食性鱼，食人鲳鱼为高度肉食性鱼，利牙无坚不摧，与鲀鱼一样能咬断较细铁线。尽管这些鱼有不文雅的一面，但作为“模特”仍不失为第一流的。

饲养模式 最好的模式为大型缸潜水泵过滤饲养法，可以裸缸饲养或置少量大卵石，池养也是可以考虑的。

只有它们的中小幼鱼可用较小的缸暂行饲养，但成长后仍要适时调换为大缸。

水质 除上面所述外，要特别注意氧气的补充问题。河虎鱼、食人鲳鱼强健、生命力强，却有可能因低溶氧水而猝死。水质方面，皇冠九间鱼要求偏酸性，要谨慎调控；银鲳鱼在弱酸性水中状态良好，它们非常活跃，不像其他鱼“易疲倦，爱休整”；红肚食人鲳鱼、河虎鱼只要一般的水即可，不必刻意调控，也能经得起一两次主人疏忽了管理的“考验”，但其他鱼可经不起太多的“考验”。

饵料 河虎鱼与红肚食人鲳鱼饵料以小杂鱼与鱼块为主。中型鱼以小活饵与鱼肉碎片等为主，皇冠九间鱼、银鲳鱼每天或隔1~2天投喂动物性饵。皇冠九间鱼、银鲳鱼、食人鲳鱼（包括幼鱼，幼鱼喜食小萍等）要提供足够的以青菜为主的素饵，并尽量驯化它们接受颗粒饵料。

繁殖 选择腹部饱满的银鲳鱼雌鱼和腹鳍等最红的雄鱼，前一天投入预先调节好的中型或中型以上的产缸。产缸中应置些水草棕丝等接卵，次日或隔日可能会产卵，卵量2000粒左右。仔鱼孵化时间约2天，吸收卵黄约3天，而后起游觅食。红肚食人鲳鱼也大概如此，但需更大水体，卵量3000~10000粒，须宽缸孵化（≥500升水），否则将影响孵化率。据说在自然条件下，食人鲳鱼雄鱼会护卵，但人工繁殖时应将亲鱼捞移。皇冠九间鱼偶可繁殖；河虎鱼系大型鱼，如何繁殖，目前仍不知。

本类鱼尚有黑带银板鱼、红鳍银鲳鱼、红钩鲳、大企鹅鱼、斜纹九间鱼、长吻蛇皮灯鱼（长吻皇冠九间鱼）、水虎鱼类、暴牙鱼、红尾大暴牙鱼等许多较常见观赏鱼，其饲养方法与皇冠九间鱼等相似。

老鱼友热线

1. 大型脂鲤鱼有什么显著的特点？

答：这几种鱼的特点因鱼而异，但可归纳如下：

皇冠九间鱼有几分像大虎皮鱼，似乎其他鱼能吃的皇冠九间鱼全能吃。遗憾的是，同类之间总不能很好相处，不管几尾（不是太多）也不管幼鱼或成鱼，只要大小差不多，同缸时总要斗个你死我活，然后按名次获取饵料等。

多种银鲳鱼对食物无苛求，也是荤素皆纳，活泼好动，带几分“闹”，颇畏强光和未谋过面的鱼。游泳敏捷，银光闪闪，给人很好的视感。

河虎鱼个子长又大，极适合养在水族馆或超大型缸或更大的缸中，银色调为主，有王者风度。

红肚食人鲳鱼总令人想起野性十足的狼仔被动物保护主义者豢养后，竟然也变成“狼狗”。但总让人担心有人把手有意无意伸进鱼缸，因为鱼的“感情”和“智慧”确实比狼更低，弄不好准被当饵咬。不过没有人讨厌食人鲳鱼，也许因为它那“燃烧”的红色惹人喜爱吧。

2. 大型脂鲤鱼对“荤”“素”的喜好程度如何？

答：以最喜“荤”到最喜“素”排序：河虎鱼、红肚食人鱼、金鲨鱼、银鲳鱼、皇冠九间鱼。它们的食性既不像狮子，更不像羚羊，而像“营养学家”，荤素均不拒。

豹斑攀鲈鱼、中华叉尾斗鱼、黑叉尾斗鱼、蓝（绿）叉尾斗鱼、迷你马甲鱼、印度丽丽鱼、丽丽鱼、红丽丽鱼、珍珠马甲鱼、皮球珍珠马甲鱼、蓝曼龙鱼、金曼龙鱼、白接吻鱼、大飞船鱼

Ctenopoma acutirostre

豹斑攀鲈鱼（栉盖鲈属）

（管口鱼、斑点鲈鱼、梅花攀鲈鱼）

豹斑攀鲈鱼

饲养难度：★★☆☆☆
市场价位：★★★☆☆
分布：非洲刚果河流域
体长：15~20 厘米
水质：pH6.5~7，硬度 71~161 毫克 / 升（4~9° dH），水温 23~28℃

Macropodus opercularis

中华叉尾斗鱼（叉尾斗鱼属）

（钱爿鱼、手巾鱼、彩兔鱼、天堂鱼等）

中华叉尾斗鱼

饲养难度：★☆☆☆☆
市场价位：★★★☆☆
分布：中国长江以南广大地区；中南半岛
体长：6~12 厘米
水质：pH6~7.5，硬度 71~250 毫克 / 升（4~14° dH），水温 15~32℃

Macropodus concolor

黑叉尾斗鱼（叉尾斗鱼属）

（黑叉鱼）

黑叉尾斗鱼（雄）

饲养难度：★★☆☆☆
市场价位：★★★☆☆
分布：中南半岛；中国南部多处
体长：6~12 厘米
水质：pH6.5~7.5，硬度 89~250 毫克 / 升（5~14° dH），水温 23~29℃

Macropodus opercularis 'blue'

蓝（绿）叉尾斗鱼（叉尾斗鱼属）

（蓝叉鱼）

蓝叉尾斗鱼（雌）

饲养难度：★☆☆☆☆
市场价位：★★★☆☆
分布：大巽他群岛、中南半岛多处
体长：6~12 厘米
水质：pH6.5~7.5，硬度 89~250 毫克 / 升（5~14° dH），水温 23~29℃

Trichopsis pumilus

迷你马甲鱼（发声鱼属）

（小扣扣鱼，迷你扣扣鱼）

迷你马甲鱼（雌）

饲养难度：★★☆☆☆
市场价位：★★☆☆☆
分布：中南半岛及马来半岛
体长：3 厘米左右
水质：pH6.5~7，硬度 71~161 毫克 / 升（4~9° dH），水温 25~28℃

Colisa fasciata

印度丽丽鱼（结迷器鱼属）

（大丝足鲈鱼）

印度丽丽鱼

饲养难度：★☆☆☆☆
市场价位：★★☆☆☆
分布：印度、缅甸
体长：9~10 厘米
水质：pH6.5~7，硬度 71~161 毫克 / 升（4~9° dH），水温 22~28℃

Colisa lalia

丽丽鱼（结迷器鱼属）

（蜜鲈鱼、核桃鱼）

丽丽鱼（雄）

饲养难度：★☆☆☆☆ ~ ★★☆☆☆
市场价位：★★☆☆☆
分布：印度、孟加拉国的恒河三角洲
体长：4~5 厘米
水质：pH6.5~7.5，硬度 71~214 毫克 / 升（4~12° dH），水温 22~29℃

Colisa chuna

红丽丽鱼（结迷器鱼属）

（晚霞丽丽鱼、棕红丽丽鱼等）

红丽丽鱼

饲养难度：★☆☆☆☆
市场价位：★★☆☆☆
分布：人工培育品种
体长：5 厘米左右
水质：pH6.5~7.5，硬度 71~214 毫克 / 升（4~12° dH），水温 22~29℃

Trichogaster leeri

珍珠马甲鱼（毛腹鱼属）

（珍珠鲈、珍珠鱼等）

珍珠马甲鱼

饲养难度：★★☆☆☆
市场价位：★★☆☆☆
分布：中南半岛、大巽他群岛
体长：10~13 厘米（< 15 厘米）
水质：pH6.5~7.5，硬度 71~232 毫克 / 升（4~13° dH），水温 23~28℃

Trichogaster leeri var.

皮球珍珠马甲鱼（毛腹鱼属）

（皮球珍珠鱼）

皮球珍珠马甲鱼（右为雄）

饲养难度：★★★☆☆
市场价位：★★★☆☆
分布：人工改良品种
体长：5~7 厘米
水质：pH6.5~7.5，硬度 71~232 毫克 / 升（4~13° dH），水温 23~28℃

Trichogaster trichopterus ‘blue’

蓝曼龙鱼（毛腹鱼属）

（蓝三星鱼等）

蓝曼龙鱼（雄）

饲养难度：★☆☆☆☆
市场价位：★☆☆☆☆
分布：中南半岛、大巽他群岛
体长：10~15 厘米
水质：pH5.5~8，硬度 71~286 毫克 / 升（4~16° dH），水温 22~29℃

Trichogaster trichopterus ‘gold’

金曼龙鱼（毛腹鱼属）

（黄三星鱼、黄曼龙鱼）

金曼龙鱼（雄）

饲养难度：★☆☆☆☆
市场价位：★☆☆☆☆
分布：中南半岛、大巽他群岛
体长：10~15 厘米
水质：pH5.5~8，硬度 71~286 毫克 / 升（4~16° dH），水温 22~29℃

Helostoma temminckii 'pink'

白接吻鱼（丁嘴鱼属）

（吻嘴鱼、吻鲈鱼、刮苔鱼、桃花鱼）

白接吻鱼

饲养难度：★☆☆☆☆

市场价位：★★☆☆☆

分布：泰国、马来半岛、大巽他群岛

体长：15~25 厘米

水质：pH6~7.5，硬度 107~232 毫克 / 升（6~13° dH），水温 21~29℃

Osphronemus goramy

大飞船鱼（长丝鲈属）

（大战船鱼等）

大飞船鱼

饲养难度：★★☆☆☆

市场价位：★★★☆☆

分布：大巽他群岛

体长：30~60 厘米（＜ 100 厘米）

水质：pH6.5~7.5，硬度 107~232 毫克 / 升（6~13° dH），水温 22~28℃

简介 攀鲈鱼类为亚洲与非洲独有，进一步详细地说，本科鱼绝大部分种产地在东南亚，非洲有若干种攀鲈科鱼，东亚也有叉尾斗鱼和圆尾斗鱼，其他地方则未闻有之。本类鱼中最著名的要算是泰国斗鱼了，经人工选育已获得战斗性特强、尾鳍近于体躯干长的各色品种，近十来年又有将军、狮王、三角旗、弓鳍等系列品种相继面市。本科鱼如曼龙鱼、马甲鱼、斗鱼，绝大部分都有到水面上交换空气，藏新鲜空气于褶鳃中，以此来辅助呼吸，因此本科鱼在水中溶氧为 0~3 毫克 / 升时能照常活着，这远优于普通鱼。不过，小型攀鲈科鱼及大型攀鲈科鱼却没有换气的习性，极可能是长期生活于富氧水域或宽广水体所致。

饲养模式 依据鱼的大小选择不同大小的鱼缸，配备功率合适的动水电器。对于攀鲈科中的中小型鱼，如泰国斗鱼、叉尾斗鱼，以及接吻鱼等可采取静水养鱼，控制水中溶氧（溶氮太多会使鱼得气泡病），采用遮阳法，水温不能太高。绿水静水养鱼可使鱼显示最美的状态和色彩。

水质 本科鱼多半游动迅速，需氧量大，但好在它们多能“自己设法”用褶鳃“解决难题”。本科鱼中的三星鱼、曼龙鱼类、叉尾斗鱼、接吻鱼等顶耐粗放，常见可在远比上述标准饲养水糟糕得多的水中较长久生存。在野外常可见这些鱼从渐干的水洼里跳出去，靠褶鳃长时间经多次在无水湿地上翻身跳跃，最终落到深水洼中得以活命。不过，水质不好容易传染鱼病，因此不能因有的鱼耐粗放就忽略了对水质方面的管理。

饵料 上述数种鱼中叉尾斗鱼、曼龙鱼等喜食适口小活饵，没有适口活饵时也攻击较大活饵。没有活饵时才接受鲜饵，没有鲜饵时也接受冻饵与熟饵，一般不接受素饵。丽丽鱼和小型攀鲈鱼同样嗜食荤饵，只有缺荤饵时才勉强挑选藻苔等充饥，少数品种则“宁死不屈”。珍珠马甲鱼吃素饵也是很被动的，但比起前述诸鱼来还算最易接受素饵。三星鱼、曼龙鱼接受素饵又比珍珠马甲鱼好许多，较大的三星曼龙鱼可全靠小萍和芜萍成长，对苔藻也多不拒。接吻鱼的微翘圆嘴张开时像小砂轮，可把附生在水草及其他物体上的青苔等刮下吞食。而素食性最强的是大飞船鱼和金飞船鱼，它们可以把青菜、草甚至树叶蚕食到一点不剩，真是“鱼中山羊”。不过这些“素食”者，可不会放弃任何可以直接补充动物蛋白质的机会。

繁殖 本科中小型鱼绝大多数为条件配对，强雄鱼占领有利而又较大的水面或水域，吐一片泡沫，然后邀雌鱼来配合产卵。产卵时基本上都是雄鱼卷扣在雌鱼身上，并产生颤动以刺激雌鱼产卵，到高潮时两鱼同时排卵与排精，如此过程反复许多次，直至产完卵为止。然后雄鱼把雌鱼赶走，由雄鱼来护卵，雄鱼先把卵整理成一团，再用泡沫把卵团顶到水面上。25~26℃时大约两天孵化出仔鱼，再过3~4天仔鱼可正常悬游，但雄鱼往往继续看护，直至仔鱼游散。

有些鱼的繁殖方式不同于上述典型模式：一为泰国斗鱼等产的卵为沉性，要靠亲鱼衔在口送到水上泡沫巢中。二为接吻鱼不吐泡沫，也不护卵，并且往往大量吞食卵粒，繁殖时应特别注意防止吞卵。三是有些攀鲈科鱼往往有筑浮性巢的习性，并且多半以雄鱼为主，经“婚舞”后产下一巢受精卵，不过亲鱼却往往就此扬长而去，让仔鱼“独立成长”，其原因不明。四是据说大飞船鱼、金飞船鱼繁殖前由雄鱼筑水面浮巢，要用不少水草和杂物，巢直径有几十厘米、中部高度20厘米多的泡沫中满是卵粒，可产卵3000~20000粒；因飞船鱼要长到体长30厘米以上才开始成熟（需5年以上），且养殖容器较大（最好1~2吨水以上），所以较难繁殖，机会少，难得一见，笔者也未见过，期待能有这方面进展的报道。

小贴士

除上述品种外，本科还有不少有名的鱼，如火焰变色龙鱼、发声马甲鱼、厚唇丽丽鱼、蓝彩丽丽鱼、红彩丽丽鱼、蓝星鱼、银星鱼、金星鱼、紫星鱼、紫曼龙鱼、白皮球接吻鱼、似大飞船鱼的种金飞船鱼等，它们的饲养方法与上述鱼相同。

老鱼友热线

1. 本科鱼除了泰国斗鱼好斗“出了名”外，其他鱼也较好斗吗？

答：可以说同样好斗，只是比较“明智”，大多数打不赢就逃命而已。但叉尾斗鱼、梳盖鲈鱼、三星曼龙鱼，甚至珍珠马甲鱼，都常见雄鱼在争斗后死去。如果大飞船鱼、金飞船鱼好几尾共养一缸，则往往可见以强凌弱的现象，弱鱼遍体受伤，甚至感染或长水霉等，最终死亡。

2. 繁殖过程中雌鱼为什么会被咬死，要怎么避免？

答：鱼会释放出各种信息素向其他鱼传递信息，成熟的雌鱼会“闻讯”赶赴雄鱼领地，雄鱼则会凭雌鱼的“成熟味”，“毕恭毕敬”地欢迎成熟雌鱼。可是待产卵后雌鱼的“信息素”完全“变了”，雄鱼追咬雌鱼，直至其不见踪影为止；在小小鱼缸中雌鱼无处可逃，只能一再被雄鱼追咬。如果有一尾未成熟的雌鱼大摇大摆地接近成熟并“求偶心切”的强势雄鱼，可想而知该雌鱼已“大祸临头”，不远游或无法远游则必遭雄鱼下毒手。这些是繁殖本科鱼都要知道的。

彩雀鱼、狮王斗鱼、长尾斗鱼

攀鲈科

Betta imbellis var.

彩雀鱼（斗鱼属）

（马来西亚斗鱼、泰国野生斗鱼、和平斗鱼）

彩雀鱼

饲养难度：★☆☆☆☆

市场价位：★☆☆☆☆

体长：5~7 厘米

Betta splendens var.

狮王斗鱼（斗鱼属）

（暹罗斗鱼、华丽斗鱼）

狮王斗鱼

饲养难度：★☆☆☆☆

市场价位：★★☆☆☆ ~ ★★★☆☆

体长：5~8 厘米

Betta splendens var.

长尾斗鱼（斗鱼属）

（红暹罗鱼、红华丽斗鱼）

长尾斗鱼

饲养难度：★☆☆☆☆

市场价位：★★☆☆☆ ~ ★★★☆☆

体长：5~9 厘米

简介 泰国斗鱼为亚洲热带鱼代表种之一，以其体色多彩和“英勇善战”闻名于世。彩雀鱼除尾鳍不如斗鱼长或体型独特外，其他特点如身体大小、好斗等习性与泰国斗鱼基本相同。它们的体色都有全红色、全普蓝色、全钴蓝色、全绿色、全白色、全黑色及上述颜色的混合色，如紫色和咖啡色混合色，但野生种并无如此丰富的颜色，多为1~2种颜色。常见的斗鱼纯色和混合色似乎各占一半，混合色斗鱼如红绿斗鱼、红鳍绿身斗鱼、红鳍蓝身斗鱼、蓝鳍白身斗鱼、红蓝白斗鱼等，它们色彩斑斓，真可谓美不胜收。泰国斗鱼是由泰国人培养出来的，美鳍且善斗（屡战屡胜），价格十分昂贵。斗鱼的原产地以中南半岛为主，其他地方如印度尼西亚诸岛虽有，但多为圆尾种，且有不是一个种属的口孵斗鱼；泰国当地短尾种，称为彩雀鱼，也可能为华丽斗鱼野化而成。

饲养模式 以静水饲养为主，清水和绿水均可，但高、中密度饲养时仍要适当增氧和过滤，强度宜小些。水草缸饲养的体色更好些。

水质 pH≈7（6.5~7.5），硬度125~196毫克/升（7~11° dH），水温22~28℃（短期可略超过30℃，略低于20℃，平时最好控制在26~28℃）。

饵料 为杂食性鱼，嗜食一切小活饵，如孑孓、血虫、水蚤等，也能接受贻贝、蚬等的鲜肉或冻肉。不时喂些活饵，体色更艳丽。对青菜、水生植物不感兴趣，勉强摄食干饵。

繁殖 繁殖方式为条件配对。标准条件配对繁殖的鱼，如果一缸池中只有一尾雄鱼，则同时成熟产卵在即的雌鱼中只有最强的那尾才有可能最先与雄鱼配对产卵，把卵产在最有利于卵的孵化和最安全的场所，如漂浮水草丛的中央近水面处；如果一缸池中只有一尾雌鱼，则成熟的雄鱼中只有最强的那尾才有可能与雌鱼正式配对繁殖，雌鱼所产的卵几乎都成为最强雄鱼的受精卵。当缸池中只有一尾超强雄鱼时，则它与最强雌鱼配对繁殖后，将提前把该雌鱼赶走(用大嘴咬该雌鱼)，紧接着再同次强雌鱼配对繁殖。若雌鱼先后成熟，则依顺序与雄鱼配对繁殖。有时可见到一雄同时配二雌。斗鱼为标准条件配对鱼类，斗鱼、彩雀鱼不用排挤方式来繁殖。

繁殖用水除水温外基本同于平时饲养水。水温调到27~28℃，但略高于30℃条件下也照常繁殖。繁殖用水以pH6.8~7、硬度161~196毫克/升（9~11° dH）为宜。

繁殖过程较为复杂。成熟雄鱼一般都会选择有利的场所，如有水草等浮物的缸之一角落水面附近，然后用“武力”赶走所有其他鱼及活物。接着在水面上吐一片圆泡沫，泡沫直径相对于其他攀鲈科鱼而言不算大。雄性越强，所吐泡沫圆越大，这泡沫是雄鱼的“预备巢”。当有成熟雌鱼“路过”，或雄鱼感知缸中有产卵在即的雌鱼时，雄鱼显得相当活泼，舞蹈着设法把该雌鱼“请”回泡沫巢。产卵开始时雄鱼头部从侧面靠近雌鱼，雌鱼略弯身子不动，雄鱼侧成“U”形包夹着雌鱼，并进行高频颤动以刺激雌鱼产卵，雌鱼用0.5~1分钟产出数粒至数十粒卵；雄鱼率先放开雌鱼下游，用嘴把卵衔起，雌鱼随后也下游寻找雄鱼未衔起的卵粒，双双把刚产的卵经口中泡沫“包装”全数吐入圆形泡沫巢中。这样的动作要重复数十次，前后约 1 小时，然后雄鱼发狠把雌鱼咬走。接着雄鱼整理鱼巢，把泡沫巢缩小并加厚，把受精卵挤浮到水面之上，高的甚至顶到水上 2~3 厘米的位置。斗鱼、彩雀鱼卵为纯白色，并且是沉性卵，这也是其与其他攀鲈科鱼卵的不同之处，其他本科鱼卵绝大部分为透明且是悬浮的。

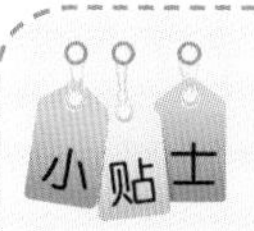

本属鱼品种较多，除上述之外还有红彩雀鱼及各色冠尾斗鱼等，它们的饲养方法与本类鱼相似。

老鱼友热线

1. 展示级泰国斗鱼有什么特征？

答：在 1990 年前后，欧美国家水族专家利用遗传基因改良，选育出了展示级泰国斗鱼。与传统泰国斗鱼不同之处在于鱼鳍的分裂，展示级泰国斗鱼由尾柄基部算起具有 3~4 个分叉。此外，尾鳍完全展开角度达 150° ~180° ，显得飘逸。

2. 养斗鱼的缸大好还是小好？

答：体长 1 厘米以上的斗鱼、彩雀鱼可以适应普通饲养缸，体长 1 厘米以下的稚幼鱼为便于管理，缸不宜太大。一胎斗鱼仔鱼最好置于长和宽为 (0.32~0.38) 米 ×(0.22~0.28) 米，即 0.07~0.1 米 ^{2} 的缸中孵化。为方便起见，产缸也可连着做孵化缸。缸水深度应在 20 厘米以内。

3. 仔鱼孵化后可否把雄鱼与仔鱼分开？

答：有时可以，有时不可以。当缸水只有 10 厘米深左右，并且水面附近有浮性水草等漂浮物体时，可以把雄鱼与刚孵化的仔鱼分开；如果缸水超过 15 厘米深，且缸水面无水草等任何漂浮物体，则不能立即把雄鱼与仔鱼分开。原因是水浅，仔鱼可垂直上游用“头丝”附着在水草等物体上，不至于窒息，而水深、水面又无任何物体时，仔鱼上游时触不到物体便会下沉，几次后力竭沉底缺氧而死（只有少数可黏在水面的“水膜”上继续发育）。如果水面上有泡沫漂着，则仔鱼很容易黏附在泡沫上而得以成活。故彩雀鱼、斗鱼繁殖缸水深一般不超过 15 厘米。

4. 斗鱼、彩雀鱼可否与其他鱼随意组缸？

答：注意避免“大鱼吃小鱼”的现象就可以了。原则上单尾斗鱼或彩雀鱼可与其他任何鱼组缸，但几尾雄鱼不能同缸饲养，否则有斗死斗残的风险。此外，成熟的雌鱼也经常发生激烈战斗，大雌鱼也敢与小雄鱼进行殊死决战，均要提防。不过从小一起养大的同胎或不同胎鱼打斗并不残酷，顶多只是战败者缺鳍而已，无死亡之虑，其原因也许是它们早已较量出等级，不必再为争“名次”而进行拼死的一战。

玉 麒麟鱼、红尾皇冠鱼、红阿卡西短鲷鱼、求诺公主短鲷鱼、印加鹦鹉短鲷鱼、橘帆凤尾短鲷鱼、红白宽鳍地图鱼、帝王三间鱼、火鹤鱼、血鹦鹉鱼、得州豹鱼、狮王鱼、麒麟鱼、红点金菠萝鱼、七彩蓝菠萝鱼、方形珍珠花罗汉鱼、红宝石鱼、五星上将鱼、南变色龙鱼、七彩番王鱼、七彩凤凰鱼、金波仔凤凰鱼、红肚凤凰鱼

Aeguidens curviceps

玉麒麟鱼（粗体丽鱼属）

（蓝玉凤凰鱼等）

饲养难度：★★☆☆☆

市场价位：★★☆☆☆

分布：中美洲、亚马孙河流域

体长：可达 8 厘米

水质：pH6.6~7.6，硬度 89~286 毫克 / 升（6~16° dH），水温 24~28℃

Aeguidens rivulatus

红尾皇冠鱼（粗体丽鱼属）

（绿面皇冠鱼）

饲养难度：★☆☆☆☆

市场价位：★★★☆☆

分布：厄瓜多尔和秘鲁的河湖

体长：21~22 厘米

水质：pH6.4~7.2，硬度 89~178 毫克 / 升（6~10° dH），水温 24~28℃

Apistogramma agassizii ‘red’

红阿卡西短鲷鱼（名雪茄鱼属）

（纵带短鲷鱼、单线短鲷鱼、黑线短鲷鱼）

饲养难度：★★☆☆☆

市场价位：★★☆☆☆ ~ ★★★☆☆

分布：亚马孙河支流塔帕若斯、马代拉、普鲁斯等河之流域

体长：5~9 厘米

水质：pH6~6.5，硬度 61~161 毫克 / 升（4~9°dH），水温 25~28℃

Apistogramma juruensis

求诺公主短鲷鱼（名雪茄鱼属）

（宽嘴短鲷鱼）

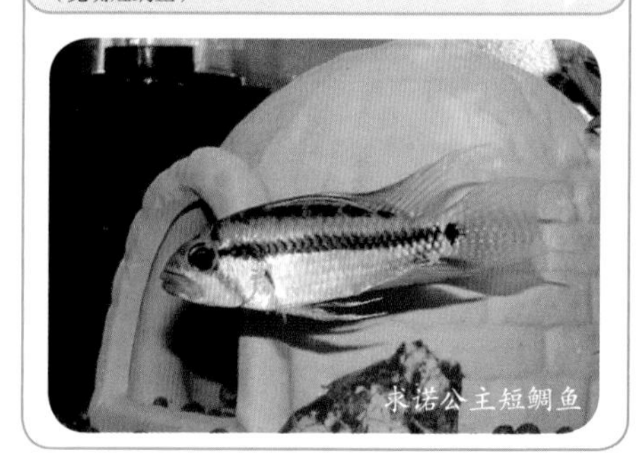

饲养难度：★★★☆☆

市场价位：★★★★☆

分布：巴西

体长：8 厘米左右

水质：pH6.0~7.0，硬度 61~143 毫克 / 升（4~8° dH），水温 25~28℃

Apistogramma sp.

印加鹦鹉短鲷鱼（名雪茄鱼属）

（丛林鹦鹉鱼、鹦鹉鱼）

印加鹦鹉短鲷鱼

饲养难度：★★☆☆☆

市场价位：★★☆☆☆ ~ ★★★☆☆

分布：亚马孙河河口区流域，经人工改良

体长：6 厘米左右

水质：pH6~6.5，硬度 61~161 毫克 / 升（4~9° dH），水温 25~28℃

Apistogramma cacatuoides

橘帆凤尾短鲷鱼（名雪茄鱼属）

（红帆凤凰鱼、羽冠短鲷鱼等）

橘帆凤尾短鲷鱼

饲养难度：★★☆☆☆

市场价位：★★★☆☆

分布：亚马孙河北支流内格罗河

体长：可达 9 厘米

水质：pH5~6，硬度 54~143 毫克 / 升（3~8° dH），水温 25~28℃

Astronotus ocellatus var.

红白宽鳍地图鱼（星丽鱼属）

（猪仔鱼、星丽鱼）

红白宽鳍地图鱼

饲养难度：★☆☆☆☆

市场价位：★★☆☆☆

体长：可达 35 厘米

分布：内格罗河以北及其通往的奥里诺科河流域等地

水质：pH6.5~7.2，硬度107~250 毫克 / 升（6~14° dH），水温 22~28℃

Cichla temensis

帝王三间鱼（眼斑丽鱼属）

（阵斑皇冠三间鱼）

帝王三间鱼

饲养难度：★☆☆☆☆

市场价位：★★★☆☆

分布：内格罗河及其干流亚马孙河的中下游

体长：50 厘米左右

水质：pH6.5~7.2，硬度 107~250 毫克 / 升（6~14° dH），水温 22~28℃

Cichlasoma citrinellum

火鹤鱼（丽体鱼属）

（魔鬼鱼）

饲养难度：★☆☆☆☆

市场价位：★★☆☆☆

体长：25~30 厘米

分布：中美洲的尼加拉瓜和哥斯达黎加

水质：pH6.5~7.5，硬度107~250 毫克 / 升（6~14° dH），水温 24~29℃

Cichlasoma citrinellum × Cichlasoma synspilum

血鹦鹉鱼（丽体鱼属）

（鹦鹉鱼、憨金鱼）

饲养难度：★☆☆☆☆

市场价位：★★☆☆☆ ~ ★★★☆☆

分布：人工杂交品种

体长：25~35 厘米

水质：pH6.5~7.5，硬度 107~250 毫克 / 升（6~14° dH），水温 24~29℃

Cichlasoma carpintus

得州豹鱼（丽体鱼属）

（得国豹鱼、金钱豹鱼）

饲养难度：★☆☆☆☆

市场价位：★★★☆☆

分布：墨西哥北部、美国得克萨斯州南部

体长：23~30 厘米

水质：pH6.5~7.2，硬度 107~214 毫克 / 升（6~12° dH），水温 24~29℃

Cichlasoma temporale

狮王鱼（丽体鱼属）

（太阳神鱼、紫菠萝鱼）

饲养难度：★★☆☆☆

市场价位：★★★☆☆

分布：亚马孙河干流南侧中上游

体长：25~30 厘米

水质：pH6.3~7.2，硬度 125~321 毫克 / 升（7~18° dH），水温 22~29℃

Cichlasoma carpintus × *Cichlasoma synspilum*

麒麟鱼（丽体鱼属）

（花鹦鹉鱼）

麒麟鱼

饲养难度：★☆☆☆☆

市场价位：★★★☆☆

分布：人工杂交品种

体长：15 厘米左右

水质：pH6.3~7.5，硬度 89~214 毫克 / 升（5~12° dH），水温 24~29℃

Cichlasoma severum var.

红点金菠萝鱼（丽体鱼属）

（花菠萝鱼、白菠萝鱼等）

红点金菠萝鱼

饲养难度：★☆☆☆☆

市场价位：★★☆☆☆

分布：人工培育品种

体长：可达 19 厘米

水质：pH6.5~7.2，硬度 107~214 毫克 / 升（6~12° dH），水温 24~29℃

Cichlasoma trimaculatum

七彩蓝菠萝鱼（丽体鱼属）

（棋盘丽体鱼）

七彩蓝菠萝鱼（雌）

饲养难度：★★☆☆☆

市场价位：★★★★☆

分布：巴西东部和墨西哥南部水系及中美洲萨尔瓦多等国湖泊

体长：30~36 厘米

水质：pH6.5~7.2，硬度 107~214 毫克 / 升（6~12° dH），水温 24~29℃

Cichlasoma spp.

方形珍珠花罗汉鱼（丽体鱼属）

（罗汉鱼、美洲鲫）

方形珍珠花罗汉鱼

饲养难度：★☆☆☆☆

市场价位：★★☆☆☆ ~ ★★★☆☆

分布：人工培育品种

体长：20~25 厘米

水质：pH6.3~7.8，硬度 54~268 毫克 / 升（3~15° dH），水温 24~29℃

Hemichromis bimaculatus

红宝石鱼（伴丽鱼属）

（宝石鱼）

饲养难度：★☆☆☆☆

市场价位：★★☆☆☆

分布：非洲刚果河、尼罗河、尼日尔河等河流中

体长：12~15 厘米

水质：pH6.8~7.2，硬度 107~196 毫克 / 升（6~11° dH），水温 23~29℃

Hemichromis elongatus

五星上将鱼（伴丽鱼属）

（肩章炮弹宝石鱼）

饲养难度：★☆☆☆☆

市场价位：★★★☆☆

分布：塞内加尔

体长：18~21 厘米

水质：pH6.8~7.4，硬度 107~196 毫克 / 升（6~11° dH），水温 22~29℃

Nannacara anomala

南变色龙鱼（幻彩鱼属）

（黄眼袖珍慈鲷鱼、碧绿凤凰鱼）

饲养难度：★★☆☆☆

市场价位：★★★☆☆

分布：南美洲

体长：6~8 厘米

水质：pH5.5~6.5，硬度 54~161 毫克 / 升（3~9° dH），水温 25~28℃

Papiliochromis altispinosa

七彩番王鱼（矮丽鱼属）

（杂色凤凰鱼）

饲养难度：★☆☆☆☆

市场价位：★★☆☆☆

分布：亚马孙河支流马代拉河

体长：7~9 厘米

水质：pH6.4~7，硬度 89~178 毫克 / 升（5~10° dH），水温 24~28℃

Papiliochromis ramirezi

七彩凤凰鱼（矮丽鱼属）

（奥里诺科短鲷鱼、马鞍翅鱼、荷兰凤凰鱼）

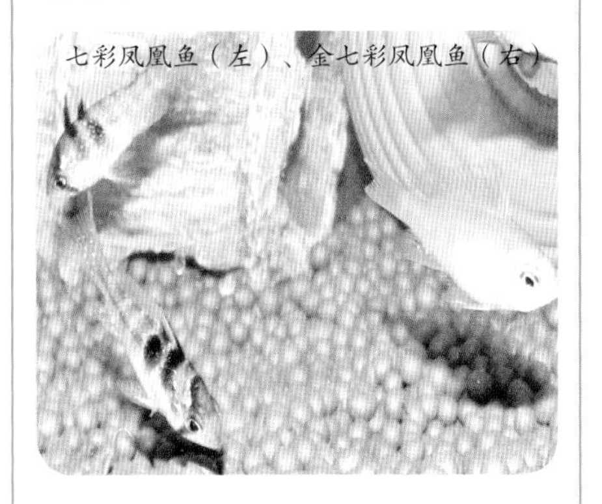
七彩凤凰鱼（左）、金七彩凤凰鱼（右）

饲养难度：★★★☆☆

市场价位：★★★☆☆

分布：奥里诺科河流域（委内瑞拉和哥伦比亚境内）

体长：5~6 厘米（＜ 8 厘米）

水质：pH6.4~7，硬度 54~125 毫克 / 升（3~7° dH），水温 23~28℃

Papiliochromis ramirezi 'gold'

金波仔凤凰鱼（矮丽鱼属）

（皮球七彩凤凰鱼、金皮球七彩凤凰鱼）

金波仔凤凰鱼

饲养难度：★★★★☆

市场价位：★★★☆☆

分布：人工培育品种

体长：3~4.5 厘米

水质：pH6.4~6.8，硬度 54~125 毫克 / 升（3~7° dH），水温 23~28℃

Pelvicachromis pulcher

红肚凤凰鱼（鳎丽鱼属）

（紫鲷鱼、凤凰鳎丽鱼）

红肚凤凰鱼（下为雌）

饲养难度：★★☆☆☆

市场价位：★★★☆☆

分布：尼日利亚、尼日尔河流域

体长：8~10 厘米

水质：pH6.5~7.2，硬度 89~178 毫克 / 升（6~10° dH），水温 24~28℃

简介 丽鱼是一个大家族，在观赏淡水热带鱼交易中所占比例为 1/3~1/2。这是因为丽鱼多姿多彩，如飘逸的神仙鱼、圆饼状的七彩神仙鱼、近 1 米的皇冠三间鱼、五彩缤纷的短鲷鱼和体长 4 厘米左右的螺壳贝鱼。丽鱼分布的地区也相当广泛，除了欧洲、大洋洲之外，其他适合淡水鱼生长的大洲均有丽鱼分布，其中南美洲特别多，非洲也不少，北美洲（南部）和亚洲（主要在南亚次大陆）分布几种。它们的生活习性也不尽相同，水质要求方面也有很大差异，不过它们绝大部分仍是很好饲养的。

饲养模式 因本科鱼一般都生活在流水与活动的水中，所以仅靠充气增氧是不够的，一定要配备功能好的过滤系统，一般都用潜水泵作动力设备。不用绿水养鱼法，中大型鱼多用裸缸饲养法，小型鱼则各种方法均可。

水质 丽鱼适应性均较强。各种鱼水质的调控一般要在上述给出的指导数值基础上再行微调，由于有的鱼已经历多代人工繁殖，对水质的要求已不是那么苛刻，以鱼能正常生活生长为准。上述给出的水质指导数值，为原产地一般的水质数值，因而有可能不是最佳数值，但却是可用的。在原产地滂沱大雨过后，水表面硬度有可能急降，水温也有所降低，pH5.5~7，而这对一般亚马孙河鱼来说均可适应。

饵料 丽鱼几乎都为杂食性鱼，对于小活饵，如水生昆虫、蠕虫、小虾小鱼，它们是不会放过的。稚仔鱼阶段对动物性饵料的依赖性更高，小活饵水蚤等不可或缺。除了皇冠三间鱼、神仙鱼等荤食性高，少吃素饵外，一般丽鱼缺饵时都能找到一些替代食物，且多为素饵。例如地图鱼幼鱼捕食小鱼虾是“很在行”的，但如果缺饵，这些幼鱼不论大小均饥不择食，对于萍、青菜等一概不选择地吞食。对杂食性、准杂食性丽鱼来说，训练它们吞食鱼块或是颗粒饵料不会比训练它们吃小浮萍和青菜难。大丽鱼可喂面包虫、小杂鱼、鱼块、人工饵（包括自制的“汉堡”等）、青菜等，中小丽鱼可喂水蚯蚓、小杂鱼、鱼块、虾等（或剪碎）和人工饵，小规格的丽鱼可喂水蚤、血虫、人工饵（薄片饵料）、苔藻等。

繁殖 丽鱼除口孵鱼、洞穴鱼、七彩神仙鱼和黑云鱼有些特别之处外，其他种丽鱼则大同小异，均为雌、雄鱼自然配对，选择占领有利的繁殖“地点”。这个“地点”可以是一片大叶子，可以是一小段光洁的树干，可以是一块顶部浑圆的卵石，可以是平顶石块或石头平台，还可以是亲鱼自身开建的一个粗沙坑之类，用以作为产卵场所。然后雌、雄鱼轮流或同时在其上分别进行产卵、排精，雌、雄鱼合作（虽然合作形式有所不同）护卵，待孵化出仔鱼后还要护仔鱼，时间的长短差别很大。所有短鲷鱼、螺壳贝鱼都可以认为是洞穴鱼，它们一般配对后占领一个进出口与容量都不大的洞穴或螺壳等，作为产卵场所，当找不到洞穴而环境又比较安静时，洞穴鱼可同普通大中型丽鱼一样产卵于“平台”上。更小型的洞穴鱼都觅大螺壳为巢，故又叫螺壳洞穴鱼，一般螺壳仅雌鱼可进出，雄鱼则只能守其外（包括雌鱼产卵时同步排精和护巢），但强雄鱼往往占领很多个螺壳和壳中雌鱼。丽鱼科中最奇特的是七彩神仙鱼，仔鱼都游到雌雄亲鱼身上啃食半固态分泌物，因此仔鱼不必要有超小水蚤和“灰水”等小型开口饵料，由此仔鱼成活率较高。有该种习性的鱼还有黑云鱼等。另外，在缺超小型饵时，还可能有些种类“向七彩神仙鱼学习”，为仔鱼提供体分泌物作为食物。红肚凤凰鱼、橘子鱼和有的神仙鱼可能也有此“特长”，因在无微细活饵的缸中，一对橘子鱼等仅靠较大的水蚯蚓即能带出一窝像模像样的幼鱼来。

本科鱼常见的还有紫衣皇后鱼、蓝眼皇后鱼、其他阿系短鲷鱼（如熊猫短鲷鱼、黄金欧宝短鲷鱼、维吉塔短鲷鱼、维吉塔Ⅱ型短鲷鱼等）、芙蓉鳍地图鱼、皇冠三间鱼、白狮王鱼、五彩菠萝鱼、其他多种花罗汉鱼（如红夹金花罗汉鱼、元宝花罗汉鱼等）、钻石菠萝鱼、星光鲈鱼、珍珠火口鱼、花老虎鱼、红嫦娥鱼、金九间凤凰鱼、金七彩凤凰鱼、凤尾波仔凤凰鱼、毛利维型翡翠凤凰鱼、尼日利亚红型翡翠凤凰鱼、黑云鱼等数十种。它们的饲养方法与本类鱼相似。

老鱼友热线

1. 怎样设置短鲷鱼的饲养缸?

答：短鲷鱼一般体长都在10厘米之内，都算小型丽鱼。但并不因为是小型鱼而彼此之间的摩擦与攻击就比较少或比较客气。所以在以饲养短鲷鱼为主的缸中，尤其是饲养多种大量的短鲷鱼缸中，应该营造特别多特别密的洞穴和小地形，例如在缸中用假山石累叠出复杂的景观，借以造出许多洞穴来。其作用有两点：一是可以让小鱼、弱鱼受欺辱时有躲避的处所，它们平时可以各找一个小洞穴作为“大本营”；二是可以为成熟的短鲷鱼提供产卵巢。有了这些好条件，甚至连近种（非同种）的雌、雄鱼也可配对繁殖。

2. 如何调控短鲷鱼饲养缸、繁殖缸水质?

答：如果是非洲大湖柳絮鲷鱼之类，可以在缸中铺1~3厘米厚珊瑚沙或数粒大螺贝壳；如果是亚马孙河短鲷鱼，可以投放草泥丸、黑水之类，以降低pH到5.5~6.5，但不能不经测试而盲目乱加；如果是西非或是南美洲偏中性短鲷鱼，则只要提供中性卵石与石块等营造洞穴即可。如果有多种非洲之外的短鲷鱼，也可以让它们生活在植有水草的缸中，并置些沉木作为洞穴。南亚的橘子鱼类则要弱碱性水，在普通水草缸中也能繁殖。

3. 中大型丽鱼可以同缸饲养吗?

答：规格相仿的鱼可以共缸，但缸中体长最大的鱼与体长最小的鱼，要求其质量比不超过8∶1，长度比不超过2∶1。具体操作时可以略超过一些，超过太多小鱼有危险，即使不被咬或吞食，也会因争不到足够饵料和长期处于应激状态中而衰弱致死。实在没有缸进行分流，或一定要把它们“统”在一缸，应该与布置短鲷鱼缸一样：用假山石等营造出一些小地形和较大的洞穴来，如此可以缓解小型或小规格鱼的不安状态。

神仙鱼、埃及神仙鱼、七彩神仙鱼

丽鱼科

Pterophyllum scalare var.

神仙鱼（天使鱼属）

（天使鱼、叶鳍鱼等）

黑白神仙鱼

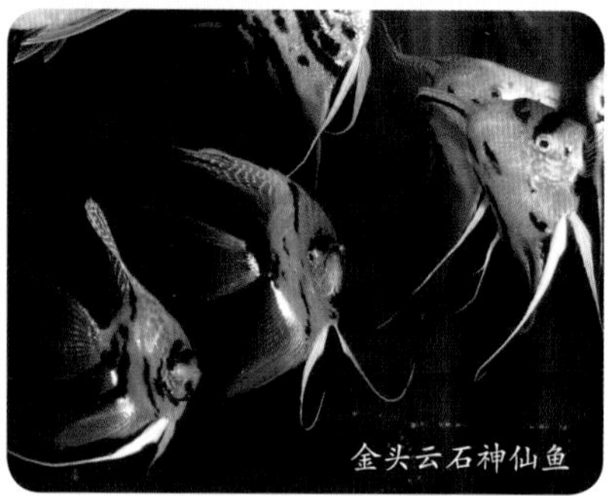

金头云石神仙鱼

熊猫神仙鱼

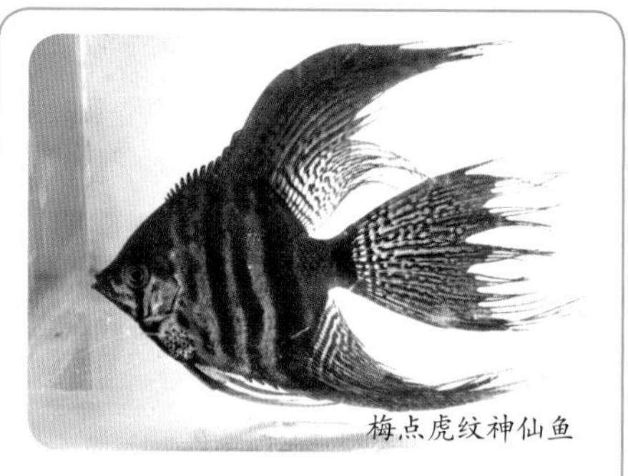

梅点虎纹神仙鱼

红背羽鳍金鳞神仙鱼

饲养难度：★☆☆☆☆ ~ ★★★☆☆

市场价位：★★☆☆☆ ~ ★★★☆☆

分布：亚马孙河流域

体长：12~15 厘米

水质：pH6.5~7.2，硬度 89~178 毫克/升（5~10° dH），水温 24~29℃。

Pterophyllum altum

埃及神仙鱼（天使鱼属）

（高身神仙鱼）

埃及神仙鱼

饲养难度：★★★★☆
市场价位：★★★★★
分布：南美洲中北部奥里诺科河中游和亚马孙河北支流内格罗河
体长：15~18 厘米
水质：pH5.5~6，硬度≤ 89 毫克 / 升（≤ 5° dH），水温 25~29℃

简介 神仙鱼原产地为亚马孙河中游及其主要支流，地理分布纬度为 0~10° S。神仙鱼均为地道的热带鱼。原种神仙鱼体底色近于白，鳞片光泽强，体中部有两横黑条纹，但经过一个世纪养鱼爱好者们前赴后继的努力，如今已有红、橙、蓝、黑、白、透明等多种原色及虎纹等图案品种。故神仙鱼品种已今非昔比，俨然是个大家族。神仙鱼短尾种一般体长仅 12~13 厘米便开始繁殖。

饲养模式 视鱼的大小与饲养密度，可用充气动水或潜水泵过滤加充气等模式饲养。实际上以裸缸养居多，水草缸也偶可见。

水质 神仙鱼对水质要求并不苛刻。据报道，缸水氨态氮是影响神仙鱼摄食的主要因素，须注意控制。

饵料 神仙鱼均为动物性杂食鱼类，对水中甚至水面上小动物，包括孑孓、血虫、水蚤、幼虾、水生昆虫、水面小飞虫等均会穷追不舍，直至吞食告终。饲养神仙鱼的饲料以水蚯蚓、血虫等为主，其次为瓣鳃类（贻贝等）肉等，饥饿时人工饵甚至饭粒等也能勉强食用。

繁殖 神仙鱼的繁殖缸规格（长 × 宽 × 高）至少要 40 厘米 ×25 厘米 ×30 厘米（即 0.03 米^3），一般缸水总不会装满，故实际水量少于 0.03 米^3，而这只能算超微型缸（小于 1/32 米^{3}就叫超微型缸）。大个神仙鱼、长鳍神仙鱼的繁殖缸要 60 厘米 ×35 厘米 ×35 厘米，也即 0.0735 米^3，实际水量为 0.063 米^3，刚好够格称小型缸（0.0625~0.125 米^{3}或 1/16~1/8 米^{3}为小型缸）。

神仙鱼繁殖缸的水质有所不同，最常见的水质为 pH6.5~7，硬度 89~125 毫克 / 升（5~7° dH），水温 28℃左右。神仙鱼用水可用晾后的自来水。

神仙鱼一般为 7 月龄至 10 月龄开始见头胎仔鱼，此前应让种鱼在预备好的种鱼缸中择偶配对，然后再移入产缸。

供神仙鱼产卵用的物体（集卵器具），可以用固定为平、斜、竖的瓷砖或其他壁砖等；也可以把砖平放于一个矮茶杯上，然后置于水流较小处。神仙鱼受精卵约经 2 天孵化，再过 2~3 天起游觅食，开口饵料最小的也要为行胎生繁殖阶段水蚤的幼仔，用“灰水”、草履虫作为头几天开口饵料则成活率更高。仔鱼一个月后可作为幼鱼按常规方法饲养。

埃及神仙鱼的饲养方法可参考神仙鱼（水质较酸），其繁殖难度较大。

小贴士 著名的神仙鱼品种除所列品种外，尚有斑马神仙鱼、金头神仙鱼、阴阳神仙鱼、红眼金栋神仙鱼、红眼金鳞神仙鱼、蓝神仙鱼、黑神仙鱼、半透明云石神仙鱼、金背半透明神仙鱼等多种。它们的饲养方法相似。

Symphysodon aequifasciatus var.

七彩神仙鱼（盘丽鱼属）

（盘丽鱼、铁饼鱼、碟鱼）

透鳃满月蚁点绿七彩神仙鱼

红点绿豹点蛇七彩神仙鱼

红眼金身七彩神仙鱼

红黄白七彩神仙鱼

红富士七彩神仙鱼

雪玉七彩神仙鱼（中）

红金豹七彩神仙鱼

小甜圈蚁点蛇七彩神仙鱼

白化红眼金彩红七彩神仙鱼

饲养难度：★★★☆☆ ~ ★★★★☆

市场价位：★★★☆☆ ~ ★★★★★

简介 原种七彩神仙鱼可分4个系列：A.黑格尔鱼原产地在亚马孙河干流北侧的内格罗河中游以北，中心地理纬度为0~1°S，水又黑又酸，鱼体表以第1、5、9条横纹黑粗为标志；B.绿彩鱼分布在亚马孙河干流上游秘鲁的东北部，中心地理纬度为2.5°S~5.5°S，水偏酸性，其与D的差别是蓝绿色条纹不延伸至臀鳍；C.棕彩鱼广泛分布于亚马孙河大支流塔帕若斯河及其以东到大西洋的各干支流水系，地理纬度2°S~10°S，水的酸性强；D.蓝彩鱼分布于C分布区以西，以支流普鲁斯河水系为中心，地理纬度为3°S~10°S，水的酸性较强。A因原产地水质太极端（pH3~5.5），人工繁殖受到影响，其他3种捕获后经马瑙斯和贝伦输往世界各地，然后由德国等国家繁殖改良出五彩缤纷的七彩鱼品种。上述4种原生种分布从东（近大西洋）到西（近安第斯山）顺序是C、D、A、B，繁殖从易到难之顺序是C、D、B、A，它们近原生种市场价位从低到高的顺序也是C、D、B、A。七彩神仙鱼各品种大小、颜色，甚至体形都不尽相同。成鱼体长常见为15~22厘米。

饲养模式 老水、潜水泵过滤养鱼。

水质 pH4~5.5（内格罗河鱼），一般pH5~6.5，硬度54~89毫克/升（3~5°dH），水温25~29℃。

饵料 幼鱼应喂以无寄生虫的活饵或冰冻血虫，若没有则可喂“汉堡”。大鱼、成鱼最好喂“汉堡”（如果喂不洁饵料有可能多病），因为青菜及维生素等均可掺在饵料中，可保证七彩鱼的健康。要特别强调的是，饵料不能含有激素或药物等。

繁殖 可以为种鱼准备一个产卵筒，产卵筒面以近垂直为好（污物不会停留其上）；没有产卵筒，七彩神仙鱼的卵将产在玻璃缸壁上，少数时候也会产在干净的缸底部。投饵次数可以照常（2~3次），也可以少些（1~2次），不过保持产缸的卫生，维持良好的缸水质（与平时相同或pH、硬度略低），却是要随时注意的事。繁殖缸的水温要保持在28~29℃。此外，七彩神仙鱼繁殖缸光线要柔和，不要太暗。繁殖缸不能太小，体长13厘米左右的小规格种鱼，缸水量可以用0.03~0.045米^3（相当于30~45升），然而体长15厘米以上的种鱼，最好用0.08~0.1米^3（相当于80~100升。大体上可以说前者要用微型缸（1/32~1/16米^3），后者要用小型缸（1/16~1/8米^3）。此外，与普通丽鱼一样，要让其自行配对择偶。如果两尾配对的种鱼均健康，按上述操作繁殖出仔鱼是意料之中的事。

小贴士 名气较大的七彩神仙鱼除以上所列品种外，还有四系中的野生七彩神仙鱼、大蓝圆七彩神仙鱼、红化七彩神仙鱼、迷宫鸽子七彩神仙鱼、红盖七彩神仙鱼、盖子红七彩神仙鱼、红点绿七彩神仙鱼、天子蓝七彩神仙鱼、白化天子蓝七彩神仙鱼、满月蚁点绿七彩神仙鱼、金头魔鬼七彩神仙鱼、白化黄金七彩神仙鱼、金鸽蚁点七彩神仙鱼、红化松石七彩神仙鱼、皇室敦煌七彩神仙鱼、白鸽子七彩神仙鱼等百来个品种。它们饲养方法相似。

老鱼友热线

1. 有人说七彩神仙鱼难养，有人却说很好养，这究竟是怎么回事呢？

答：养过七彩神仙鱼的鱼友，一般都不会说七彩神仙鱼难养，除非当地的水质碱性太强、水太硬。七彩神仙鱼越小越娇，许多养七彩神仙鱼的行家即使很自信，但对仔鱼阶段的饲养都不敢夸海口，常谦逊地说自己“运气好”之类的话，因为行家有时弄不好也会让仔鱼“全军覆没”，原因不外乎肠炎、指环虫、六鞭毛虫（有人认为还有其他原因）等作祟。而其他鱼仔，如虎皮鱼仔，似乎只要能孵化出来，将来一定“前途光明”。总之，较大的七彩神仙鱼并不难养，难的只是繁殖。

2. 七彩神仙鱼的饲养水酸碱度确实都要调到 6 以下吗？有没有比较简单的调节饲养水的办法？

答：饲养水的 pH 和硬度对于配对产卵阶段的种鱼是有影响的，尤其对不能适应略偏碱性水的七彩神仙鱼来说更是如此，具体来说影响“择偶”配对、产卵、孵出仔鱼、起游、附身（紧贴大鱼身体取食）、离身并觅食等。尽管有的饲养者并没有给予种鱼最理想的水，七彩神仙鱼也会适应，但效果是有所不同的。对于一般饲养者不要刻意去调节 pH 等指标。只要把七彩神仙鱼原饲养缸中的水引入繁殖缸中使用即可，因长期使用着的原饲养缸水（不管原来水质如何）总是趋于某个略小于 7 的定值，也即酸化，这种水加三成备用水后可用于繁殖，此为最简单的办法。

3. 有人繁殖七彩神仙鱼用浅水位（深不及 15 厘米），有人用高水位（深略超过 40 厘米），究竟水位浅好还是深好呢？

答：在亚马孙河大环境中，七彩神仙鱼栖歇于安全而又有饵料处，可以很浅，也可以很深，甚至深至 2~3 米，在夜色保护下，借月光到水面觅食。繁殖的地点选择以安全为第一，尽量趋于浅层。在自然界中浅水氨和亚硝酸是不易超标的，但人工繁殖给予“浅水伺候”，每天对水、换水 1~2 次可否让水质“达标”仍不得而知。而深水繁殖水量大，水质稳定，对仔鱼很有好处。不过浅水繁殖有利于仔鱼起游后的附身，尤其对卵质量差和个别体质差的仔鱼有实际意义。如果种鱼体质好、个又大，建议繁殖缸水深不要低于 30 厘米。

4. 七彩神仙鱼总是吃自己产的卵，有人说这是饵料不足所致，不知对否？

答：动物一个行为的存在，自有其道理，包括七彩神仙鱼吃卵也自有其道理。当七彩神仙雌鱼刚成熟时，产卵能力特强，当它“感觉”此胎卵不佳时，它就毫不犹豫地把卵吃掉，既为下一胎卵的生产做好“卫生准备”，又避免“肥水外流”，故如果把雌鱼移走，雄鱼一般不吃卵，单雄带仔，可保住一胎仔鱼。如果卵的质量高，则第一胎就不吃卵，繁殖就会成功。当然产卵多次的大鱼、老鱼，一般是不吃卵的，因吃后有可能后继无卵。这样看来，吃不吃卵与食物丰歉无直接关联（但有间接关联，如太缺饵时会影响卵质量等）。

5. 七彩神仙鱼的仔鱼和亲鱼要多久分离？早好还是迟好？

答：在自然界，如果周围小活饵多，则几天后很可能就有部分仔鱼在追饵时脱离了亲鱼；如果外界缺饵，或仅有大饵，则仔鱼总是紧随亲鱼，也许可跟随近 1 个月，亲鱼也定不会去“赶”仔鱼。人工繁殖如果有充足无寄生虫的小活饵，则可早分离；如果没有则不必急着脱离，8~10 天时仔鱼会自动取食“汉堡”，12~15 天拆离，缸大不求再产的可迟分离，缸小或有活卤虫（自孵化）供给的，可早些分离。对仔鱼来说，迟或早分离似乎效果无大差别。

珠关刀鱼、红头珍珠关刀鱼、蝴蝶孔雀鲷鱼、皇冠六间鱼、蓝剑鲨鱼、棋盘凤凰鱼、红大花天使鱼、斑珍珠雀鱼、棋盘珍珠炮弹鱼、斑马雀鱼、阿里鱼、黄金喷点珍珠虎鱼、钻石贝鱼、黑珍珠蝴蝶鱼、黄宽带蝴蝶鱼

丽鱼科

Geophagus surinamensis

珍珠关刀鱼（食土鲷属）

（朱巴利鱼、燕尾食土鲷鱼、猪八戒鱼）

饲养难度： ★★☆☆☆

市场价位： ★★★☆☆

分布： 亚马孙河、圭亚那高原及周边水质较清澈的沙质河流

体长： 可达 30 厘米

水质： pH6.5~7，硬度 71~178 毫克 / 升（6~10° dH），水温 24~28℃

Geophagus sp.

红头珍珠关刀鱼（食土鲷属）

（红头利鱼、红头立鱼等）

饲养难度： ★★☆☆☆

市场价位： ★★★☆☆

分布： 亚马孙河支流塔巴若斯河

体长： 15~19 厘米，可达 25 厘米

水质： pH6~7，硬度 71~178 毫克 / 升（6~10° dH），水温 23~28℃

Aulonocara hansbaenschi

蝴蝶孔雀鲷鱼（孔雀鲷属）

（非洲孔雀鱼、彩头鲷鱼、十纹鲷鱼）

蝴蝶孔雀鲷鱼

饲养难度： ★★☆☆☆

市场价位： ★★★☆☆

分布： 马拉维湖

体长： 15 厘米左右

水质： pH7.8~8.5，硬度 161~250 毫克 / 升（9~14°dH），水温 22~28℃

Cyphotilapia frontosa

皇冠六间鱼（隆头鱼属）

（隆头湾罗非鱼）

皇冠六间鱼（雄）

饲养难度： ★★☆☆☆

市场价位： ★★★★☆

分布： 坦噶尼喀湖

体长： 35 厘米左右

水质： pH8~9，硬度 143~214 毫克 / 升（8~12°dH），水温 23~27℃

Cyprichromis brieni

蓝剑鲨鱼（标身鱼属）

（蓝剑银鱼）

蓝剑鲨鱼

饲养难度： ★★★☆☆

市场价位： ★★★☆☆

分布： 坦噶尼喀湖

体长： 11 厘米左右

水质： pH ≈ 8.5，硬度 161~286 毫克 /升（9~16° dH），水温 23~28℃

Julidochromis marlieri

棋盘凤凰鱼（柳絮鲷属）

（黑格凤凰鱼、花凤凰鱼）

棋盘凤凰鱼

饲养难度： ★★☆☆☆

市场价位： ★★★☆☆

分布： 坦噶尼喀湖

体长： 10 厘米左右（洞穴鱼）

水质： pH ≈ 8.5, 硬度 161~250 毫克 / 升（9~14° dH），水温 23~28℃

Protomelas similis

红大花天使鱼（黑纹鲷属）

（黑纹凤凰鱼、黑旋风鱼）

饲养难度：★★★☆☆

市场价位：★★★☆☆

分布：马拉维湖

体长：8~10 厘米

水质：pH7.8~8.5，硬度 161~250 毫克/升（9~14° dH），水温 22~28℃

Lepidiolamprologus nkambae

棋盘珍珠炮弹鱼（炮弹鱼属）

（二线炮弹鱼、虎皮炮弹鱼）

饲养难度：★★☆☆☆

市场价位：★★★☆☆

分布：坦噶尼喀湖

体长：12~15 厘米（为洞穴鱼）

水质：pH ≈8.5，硬度 161~250 毫克/升（9~14° dH），水温 23~27℃

Neolamprologus tetraccanthus

斑珍珠雀鱼（楔形鱼属）

（木条鱼）

饲养难度：★★☆☆☆

市场价位：★★★☆☆

分布：坦噶尼喀湖

体长：10~20 厘米（洞穴鱼）

水质：pH ≈ 8.5，硬度 178~321 毫克/升（10~18°dH），水温 23~27℃

Pseudotropheus lombardoi

斑马雀鱼（斑纹鲷属）

（蓝口孵鱼、黄蓝口孵鱼）

饲养难度：★★☆☆☆

市场价位：★★☆☆☆

分布：马拉维湖

体长：11~13 厘米

水质：pH7.8~8.5，硬度178~250 毫克/升（10~14° dH），水温 22~28℃

Sciaenochromis fryeri
阿里鱼（长身鲷属）
（阿里单声鲷鱼、蓝单声丽鱼）

阿里鱼

饲养难度：★★☆☆☆
市场价位：★★☆☆☆
分布：马拉维湖
体长：20 厘米左右
水质：pH7.8~8.5，硬度161~250 毫克/升（9~14° dH），水温 22~28℃

Lamprologus compressiceps
黄金喷点珍珠虎鱼（撅嘴鱼属）
（黄雪点阔嘴鱼）

黄金喷点珍珠虎鱼

饲养难度：★★★☆☆
市场价位：★★★★☆
分布：坦噶尼喀湖
体长：可达 14 厘米
水质：pH ≈ 8.5，硬度 178~321 毫克/升（10~18° dH），水温 23~28℃

Neolamprologus ocellatus var.
钻石贝鱼（楔形鱼属）
（紫叮当鱼）

钻石贝鱼

饲养难度：★★☆☆☆
市场价位：★★★☆☆
分布：坦噶尼喀湖
体长：可达 5 厘米
水质：pH ≈ 8.5，硬度 178~321 毫克/升（10~18° dH），水温 23~27℃

Tropheus duboisi
黑珍珠蝴蝶鱼（勋章鱼属）
（花蝴蝶鱼）

黑珍珠蝴蝶鱼

饲养难度：★★★☆☆
市场价位：★★★☆☆
分布：坦噶尼喀湖
体长：可达 12 厘米
水质：pH ≈ 8，硬度 178~321 毫克/升（10~18° dH），水温 23~28℃

Tropheus moorii

黄宽带蝴蝶鱼（勋章鱼属）

（虎皮蝴蝶鱼、黄宽带狐狸鱼）

黄宽带蝴蝶鱼

饲养难度：★★★☆☆

市场价位：★★★☆☆

分布：坦噶尼喀湖

体长：可达 14 厘米

水质：pH ≈ 8，硬度 178~321 毫克 / 升（10~18° dH），水温 23~28℃

简介 口孵鱼是一类不可缺少的观赏鱼，因为它们有几个特点为一般热带鱼所没有：其一是颜色美，美的特别之处在于体上图案大气而不细腻，色度饱和且醒目。其二是对于食物不挑剔，不苛求，好对付。其三是“计划生育的模范”，它们产卵量比普通鱼要少，有的小型口孵鱼每次仅育出几尾十数尾仔鱼。此外，还有一个特点是它们长期生活在缓冲能力很强的高硬度水中，对于水质的变化很敏感。也正因为此点，许多人都觉得非洲大湖鱼不好养，其实只要注意了水质问题（按上述指导值调控），倒是比其他鱼更好养，发病或死亡均少。

饲养模式 视缸之大小配备适当大小动水电器和过滤槽缸。缸或过滤槽、缸中要置放一定量的珊瑚沙（无珊瑚沙可用海螺贝壳代替）。珊瑚沙和过滤槽缸要定期清洗。

水质 对于马拉维湖、坦噶尼喀湖和维多利亚湖中的鱼，可在给出的各自指导水质数值的基础上作如下微调：①体长规格小的鱼（5~15 厘米），pH 取中值至下限，硬度取中值至下限。②体长规格中至大的鱼（15~22 厘米及 22 厘米以上），pH 可取中值至上限，硬度取中值至上限。③雌鱼最大体长在 5 厘米左右的鱼，pH 取中值，硬度取中值。④体形修长的中小型鱼，pH 取下限，硬度取中至低值。⑤成鱼最大体长在 10~15 厘米的鱼，pH 取中值至上限，硬度取中值。⑥坦噶尼喀湖鱼的水质，一般宜取硬度的下限或中值，但宜加百分之一海盐。

饵料 非洲大湖鱼是利用自然资源的典范，实现了食物选择的“惊人覆盖”。一般体型大的鱼偏荤食，喂小杂鱼、鱼块、整虾等；一般体型小的鱼也偏荤食，以小活饵水蚯蚓、血虫、水蚤等为上品，缺饵时才以素食充饥。比较好管理的是体长为 8~17 厘米的中鱼，它们对荤食自然是“钟爱有加”，但对待素食（青菜、萍类、苔藻）也能来者不拒。许多种鱼在大湖中都被称为“刮苔机”。经训饵，绝大部分口孵鱼都能吃人工饵。

繁殖 南美口孵鱼和非洲口孵鱼比较典型的繁殖方式如下：一种模式是在大水体中，雄鱼个大“吃得开”，把所有其他鱼都赶走，然后留神过往同种雌鱼，遇到产卵在即的便殷勤邀来，否则便“视同仇人”，“行凶动武”。产卵过程与普通丽鱼没什么两样，但产的卵无黏性，一概往低处滚。雌鱼一般是每产一小批卵（10~30粒）便张嘴把卵吸入口中。另一种模式是在小水体中，要等1~2尾雌鱼成熟且产卵在即时，雄鱼再经过一次“过招”，确认谁为王。胜者则占据繁殖的有利地盘，即将产卵的雌鱼则把其他雌鱼赶到老远，然后开始与雄鱼配对产卵，过程也同一般丽鱼。卵亦无黏性，分批被雌鱼吸入口中。第二种模式中，南美口孵鱼与非洲口孵鱼的行为没有明显差别，或者说都一样。但在第一种模式中，南美口孵雌鱼有可能等到仔鱼孵化后（因防止水流冲击和意外），才把仔鱼吸入口中孵化，仅此有别。鱼卵在雌鱼口中翻滚，当水温在26~27℃时，约10天后仔鱼可自行悬浮游泳并开始觅食（小活饵）。也有极少数品种的雄鱼也参加口孵与孵卵等。坦噶尼喀湖洞穴口孵鱼若不给大螺壳、杯、小花盆之类，也不提供洞穴，则有可能不繁殖，但在感觉没有安全问题时，繁殖行为与一般口孵鱼相同。为什么一定要找到一个洞穴？这是为了不让大鱼（往往包括同种雄鱼）进入它的“家”，如此仔鱼才比较安全。如此说来，当雌鱼产卵时雄鱼应在洞穴与螺壳外排精，雌鱼应该有进出洞穴或螺壳的频繁的行为，以让所产之卵受精。

小贴士

近年东部非洲等处的口孵鱼种类在市面上剧增，数量上并不比普通丽鱼少。以下一些品种是口孵鱼中相对名贵或常见的：南美的和尚鱼、牛头鱼等；东部非洲的皇帝鱼、帝王艳红鱼、血艳红鱼、埃及艳后鱼、帝王蓝波鱼、黄尾蓝剑鲨鱼、黄金斑马凤凰鱼、黄金天使鱼、紫衫凤凰鱼、二线凤凰鱼、白玉凤凰鱼、非洲王子鱼、紫红六间鱼、非洲凤凰鱼、花花公子鱼、黄帆一点贝鱼、女王燕尾鱼、白金燕尾鱼、黄帆天堂鸟鱼、黄天堂鸟鱼、特蓝斑马鱼、金雀鱼、红王子鱼、雪中红鱼、雪鲷鱼、白马王子鱼、紫罗兰鱼、白金喷点珍珠虎鱼、紫蓝丁当鱼、黄金丁当鱼、九间蝴蝶鱼、火狐狸鱼等。它们的饲养方法与上面所述同类鱼相似。

老鱼友热线

1. 口孵鱼为什么在繁殖前老爱“搬小石子”？

答：口孵鱼的卵无黏性，落入卵石缝中就“没”了，而把小卵石清走，露出大卵石，卵粒就会安稳地集中在一处。所以产卵的位置是经过精心选择后清理出来的。这项工作在大型口孵鱼中由雄鱼为主来完成，小型口孵鱼则由雌鱼为主来完成。

2. 让口孵鱼自然繁殖有什么不妥吗？

答：如果雌口孵鱼个大且健壮，经得起挨饿1~2个月，则不必实行人工干预，让其自然繁殖为上策。但如果雌鱼因一些原因体弱，则再“护卵绝食”10~11天，有可能虚脱而死去，那么宜在3~5天之内捞出雌鱼。受惊的雌鱼很可能吐出一部分带卵黄的仔鱼，应设法使雌鱼把仔鱼吐尽，然后精心管理雌鱼，仔鱼则按普通未起游的仔丽鱼处理即可，如此雌鱼在环境的刺激下总会提早进食，衰弱的可能性将大大降低。

3. 口孵鱼养在水草缸中好不好？

答：对于小型口孵鱼，如洞穴类口孵鱼而言，水草缸硬度很可能不够；对于坦噶尼喀湖的鱼而言，盐度和酸碱度也不够。因此它们能够正常地生活已算不错。但如果与裸缸比，当然水草缸算较好了。一般应该放些珊瑚沙或螺贝壳，并把 pH 调到 8 左右才能不出意外，但有的水草却可能不适应。至于大中型口孵鱼则一般不宜养在水草缸中。

非洲十间鱼

Tilapia buttikoferi

非洲十间鱼（黑旗鲷属）

（黑白间、非洲棋鲷）

非洲十间鱼

饲养难度：★☆☆☆☆

市场价位：★★☆☆☆

简介　该鱼是西部非洲最大的口孵鱼，而西非口孵鱼罕见。幼小时体色即已是黑白相间，独具特色，相当可爱。该鱼耐粗放，杂食性，生长快，相当好饲养。原产地主要为西部非洲塞拉利昂各水系和湖泊。

雄鱼体长可达 30 厘米，成熟时体带黄色，雌鱼小些。

饲养模式　幼鱼可在中型缸中饲养，成鱼要在大型缸中饲养，因食量较大，故要用潜水泵过滤。裸缸，或置些大卵石、石块等。

水质　pH ≈ 7(6.4~7.3），硬度 71~214 毫克 / 升（4~12° dH），水温 22~28℃。

饵料　标准杂食性鱼，能接受活饵、鲜饵、人工颗粒饵料、青菜等。缺饵时对软泥、青苔均感兴趣。

繁殖　繁殖方式为口孵，一般为雄鱼强占有利地形，这地形可以是一块高出的平台石头或一片“平地”，还可以是靠底部垂直的容器壁。然后雄鱼邀临产的雌鱼来产卵，雌、雄鱼在石块、容器壁上来回移动，如普通丽鱼产卵。因口孵鱼卵均无黏性，故往往集中在较低处，受精卵被雌鱼含在口中。大约经过 10 天（水温 26~27℃），便从雌鱼口中游出能正常游动和觅食的仔鱼，并受到雌鱼的继续保护。

老鱼友热线

1. 非洲十间鱼常攻击其他鱼怎么办?

答：非洲十间鱼幼小时攻击性并不明显，但随着成长，到成熟时攻击性已相当强，尤其是雄鱼间，总要斗出个高低。缸小就产生一个“王”，缸大可能就多几个“王”，非王雄鱼是无法繁殖的。看来争斗系该鱼的本性。要避免“内战”，有两种办法：一为待鱼长到体长12厘米后，中型缸只留1尾“王”雄鱼和2~3尾雌鱼，一个大型缸也只能留1~2尾体长15厘米以上的“王”雄鱼。如此可避免雄鱼与雄鱼之间“残酷战斗”，但雄鱼对尚未产卵的雌鱼也一味攻击，在自然界雌鱼总是忍让与逃避了事。如果缸大，繁殖出非洲十间鱼并不难。若缸小，应暂时把配对的鱼隔离开。另一种方法是将几乎等大的鱼较高密度饲养，但有风险。

2. 非洲十间雌、雄鱼在观赏方面有无差别?

答：非洲十间鱼在幼鱼阶段雌雄鱼几乎没有任何差别，唯一不同的是雄鱼食量大，长得快。到了性成熟（约一年性成熟）雌鱼仍为黑白相间，而雄鱼白色部分变为橙黄色，显得更漂亮，但非“王”者雄鱼橙黄色并不明显。体长20厘米左右的雄鱼和体长16厘米左右的雌鱼便可繁殖。强雄鱼同一尾雌鱼配对产卵后不久，又会同另一雌鱼配对。

印尼虎鱼

Coius polota

印尼虎鱼（拟松鲷属）

（多纹泰国虎鱼、五间虎鱼）

印尼虎鱼

饲养难度：★★☆☆☆

市场价位：★★★★☆

分布：泰国、印度尼西亚等地

体长：40厘米左右

水质：pH6.5~7.2，硬度61~214毫克/升（4~12°dH），水温24~27℃

简介 虎鱼是东南亚一类很有特色的大型观赏鱼，据说在原产地是上等食用鱼，价格不菲。虎鱼幼鱼与成鱼体色很不相同，幼鱼黑色条纹虽依稀可辨却不连成整体，且远不如成鱼色深，有时因水质与环境等原因，幼鱼体色也可能近于棕黑色。一般幼鱼的体色为棕白条纹，渐变为黑与浅棕条纹。

虽然个头不小，嘴也不小，胆子却不如同体长的其他鱼大，尽量躲在缸中最为隐蔽的地方，这是它们的共性与特点。能与体长相当的其他鱼和平共处，既有虎色又有“虎气”，虎鱼极受欢迎的原因也许就在于此。

饲养模式 幼鱼对鱼缸的大小颇能将就，较大的鱼，如体长 15 厘米以上，则最好用中型缸或大型缸来饲养。要用潜水泵过滤养鱼，忌浊水饲养。

水质 当水的 pH6.5~7.5, 硬度为 268 毫克 / 升（15° dH）时虎鱼可能仍未感觉不适，因为中南半岛大江河的上游有不少喀斯特地形，水质颇硬。但一般饲养却不需要这般极端，只要按上述指导数值调控就很理想了。

饵料 虎鱼在自然环境下是以小鱼小虾为食物的，在鱼缸中能让虎鱼吃到活鱼虾自然最好，办不到问题也不大，虎鱼对鲜冻鱼虾肉照样接受，喂以去壳贝肉等也行。对植物性饵，一般是不感兴趣的。

繁殖 不详。

小贴士 本科鱼种并不多，著名的还有三间虎鱼（泰国虎鱼）、细线印尼虎鱼、珍珠七间虎鱼等。它们的饲养方法与印尼虎鱼相似。

老鱼友热线

虎鱼同哪些鱼同缸比较理想?

答：虎鱼可同体型大小相近或略大些的非攻击性鱼同缸。其胆子小，所以最好同“不闹”的鱼，如大中型丽鱼（包括神仙鱼等）共缸。但绝不能同体型较小的鱼共缸，因虎鱼嘴大，猛张大嘴可造成极低压，小鱼易被吸入口中。

条纹琴龙鱼、蓝绿琴尾鱼、阿根廷黑珍珠鱼、贡氏圆尾鳉鱼

鳉科

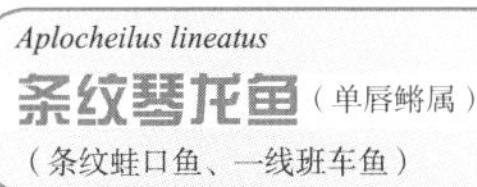

Aplocheilus lineatus

条纹琴龙鱼（单唇鳉属）

（条纹蛙口鱼、一线班车鱼）

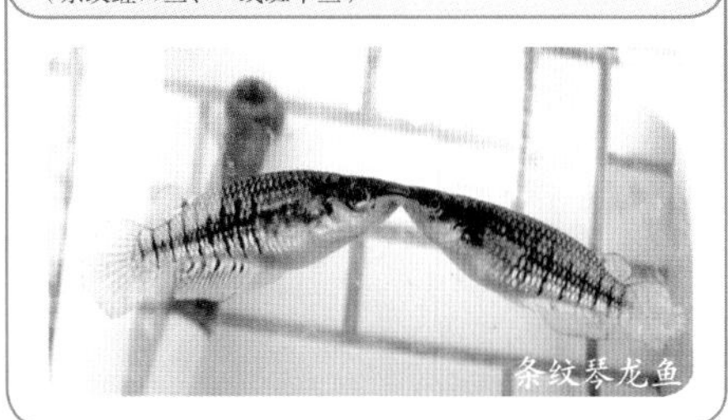

条纹琴龙鱼

饲养难度： ★★★☆☆

市场价位： ★★★☆☆

分布： 斯里兰卡、印度

体长： 10 厘米左右

水质： pH6.7~7.2，硬度 89~178 毫克 / 升（5~10° dH），水温 24~29℃

Aphyosemion gardneri

蓝绿琴尾鱼（琴尾鳉属）

（红斑鳉鱼、五彩珍珠琴尾鳉鱼）

蓝绿琴尾鱼

饲养难度：★★★★☆

市场价位：★★★★☆

分布：中部非洲、喀麦隆高原

体长：6~7 厘米

水质：pH6.2~6.8，硬度 54~107 毫克 / 升（4~6° dH），水温 22~26℃

Cynolebias nigripinnis

阿根廷黑珍珠鱼（珍珠鳉属）

（黑珍珠鱼、珍珠鳉鱼）

阿根廷黑珍珠鱼

饲养难度：★★★☆☆

市场价位：★★★★☆

分布：阿根廷、巴西、巴拉圭等地

体长：4~5 厘米

水质：pH6.7~7.2，硬度 71~125 毫克 / 升（5~7° dH），水温 16~24℃

Nothobranchius guentheri

贡氏圆尾鳉鱼（齿鳉属）

（粉红佳人鳉鱼、贡氏齿鳉鱼等）

贡氏圆尾鳉鱼

饲养难度：★★★☆☆

市场价位：★★★☆☆

分布：坦桑尼亚、东非草原区

体长：5~6 厘米

水质：pH6~6.5，硬度 71~107 毫克 / 升（4~6° dH），水温 22~26℃

简介 鳉科鱼是一类体型小而漂亮的鱼，除极少数体长可达或超过 10 厘米外，绝大部分是体长 10 厘米以内的小型鱼。一般说来饲养鳉科鱼并不费时费事，但繁殖却比胎鳉科（花鳉科）鱼要难许多。这类鱼原产地有 3 个地方：一是南北纬 10° 左右的热带雨林地区河湖等，一是非洲中部、西部低纬的高原湿润区（多雨区），一是非洲东部等草原和南美洲草原（具旱湿两季或旱湿四季）。由于鳉科鱼繁殖相对不易，故市场上一直为紧俏商品，近年草原鳉鱼等货源已渐多。

饲养模式 一律用水草缸饲养，鱼稍多时要求动水饲养，同时最好充适量 CO_2 气体。但各种鱼要求铺垫的底沙不尽相同。具体地说，琴龙鳉鱼、黄金鳉鱼只要普通酸性（化学为中性）硅铝层的岩石砾，非洲中西部的黄琴尾鱼等热带鳉鱼可用同样的砾石，但最好在一底角置少量热带草泥丸或红壤草泥丸；草原鳉鱼也要置草泥丸，却最好不用砾石卵石，而用沙，以便于所产卵粒的收集和管理。

水质 应调控水质在指导范围内，总的说鳉科鱼对水质较敏感，如条纹琴龙鱼等常因水质不当和氨等超标而生病或死亡，珍珠鳉鱼、草原鳉鱼、琴尾鳉鱼也不能只注意调控酸性水质，更要注意氨、亚硝酸有无超标。一般地说在水草缸中水质容易控制。

饵料 鳉科鱼都嗜食小活饵，对于血虫、水蚤、水蚯蚓等及水面小虫，均能主动出击并吞食，它们对素饵一般是不感兴趣的。体长 5~10 厘米的条纹琴龙鱼、黄金鳉鱼已能吞食体长 1.5 厘米左右的小鱼和体长 1~2 厘米的小活虾。

繁殖 第一为单唇鳉类，包括黄金鳉鱼、条纹琴龙鱼、蓝眼灯鱼等。产缸要密植水草，且水草要生长到水面，让鱼产卵其中。黄金鳉鱼、条纹琴龙鱼只要挑一对入产缸，而蓝眼灯鱼最好挑一对，但也可以挑多对移于大产缸中。在产卵后尽早捞移大鱼或捞移带卵水草。当水温 27℃左右时，受精卵约经两周才孵化出仔鱼。无水草时可用棕丝或他物代替。第二为低纬度琴尾鱼类，包括竖琴鱼、蓝绿琴尾鱼等大多数琴尾鱼。成对移于有底沙的水草缸中，习惯后琴尾鱼将连续产卵于沙中水草，连产 1~2 周，多见每天产 10~40 粒卵，但也有才产几粒的，卵产下后 12~14 天孵化出仔鱼。第三为草原鳉鱼类，包括贡氏圆尾鳉鱼、罗克夫鳉鱼、阿根廷珍珠鱼，也包括一些琴尾鱼类。这类鱼在渐干旱的沼泽、水洼、小水池中配对产卵（或排挤法产卵）后死去，鱼卵则留在湿地的泥沙、苔藻中，挨过旱季，待雨季来临时孵化出仔鱼“传宗接代”。家养一般把卵收集于苔藻（如莫丝草）中，密封于塑料袋等容器内，等过了相当于当地旱季那么长时间后，再将卵置于水中孵化，能很快见到仔鱼游出来。

本科鱼不少，除条纹琴龙鱼及其去黑色素变种黄金鳉鱼外，均为短小精悍的“小宝贝”，如蓝眼灯鱼、潜水艇鱼、尖嘴火箭鳉鱼、黄琴尾鱼、竖琴鱼、三叉琴尾鱼、罗克夫鳉鱼、紫尾宝贝鱼、飞弹鱼等。它们的饲养方法与本类鱼相似。

老鱼友热线

1. 为什么说用水草作集卵巢比棕丝好？

答：棕丝煮沸消毒杀菌后使用是不错的，但不如水草好。因为水草会浮于水面附近，可使鱼卵不缺氧，鳉科鱼卵卵膜甚厚，一般不愁纤毛虫等侵蚀。琴龙鳉鱼、黄金鳉鱼、蓝眼灯鱼在繁殖时双双会找最浓密的水草处产卵，这是天性。这些鱼的卵并无黏性，但因每粒卵均带有数条卵丝，卵丝可轻易缠住水草及其他物体，这些鱼卵于是就“挂”在水草上。

2. 为什么草原鳉鱼长得特别快？

答：因该类鱼所在地每年都有旱季，它们要同时间赛跑，跑不赢的就被淘汰，故一个多月长到体长 3 厘米以上便达到性成熟，但此鱼似乎一生都在长大，一些种条件好（未遇干旱）时雄鱼长到体长 7 厘米，并无大碍。

金玛丽鱼、皮球金玛丽鱼、短鳍圆尾黑玛丽鱼、红朱砂剑尾鱼、红菠萝剑尾鱼、玻璃鳞红白剑尾鱼、米老鼠红月光鱼

Poecilia latipinna

金玛丽鱼（虹鳉鱼属）

（帆鳍金玛丽鱼）

金玛丽鱼

饲养难度：★★★☆☆

市场价位：★★★☆☆

分布：中美洲尤卜坦半岛等地

体长：8~10 厘米

水质：pH7.5~8，硬度 178~357 毫克 / 升（10~20°dH），水温 23~28℃

Poecilia latipinna var.

皮球金玛丽鱼（虹鳉鱼属）

（金皮球鱼、金茶壶鱼）

皮球金玛丽鱼

饲养难度：★★☆☆☆

市场价位：★★☆☆☆

分布：人工培育品种

体长：4（雄）~5（雌）厘米

水质：pH7~7.5，硬度 178~321 毫克 / 升（10~18°dH），水温 23~28℃

Poecilia mexicana× Poecilia sphenops

短鳍圆尾黑玛丽鱼（虹鳉鱼属）

（黑玛丽鱼、短鳍黑玛丽鱼）

短鳍圆尾黑玛丽鱼

饲养难度：★★★☆☆

市场价位：★★★☆☆

分布：美国得克萨斯州、墨西哥东岸

体长：6（雄）~8（雌）厘米

水质：pH7~7.8，硬度 178~357 毫克 / 升（10~20° dH），水温 23~28℃

Xiphophorus helleri

红朱砂剑尾鱼（剑尾鱼属）

（红玛丽鱼）

红朱砂剑尾鱼（雌）

饲养难度：★★☆☆☆
市场价位：★★☆☆☆
分布：中美洲东岸一带
体长：10~12 厘米
水质：pH ≈ 7.5，硬度 178~321 毫克 / 升（10~18° dH），水温 15~25℃

Xiphophorus helleri var.
红菠萝剑尾鱼（剑尾鱼属）
（剑鱼、箭鱼）

红菠萝剑尾鱼（雄）

饲养难度：★☆☆☆☆ ~ ★★★☆☆
市场价位：★★☆☆☆ ~ ★★★☆☆
分布：原产墨西哥至洪都拉斯东海岸
体长：12~14 厘米，雄鱼长 12~13 厘米
水质：pH7~7.8，硬度 178~321 毫克 / 升（10~18° dH），水温 15~25℃

Xiphophorus helleri var.
玻璃鳞红白剑尾鱼（剑尾鱼属）
（透明鳞红白剑鱼）

玻璃鳞红白剑尾鱼

饲养难度：★★★☆☆
市场价位：★★☆☆☆ ~ ★★★☆☆
分布：人工培育品种
体长：8~10 厘米
水质：pH7~7.5，硬度 143~286 毫克 / 升（8~16° dH），水温 22~26℃

Xiphophorus maculatus var.
米老鼠红月光鱼（剑尾鱼属）
（月鱼、彩色玛丽鱼、斑剑尾鱼等）

米老鼠红月光鱼

饲养难度：★☆☆☆☆ ~ ★★★☆☆
市场价位：★☆☆☆☆ ~ ★★★☆☆
分布：原产墨西哥韦拉克鲁斯以南至危地马拉、尤卡坦半岛
体长：3.5~8 厘米
水质：pH7~7.8，硬度 178~321 毫克 / 升（10~18° dH），水温 18~26℃

简介 本科鱼体色美，绝大部分品种容易饲养。本科鱼均为卵胎生，即雌鱼产出的不是卵粒，而是能游动的仔鱼，所以繁殖相当容易，即便是新手，也可以取得繁殖成功。因此增添了不少人们对本科鱼的良好印象。本科鱼的原产地以中美洲为主，辐射到美国东

南部和南美洲北部。孔雀鱼因生命力强，善灭孑孓，被引种到世界许多国家和地区。

饲养模式 少量饲养可适合几乎所有饲养模式，大量饲养（上百尾或更多）则一定要配备良好的过滤（也即生化）系统，并且要求缸中动水流速平稳，这样才能保证安全。最好的饲养方法为用种植较密或很多水草的微动水缸，养适量本科鱼。

水质 可按上述指导数值调控，玛丽鱼可对入5%~10%海水，严防氮超标。

饵料 本科鱼为典型的杂食性鱼，无论在野外和人工环境中，它们都嗜食小活饵。缺小活饵时可摄食其他有机碎屑，在缺动物性饵时可完全依赖青苔、单胞藻软泥（沉淀物）和水生植物嫩茎叶生长。日常饲养中应该尽量提供小活饵，如水蚤、血虫等，但最好不要完全喂水蚯蚓。它们可以接受人工饵，但不能提供劣质的人工饵。玛丽鱼的素食性最高，平时不能久缺素饵，而孔雀鱼与红剑鱼则相反，最好不要久缺荤饵，没有荤饵时要提供人工饵（含鱼粉等动物性饵）。

繁殖 孔雀鱼3~4个月可发育成熟产仔，初产10尾或多些，大孔雀雌鱼可产仔鱼100尾左右；非高温饲养可活2~3年。红剑鱼等剑尾鱼6~7个月成熟产仔，初产数十尾；大剑尾鱼雌鱼可产仔鱼300尾左右，非高温饲养可活3~4年。宽鳍鳉鱼、黑玛丽鱼5~6个月成熟产仔，初产10~20尾仔鱼，大玛丽鱼雌鱼可产仔鱼200尾左右，非高温饲养可活2.5~3.5年；珍珠玛丽鱼6~7个月成熟产仔，初产仔鱼20尾左右；大珍珠玛丽鱼雌鱼可产仔鱼150尾左右，非高温饲养可活2.5~3.5年。小规格的黑玛丽鱼雌鱼对仔鱼威胁较小，而大规格的雌鱼吞食和咬死仔鱼的现象很常见。为使产下的黑玛丽鱼仔鱼能全数存活下来，应该采取一些措施。如可以特制某种底部边缘带小孔或漏斗底的玻璃产房，让仔鱼产下后很快就同亲鱼分离；如果怕麻烦，可用两个塑料篮子对扣，把临产雌鱼关在篮中漂于水面上，也可以用铁丝网等网料围成圆柱形立于缸中，把临产雌鱼置于网料中间，仔鱼则可游出圆柱网。

小贴士 本类鱼较多，因物美价廉，在所有水族箱中的总体比例非常大，其他重要的品种有：多种颜色的宽鳍鳉鱼（高鳍玛丽鱼）、燕尾黑玛丽鱼、珍珠玛丽鱼、多种颜色的剑尾鱼和燕尾剑鱼、多种颜色的月光鱼（如三色玛丽鱼）、金头月光鱼、高鳍玛丽鱼（落阳红）等。它们的饲养方法与本类鱼相似。

老鱼友热线

1. 黑玛丽鱼为何难养？其所要求的生态环境究竟有何特殊？

答：黑玛丽鱼分布的地区为美国的东南部和墨西哥东部的墨西哥湾沿岸，绝大部分是离海岸线不远的海域，其生长的水域受到海潮直接或间接的影响。

此外，黑玛丽鱼分布在尤卡坦半岛以及其南北的墨西哥湾和加勒比海沿岸，那里分布着大面积喀斯特（石灰岩）地貌，在这种地貌区内的水体除含“高钙”外还含有海水盐分。这就解释了为什么玛丽鱼可以在pH7~8.3（相当于中性水至海水）、硬度为214~625毫克/升(12~35° dH）、含盐较高的水中自然生长。不过我们不必让鱼生活在极端的水质中，该鱼水质酸碱度应调为碱性或弱碱性，硬度为214~375毫克/升（12~21° dH），这已经与黑玛丽鱼原产地的一般水质很接近了。黑玛丽鱼的适应性较强，它们在自然状态下多在酸碱度中性、中硬度水中很好生长。因为在偏酸性的水中有机污染（腐败）严重时，它极易死去，所以要设法避免。在水中加些海水（盐）是个好办法。

2. 怎样养黑玛丽鱼“最保险”，不会常发生死鱼现象?

答：养在绿水中，或者在缸池中放置经风化的贝壳或珊瑚沙等含钙物质，在这种条件下，按照热带鱼的一般管理方法即可养好黑玛丽鱼，它还能自然繁殖。中性水质的水草缸也能养黑玛丽鱼。

3. 怎样养黑玛丽鱼既省心又安全?

答：把黑玛丽鱼养在水草缸中，给予充足的光照，在中性水中让水草长得很好。如果有少量青苔也不一定要去收拾，让鱼啃食。同时还要非常注意保持缸中鱼合适的密度，及时调整分流；不能足量投饵，不能把任何残饵较长时间留在缸中。如此可确保养好黑玛丽鱼！

孔雀鱼

胎鳉科

Poecilia reticulata

孔雀鱼（虹鳉鱼属）

（百万鱼等）

黑蓝孔雀鱼

大红草尾孔雀鱼和红蛇皮孔雀鱼

绿蛇皮孔雀鱼

饲养难度：★☆☆☆☆ ~ ★★★☆☆
市场价位：★☆☆☆☆ ~ ★★★☆☆
分布：原产拉丁美洲北部（巴西北部以北），但几乎所有品种均为人工培育品种
体长：3~5 厘米
水质：pH6.8~7.8，硬度107~321 毫克/升（6~18°dH），水温 20~26℃

简介 孔雀鱼是热带鱼第一品种，以其适应性强、易养易繁殖、颜色花哨且变异很快获得几乎所有饲养者的青睐。不过近来发现，许多孔雀鱼品种似乎都较多病，对氨和亚硝酸的波动比剑尾鱼、美鲇鱼等敏感，并且对自然水域混入鱼缸的一些弥漫性原生虫不能适应。如今孔雀鱼的品种已多到难以统计的地步。孔雀鱼是初学饲养和繁殖热带鱼者的首选。以前孔雀鱼雌鱼颜色比较素淡，如今孔雀鱼雌鱼除了尾的比例较小外，体色已相当丰富。

饲养模式 可适应几乎所有饲养模式，但一般实用或常见的有以下几种：宽缸静水饲养，充微气动水饲养，充微气绿水饲养，少量荷兰式饲养，水草缸饲养，微型缸、小型缸过滤盒过滤筒饲养，注意要避免强烈过滤造成孔雀鱼游泳不自然。此外，还可以充气池养等。

水质 自然种可以按上述水质指导数值来调节水质，而培育的品种绝大部分也是适应弱碱性偏硬的水质，且适应性较弱，不易养（易猝死等）。但有一部分品种则几乎可适应所有水质，非常适合初养者饲养。

饵料 孔雀鱼喜食一切小活饵，包括水蚤、孑孓、血虫、水蚯蚓等，箭水蚤、轮虫等也能吃。缺活饵时可取食几乎一切人工饵、素饵，只是孔雀鱼口器不够利，需等饵料软化啃得动时才吃。孔雀鱼对于绿水中死亡沉淀的单胞藻的利用，也非常有效率，并且成长较快。

繁殖 孔雀鱼俗称胎生鱼类，生出来即为仔鱼，准确的说法应该是卵胎生。繁殖孔雀鱼的方法有 3 种：第一种为在一个密植水草尤其是水面有密集水草的缸中养一小群孔雀鱼，如此便可自行繁殖出数目惊人的孔雀鱼仔鱼。第二种为“人工看管”，把精品临产雌鱼捞移到小产缸中，待雌鱼产完所有仔鱼后把雌鱼移走，留下仔鱼送到“幼稚园”中管理。第三种是把多尾雌鱼关在一个有小孔或小窄缝与大缸相通的小容器中，产出的仔鱼能顺利游出或滑出“小产房”，使得亲鱼与仔鱼分开，仔鱼得到保护（不会被大鱼吞食，因有一部分亲鱼产后也许肚子饿等原因，喜好吞食仔鱼）。

老鱼友热线

1. 孔雀鱼可以和较大的丽鱼共缸饲养吗？

答：孔雀鱼可以同普通的短鲷鱼共缸饲养，但短鲷鱼配对后对孔雀鱼，尤其是雄鱼是一大威胁，应该尽早隔离开。对于较大的丽鱼，尤其是成熟配对或落单的大丽鱼，是绝不可以与孔雀鱼共缸的。笔者见过孔雀鱼雄鱼被红宝石鱼、蓝宝石鱼、神仙鱼、菠萝鱼、得州豹鱼等吃下，蓝宝石鱼、得州豹鱼还可以吃掉孔雀鱼雌鱼。对于体长 10 厘米左右的地图鱼，已初见“职业杀手”的本色。所以孔雀鱼与灯类鱼共缸是比较合适的。

2. 哪些孔雀鱼好养？哪些孔雀鱼不好养？

答：首先，如果能够把水质调节到特定种需要的水质，可以说所有孔雀鱼都不难养。其次，各种孔雀鱼繁殖仔鱼的多少大不相同：耐粗放或能适合中性水质的孔雀鱼繁殖力大得惊人；白化种、长鳍种、浅色种、大尾鳍种等都相对难饲养，繁殖力也较低。第三，少数养殖家收藏的品种，如全黄色全白色孔雀鱼等，更具挑战性，只能抱着试验的心理去尝试。

鲇形目

珍珠剑尾鲇鱼、啼鲇鱼、豹斑女王鲇鱼、琵琶鲇鱼、三鳍金钻鲇鱼、黄金大胡子鲇鱼、咖啡鼠鱼、红头鼠鱼、花斑鼠鱼、红翅珍珠鼠鱼、大斑豹猫鱼、珍珠满天星鱼、侏儒猫鱼、玻璃猫鱼、玻璃象鱼、黄金猫鱼、虎鲨鲇鱼、斜纹斑马鲇鱼、梅花鸭嘴鱼、虎纹鸭嘴鲇鱼

Acanthicus adonis

白珍珠剑尾鲇鱼（甲鲇科）

（白珍珠燕尾异型鱼）

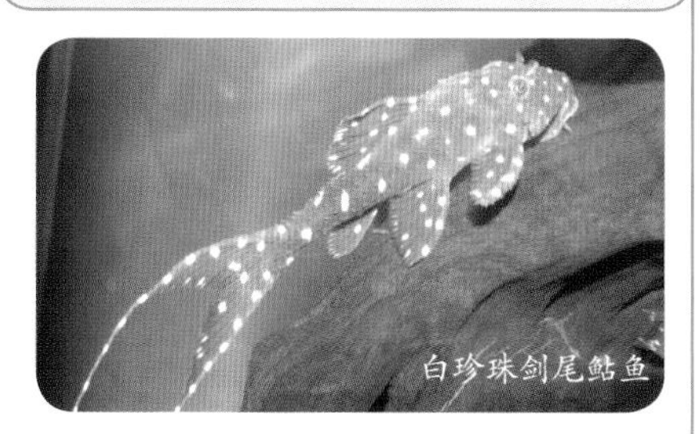
白珍珠剑尾鲇鱼

饲养难度：★★★☆☆

市场价位：★★★★☆

分布：亚马孙河流域

体长：可达 45 厘米

水质：pH6.5，硬度 89~161 毫克 / 升（5~9° dH），水温 22~28℃

Amblydoras hancocki

啼鲇鱼（甲鲇科）

（鸣鲇鱼、韩氏钝背甲鲇鱼）

啼鲇鱼

饲养难度：★★★☆☆

市场价位：★★★☆☆

分布：圭亚那及亚马孙河流域

体长：可达 13 厘米

水质：pH6.5~7.2，硬度 89~178 毫克 / 升（5~10° dH），水温 23~27℃

Glyptoperichthys gibbiceps

豹斑女王鲇鱼（甲鲇科）

（帆鳍鲇鱼、大帆红琵琶鱼、红琵琶鱼）

饲养难度： ★★★☆☆

市场价位： ★★★★☆

分布： 巴西内格罗河等地

体长： 可达 45 厘米

水质： pH6.2~6.8，硬度 89~125 毫克 / 升（5~7° dH），水温 23~27℃

Hypostomus plecostomus

琵琶鲇鱼（甲鲇科）

（清道夫鱼、琵琶鱼、垃圾鱼等）

饲养难度： ★☆☆☆☆

市场价位： ★☆☆☆☆ ~ ★★☆☆☆

分布： 南美洲水域

体长： 60 厘米左右

水质： pH6.5~7.5，硬度 89~321 毫克 / 升（5~18° dH），水温 20~28℃

Loricariidae sp.

三鳍金钻鲇鱼（甲鲇科）

（红褐金钻异型鱼）

饲养难度： ★★★☆☆

市场价位： ★★★★☆

分布： 委内瑞拉、奥里诺科河等

体长： 18~20 厘米

水质： pH6~7，硬度 71~125 毫克 / 升（4~7° dH），水温 23~27℃

Peckoltia sp.

黄金大胡子鲇鱼（甲鲇科）

（黄金斑马异型鱼）

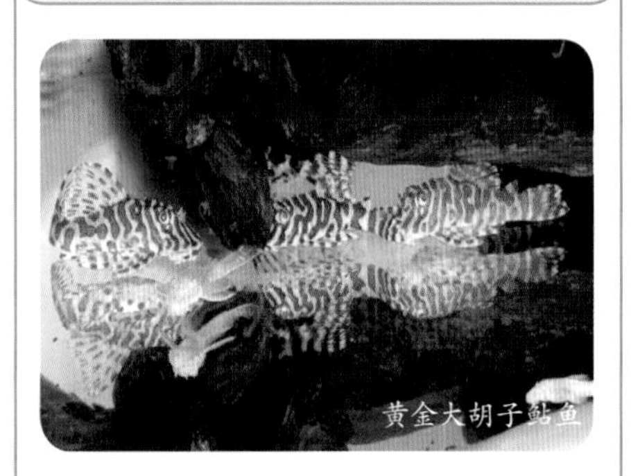

饲养难度： ★★★☆☆

市场价位： ★★★★☆

分布： 委内瑞拉等处

体长： 7~9 厘米

水质： pH6.5~7.2，硬度 89~143 毫克 / 升（6~8° dH），水温 24~27℃

Corydoras aeneus

咖啡鼠鱼（美鲇科）

（青铜鼠鱼、人字形鼠鱼）

咖啡鼠鱼

饲养难度：★☆☆☆☆

市场价位：★★☆☆☆ ~ ★★★☆☆

分布：委内瑞拉、玻利维亚

体长：6~7 厘米

水质：pH6.7~7.5，硬度107~268 毫克/升（6~15°dH），水温 20~28℃

Corycloras adolfoi

红头鼠鱼（美鲇科）

（阿道夫甲鲇鱼）

红头鼠鱼（幼鱼）

饲养难度：★★☆☆☆

市场价位：★★★☆☆

分布：内格罗河上游

体长：6 厘米左右

水质：pH6.5~7，硬度 89~161 毫克/升（5~9°dH），水温 22~28℃

Corydoras paleatus

花斑鼠鱼（美鲇科）

（胡椒鼠鱼、花鼠鱼、花椒鼠鱼、胡椒甲鲇鱼）

花斑鼠鱼

饲养难度：★☆☆☆☆

市场价位：★☆☆☆☆

分布：南美洲各大河水系

体长：7~8 厘米

水质：pH6.5~7.5，硬度 89~214 毫克/升（5~12° dH），水温 20~27℃

Corydoras sterbai

红翅珍珠鼠鱼（美鲇科）

（花斑鼠鱼、金珍珠鼠鱼）

红翅珍珠鼠鱼

饲养难度：★★☆☆☆

市场价位：★★☆☆☆

分布：巴西瓜波雷河

体长：6 厘米左右

水质：pH6.5~7.2，硬度 89~161 毫克/升（5~9°dH），水温 23~28℃

Synodontis decorus

大斑豹猫鱼（歧须鲇科）

（美歧须鮠鱼、倒吊豹猫鱼）

大斑豹猫鱼

饲养难度： ★★☆☆☆
市场价位： ★★★★☆
分布： 西非河湖
体长： 20~25 厘米
水质： pH6.5~7.5，硬度 89~214 毫克 / 升（6~12° dH），水温 23~28℃

Scobinancistrus sp.
珍珠满天星鱼（甲鲇科）

珍珠满天星鱼

饲养难度： ★★★☆☆
市场价位： ★★★★☆
分布： 亚马孙河支流投肯廷斯河
体长： 20 厘米左右
水质： pH6.5~7，硬度 89~268 毫克 / 升（5~15° dH），水温 22~27℃

Lophiobagrus cyclurus
侏儒猫鱼（双背鳍鲇科）
（截尾游鲇鱼）

侏儒猫鱼

饲养难度： ★★★☆☆
市场价位： ★★★★☆
分布： 坦噶尼喀湖
体长： 10 厘米左右
水质： pH6.8~7.5，硬度 178~321 毫克 / 升（10~18° dH），水温 22~27℃

Kryptopterus bicirrhis
玻璃猫鱼（鲇科）
（玻璃猫头鱼、透明鲇鱼、猫头玻璃鱼、幽灵鱼）

玻璃猫鱼

饲养难度： ★★★☆☆
市场价位： ★★★☆☆ ~ ★★★★☆
分布： 中南半岛、大巽他群岛多处
体长： 8~10 厘米
水质： pH6~7，硬度 89~214 毫克 / 升（5~12° dH），水温 23~28℃

Kryptopterus macrocephalus
玻璃象鱼（鲇科）
（玻璃海象鱼）

玻璃象鱼

饲养难度：★★☆☆☆

市场价位：★★★☆☆

分布：中南半岛、苏门答腊岛等地

体长：12 厘米

水质：pH6.5~7.5，硬度 89~178 毫克 / 升（6~10° dH），水温 23~28℃

Mystus micracanthus

黄金猫鱼（鲇科）

（双星紫罗兰鱼）

黄金猫鱼

饲养难度：★★☆☆☆

市场价位：★★★★☆

分布：泰国、马来西亚、印度尼西亚

体长：10~15 厘米

水质：pH6.5~7.5，硬度 89~178 毫克 / 升（6~10° dH），水温 23~28℃

Pangasius sutchi

虎鲨鲇鱼（鲇科）

（斧头鲨鱼、虎鲨鱼）

虎鲨鲇

饲养难度：★☆☆☆☆

市场价位：★★★☆☆

分布：东南亚大河

体长：可达 60 厘米

水质：pH6.5~7.5，硬度 89~214 毫克 / 升（6~12° dH），水温 24~28℃

Merodontotus tigrinus

斜纹斑马鲇鱼（花鲇科）

（斑马鸭嘴鱼等）

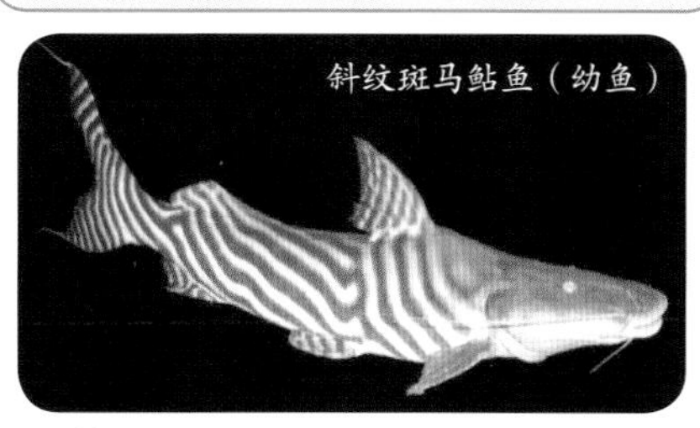

斜纹斑马鲇鱼（幼鱼）

饲养难度：★★☆☆☆

市场价位：★★★★★

分布：秘鲁

体长：可达 70 厘米

水质：pH6.5~7，硬度 71~161 毫克 / 升（4~9° dH），水温 22~28℃

Aucheoglanis occidentalis

梅花鸭嘴鱼（歧须鲇科）

（长颈鹿鲇鱼、豹纹项鳠鱼、牛头鸭嘴鱼）

梅花鸭嘴鱼

饲养难度：★★☆☆☆

市场价位：★★★★☆

分布：非洲大河、坦噶尼喀湖等地

体长：小于 45 厘米

水质：pH6.5~8，硬度 89~286 毫克 / 升（5~16° dH），水温 22~27℃

Pseudoplatystoma fasciatum（粗纹）*P.coruscans*（细纹）

虎纹鸭嘴鲇鱼（花鲇科）

（虎鲇鱼、鸭嘴鼠鱼、虎皮鸭嘴鱼）

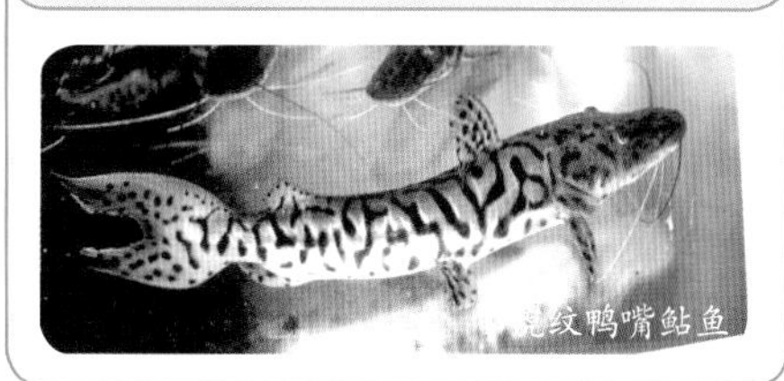

虎纹鸭嘴鲇鱼

饲养难度：★★☆☆☆
市场价位：★★★★☆
分布：亚马孙河干支流中下游
体长：70~100 厘米
水质：pH6.5~7，硬度 71~161 毫克 / 升（4~9° dH），水温 23~28℃

简介 作为观赏鱼的鲇形目鱼，绝大部分品种来自南美洲，其次为非洲，其他地区甚少。东南亚的玻璃猫鱼是鲇形目观赏鱼中的“超级明星”，可惜只是“一枝独秀”。大型鲇鱼绝大部分出自南美洲，尤其是亚马孙河，但世界上最大的鲇鱼却是产自欧洲和东南亚的湄公河等处，体长可达 3 米。亚洲的恒河及东南亚的大河都捕获过体长 2 米左右的食人鲇鱼，也许只因并不美观，故无人将该种鱼作为观赏鱼。鲇形目观赏鱼大部分为“扁嘴鸭子”和“大胡子山羊”，具夜行性、杂食性，耐粗放或较耐粗放，能利用空气中氧气的“鳃花”是其辅助呼吸器官。据说有的种类如同鳅科鱼，可用皮肤与肠子进行 CO_2 与 O_2 的交换。令人琢磨不透的是鲇鱼在湿地上的定向“移民”现象等，这增加了鲇鱼的神秘感。

饲养模式 鲇形目鱼中的小型鱼和小幼鱼可用小型缸暂养几个月，然后换中型缸饲养。中型鱼及不大的幼鱼可用中型缸饲养几个月，然后换大型缸饲养。因鲇鱼多是食欲旺盛的鱼，排泄物多，所以不但要进行过滤，而且还要视缸的大小配备相应的潜水泵和过滤缸池等，时刻关注过滤的质量，此外还要适时对水。

水质 除按上述水质的指导数值进行调控外，还应了解以下几点：甲鲇鱼虽对水质不太苛求，但要养出高观赏价值的鱼，仍不能太随意，特别要注意光线是否适中，氮素是否超标。美鲇鱼也有类似情况，很好地调控美鲇鱼的水质，对美鲇鱼的自然繁殖（而不是像一些甲鲇鱼一样要进行激素注射）很有好处。歧须鲇鱼来自非洲，要特别注意东部非洲鲇鱼和其他鲇鱼的水质管理不同，东部非洲鲇鱼适应高硬度，甚至较高含盐量（坦噶尼喀湖含盐量较高）的水质，这区别于产自世界其他地方所有鲇鱼所需要的水质。鲇科鱼和美洲花鲇鱼水质有相似性，即大部分适于弱酸性水质，少部分适于中性水质，但此两类鱼因所处的地域不同，对水质硬度、温差等方面的要求有较大差异，应注意品种的区别。

饵料 大型鲇鱼及大规格中型鲇鱼一般均为捕食性、荤食性鱼，除提供小杂鱼外，应该尽早训练它们吃适口鱼肉片块等。其他中小型鲇鱼，如美鲇鱼、甲鲇鱼，多系杂食性，它们可以长时间依赖青苔、青菜等“过日子”，但对所有荤食来者不拒，如比较普遍使用的水蚯蚓活饵，它们也能很好地接受。甲鲇鱼和美鲇鱼是公认的水族缸中的清道夫，但琵琶鱼等品种饲养时若缺乏素食是养不好的。一般鲇鱼的饲养都不难，关键要提供充足的素饵，每周提供水蚯蚓、鲜冻鱼肉片块、血虫等荤食 2~3 次，此外还应增加鱼缸的光照，让缸壁长“绿”。

繁殖 美鲇鱼的繁殖一般比较容易，成熟的鱼在 23~25℃水中生活较长一段时间后便可繁殖。繁殖前雌、雄鱼显得非常活跃，有的雌鱼用口把雄鱼集中排出的精子搬运到比较明亮的缸壁或光滑的其他物体上，然后雌鱼产卵，或把事先产在双臀鳍包裹的卵子，“平贴”在自己搬运过来的精子上，让卵子着落时受精。当水温在24℃左右时，受精卵大约144个小时后孵化出蝌蚪状仔鱼，仔鱼还要等48小时“瘦身”后正常摄食。

其他鲇鱼的繁殖都不是很容易，它们各有各的方式。例如歧须鲇属鱼如果没有现成的洞穴等集卵巢可利用，它们会在沙上掘坑，在坑中产卵排精，并接着进行护卵；黄金大胡子等类鱼也大抵为这种繁殖方式。但歧须鲇属中倒有奇特的例外者，如杜鹃猫鱼，不但能护卵，还能作短时间的“口孵”，然后把口中之卵混入坦噶尼喀湖其他口孵鱼刚产下的卵堆中。口孵鱼雌鱼用大嘴孵化那些卵，结果只见到杜鹃猫鱼仔，杜鹃猫鱼做了杜鹃鸟才会的“寄仔于他人”的勾当。鲇鱼中有的（如鲤科的金鱼等一样）也用排挤法繁殖，鲇科、花鲇科一些大型鲇鱼由养殖场专业人员注射激素（要2次），10~14小时之后可在较大水体中自行产卵。大中型鲇鱼中相对比较容易繁殖的要算琵琶鱼，据说它们有挖坑掘洞的习性，把卵产在洞穴或隐蔽处。不过也可以注射催产，故琵琶鱼销量可观，价格不是很贵。其他甲鲇鱼也有部分同琵琶鱼相同或相似，故此类鱼产量渐增、价格渐降。

本目鱼体形奇特，鳞甲体纹等漂亮的不少，包括红直升机鲇鱼、白点蜘蛛鲇鱼、绿皮皇冠鲇鱼、陶瓷娃娃鲇鱼、皇冠直升机鲇鱼、长鳍咖啡鼠鱼、黑珍珠鼠鱼、紫罗兰鼠鱼、珍珠满天星鱼、高身豹鼠鱼、豹兵鲇鱼、熊猫鼠鱼、倒游鲇鱼、黑豆倒吊鼠鱼、大眼木纹鼠鱼、耳斑鲇鱼（小精灵）等数十种。它们的饲养方法与前述相近品种相似。

老鱼友热线

1. 虎纹鸭嘴鲇鱼有什么特殊习性？

答：虎纹鸭嘴鱼个体大而长，同一般鲇鱼一样具夜行性，体被暗褐斑驳花纹，有极好的隐蔽和迷惑作用。胆小，受惊动时蹿跳撞缸，宜养在静而较暗处。

2. 饲养此类鱼应注意什么问题？

答：此类鱼眼小，且视觉不灵敏，但嘴边几对触须敏感管用，鱼块等一碰及触须便会被“吸”入口中吞入。但敏捷的活饵料鱼却不易捕到，应补充投喂鱼肉块。另外，该鱼胸鳍外缘为一硬棘，上有倒钩，这会伤人，应特别注意；捕捞时倒钩也容易被尼龙捞网“拖住”，结果鱼一挣扎，胸鳍外缘的倒钩棘便被拖离鱼体，引起局部流血。但毕竟虎纹鸭嘴鱼等为大型鱼，流血过后并无大碍，两个月后胸鳍外缘硬棘再生，且逐渐变硬。因而，捞网网眼不能太大，以80目左右的为好。

3. 为什么鲇鱼可喂夜宵?

答：许多鲇鱼为夜行性鱼，眼小须长，长须往往能派上大用场。它们白天潜伏于阴暗处，夜晚活动捕食。养大型或较大型鲇鱼，经常会在夜间听到噼里啪啦的水声，其实是它们一伙在“翻江倒海”。此类鱼真可谓“阴阳颠倒”，最好喂夜宵。

4. 歧须鲇鱼可同一般鱼随便组缸吗?

答：最好不与非夜游性鱼组缸，因为歧须鲇鱼天生6根敏感的须和1对大眼睛，善于夜晚观察，一到夜晚便十分活跃，普通鱼被吵得不得安宁。因此，歧须鲇鱼最好单独或与同习性鱼组缸。

珍珠魟鱼、梅花魟鱼、施氏鲟鱼、斑点尖吻鳄鱼、七星刀鱼、魔鬼刀鱼、蝴蝶鱼

奇趣鱼

Potamotrygon motoro

珍珠魟鱼（鳐目魟科）

（三色满天、星魟鱼、星点淡水魟鱼）

珍珠魟鱼

饲养难度：★★★☆☆

市场价位：★★★☆☆

分布：亚马孙河及支流中下游

体长：60~100 厘米

水质：pH6~7，硬度 71~143 毫克 / 升（4~8° dH），水温 23~28℃

Potamotygon sp.

梅花魟鱼（鳐目魟科）

（三色满天、星魟鱼、星点淡水魟鱼）

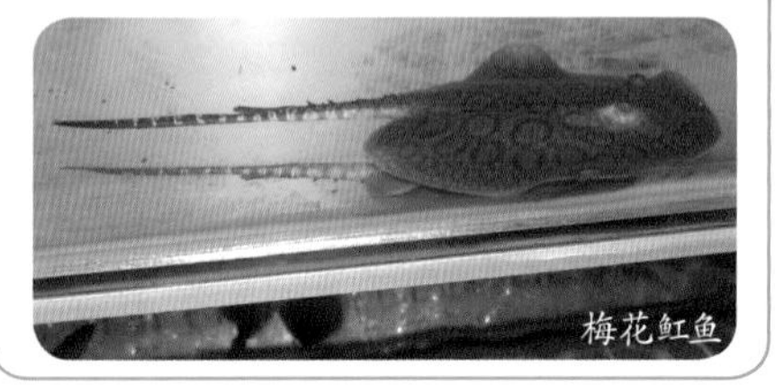

梅花魟鱼

饲养难度：★★★☆☆

市场价位：★★★★☆

分布：亚马孙河流域

体长：40 厘米左右

水质：pH6~7，硬度 89~214 毫克 / 升（5~12° dH），水温 23~28℃

Acipenser schrenckii

施氏鲟鱼（鲟形目鲟科）

（刺背鲟鱼）

施氏鲟鱼

饲养难度：★★☆☆☆

市场价位：★★★☆☆

分布：黑龙江水系

体长：可达 150 厘米

水质：pH6.5~8，硬度 89~268 毫克 / 升（5~15° dH），水温 17~25℃

Lepisosteus osseus

斑点尖吻鳄鱼（雀鳝目雀鳝科）

（牙龙鱼、斑点雀鳝鱼）

饲养难度：★★☆☆☆

市场价位：★★★☆☆

分布：北美东部，古巴、墨西哥及美国密西西比河、五大湖水系（加拿大）

体长：80~90 厘米

水质：pH6~8，硬度 54~446 毫克 / 升（3~25° dH），水温 20~28℃

Notopterus chitala

七星刀鱼（鲱形目弓背鱼科）

（东洋刀鱼）

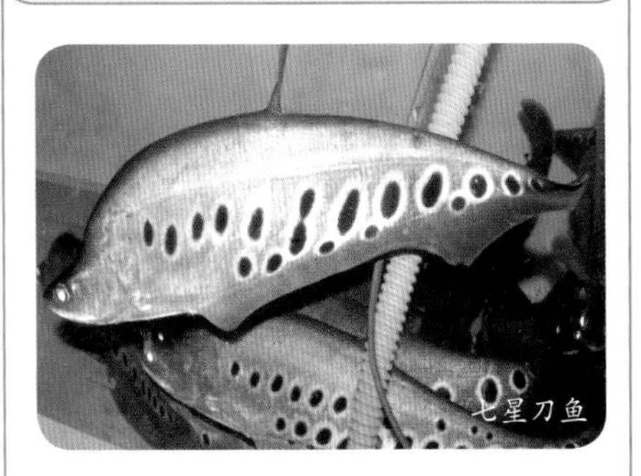

饲养难度：★★☆☆☆

市场价位：★★★★☆

分布：印度、泰国、缅甸

体长：50~90 厘米

水质：pH6.5~7.5，硬度 89~214 毫克 / 升（5~12° dH），水温 24~28℃

Apteronotus albifrons

魔鬼刀鱼（电鳗目线鳍电鳗科）

（黑魔鬼鱼、光背电鳗鱼、裸背鳗鱼）

饲养难度：★★☆☆☆

市场价位：★★★★☆

分布：圭亚那河、亚马孙河中下游

体长：45~50 厘米

水质：pH6~7，硬度 71~143 毫克 / 升（4~8° dH），水温 22~26℃

Pantodon buchholzi

蝴蝶鱼（鲈形目齿蝶鱼科）

（须鳍跳鱼、飞鱼）

饲养难度：★★★★☆

市场价位：★★★★☆

分布：西非、刚果河流域

体长：12 厘米左右

水质：pH6.3~6.8，硬度 71~178 毫克 / 升（4~10° dH），水温 24~27℃

简介 上述几种鱼被称为奇趣鱼各有原因，例如淡水魟鱼有个别品种如圆盘贴于水底或眼格外突出。雀鳝鱼的吻酷似鳄鱼，有的比鳄鱼的还要尖，像只小鳄鱼。七星刀鱼体形像一把利刀，个头大者可达 1 米。魔鬼刀鱼全身黑色，尾尖如铁线，侧观口形如虎，该鱼能发出微弱电流探测周围动静，以利捕食等。蝴蝶鱼为淡水表层鱼类，遇小飞虫等在水面附近时能跃起扑食，其胸鳍已特化如翼。

饲养模式 珍珠魟鱼等要宽缸饲养，如果只养 1~3 尾，则缸长应该是河魟鱼直径的 6 倍左右，养七星刀鱼的缸，其长度至少应该是七星刀鱼体长的 4 倍。饲养这些鱼一般都要求潜水泵强过滤，特别要预防水质变坏（氨含量、亚硝酸盐含量突增）。这些鱼中除了蝴蝶鱼外，其他鱼都要单独饲养，它们有的爱斗咬，有的是鱼“杀手”，有的是夜行性鱼且会发出电波惊扰其他鱼。

水质 上述鱼中长吻鳄鱼比较耐粗放，偶尔水质不当问题也不大，其他鱼则应该尽量维持在上述参考数值。

饵料 珍珠魟鱼为荤食性鱼，可捕食小鱼，一般能接受鱼肉块等荤食。长吻鳄鱼为捕食性鱼，可提供小鱼虾等。七星刀鱼系夜行性鱼，夜晚极活跃，捕食小鱼虾等也不费大力气，小鱼块、双壳贝肉等全能接受，食量大。魔鬼刀鱼的食性同七星刀鱼，同样喜欢在夜晚进食。蝴蝶鱼嗜食昆虫等小活饵，能飞起吞食在水面上飞翔的小虫。

繁殖 淡水魟鱼系卵胎生鱼，若发现正在“分娩”，应该进行隔离，以免仔鱼受伤害。长吻鳄鱼则要进行人工注射催产方能繁殖。七星刀鱼配对后在石头等硬质物上产卵，由亲鱼（雄鱼）护卵。魔鬼刀鱼为卵生，但繁殖细节不清楚。蝴蝶鱼行雌、雄鱼口孵，仔鱼孵化后仍暂留在亲鱼口中。总之，这些鱼均不易繁殖。

小贴士 奇趣鱼还有巴西蛇纹魟鱼、帝王魟鱼、象鼻鱼、双管象鼻鱼、短吻鳄鱼、非洲肺鱼、美洲肺鱼、珍珠龙鱼、多种海龙鱼等。它们的饲养方法可参考前述相近品种。

老鱼友热线

1. 饲养上述鱼要特别注意什么问题？

答：淡水魟鱼虽不会与其他硬骨鱼类争斗，但同类之间却互不相让，以大欺小的现象常发生，如果皮被咬破就失去了观赏价值。长吻鳄鱼幼鱼（体长 30 厘米以内）倒是可同相似体长的捕食性幼鱼同缸，但更大的鱼最好同种单养，以免相残。七星刀鱼个头大，稍小的鱼有可能被其当做大型饵来捕食，其食量大，长得也快，饲养前应有较充分的思想准备；水体小的要防其跃出缸外。魔鬼刀鱼同淡水魟鱼一样不能加盐，一般都不用药，慎防水质恶化。蝴蝶鱼则要加网盖，否则蝴蝶鱼会飞到老远的缸外，因在自然水域蝴蝶鱼常在水面巡视，一见飞虫便飞跃而起扑食之，其飞跃高度可高出水面近半米。

2. 上述奇趣鱼中是否数长吻鳄鱼最凶狠?

答:长吻鳄鱼的确面目狰狞,且越大越凶,尖嘴长满排牙,被咬住的鱼别想挣脱。长吻鳄鱼只在北美洲称霸,游得快的鱼它们无法捕食,“权势”有限。长吻鳄鱼若与其他肉食性鱼共缸,不可能占到便宜,其他肉食性鱼善于格斗,相当灵活,即使被长吻鳄鱼的长吻夹住也能轻易挣脱,古老的长吻鳄鱼不是其对手;其在南美洲更无法称霸了,大鱼捕食性鱼到处皆有。在一些大鱼或捕食性鱼集中的大水体观赏缸中,长吻鳄鱼屡遭他鱼下毒手,可能因为其太“孱弱”无力,也可能其游姿太慢条斯理,更可能的是散发出异味(擦破了皮等,其肉本身有臭味)而使他鱼疑为某种饵,于是成为其他鱼争相攻击的对象。一旦一尾被吞食,其同伴也难以幸免。在大鱼缸中,被肢解的还有斧头鲨鱼(虎鲨鱼)等。看来易被吃的肉食性鱼可能要同比自身更小的鱼共缸才安全。

3. 珍珠魟鱼等淡水魟鱼容易受害吗?

答:这类鱼似乎不容易被他鱼伤害。缸底若有细沙,则当大鱼猛扑过来的瞬间,淡水魟鱼拍动圆鳍,扬起一大团“尘雾”,挡住大鱼的视线,自己则乘机隐身于沙底,使大鱼无可奈何。万一被逮住了也还有机会逃跑,因为其体圆如大饼,大鱼不可能把“大饼”一口吞下,另外淡水魟鱼尾部的刺顶管用的,被其刺后可能被麻醉而有灼痛感。对于这样的非常鱼,大鱼也只好放弃。有人养淡水魟鱼把尾刺给摘除,以免伤人。

丽翼多鳍鱼、王多鳍鱼

古老奇趣鱼

Polypterus ornatipinnis

丽翼多鳍鱼(多鳍鱼目多鳍鱼科)

(大花恐龙鱼、黑花恐龙鱼)

黄丽翼多鳍鱼

饲养难度:★☆☆☆☆

市场价位:★★★☆☆

体长:60厘米左右

Polypterus sp. cf. *delhezi*

王多鳍鱼(多鳍鱼目多鳍鱼科)

(恐龙王鱼、花鳍恐龙鱼)

王多鳍鱼

饲养难度:★☆☆☆☆

市场价位:★★★★☆

体长:70厘米左右

简介 多鳍鱼是一种古老的鱼类，在所有鱼类中体形独特，尤以背鳍之多见奇。其生活的范围不大，中心分布区为刚果盆地及其北部环盆地的草原地带，地理纬度为 10° S~20° N。多鳍鱼为了适应草原干季气候，进化出了可直接利用空气中氧气的辅助呼吸器官，并可躲在无水而略潮湿的沼泽、干涸的泥层里，等待下一个雨季的到来。就此点而言，其极似草原鳉鱼与肺鱼（该地区肺鱼的历史比多鳍鱼更长）。因品种之异，它们的具体分布仍有些许差别，如丽翼多鳍鱼分布于乍得南部到坦桑尼亚。因常在水极浅或湿地上活动，胸鳍已进化为可支撑鱼体、上半截为肉质的鳍，这种鳍的结构被称为“鳍脚”；且因躲避天敌，选择了夜行性。野生多鳍鱼体长可达 1 米。

饲养模式 宜用清水、潜水泵过滤饲养，或在较大水体中浅滩浅水饲养。

水质 pH ≈ 7(6.4~7.5)，硬度 54~178 毫克 / 升（3~10° dH），水温 20~28 ℃，高温情况下水渐干后其能在湿淤泥中存活较久。

饵料 动物性杂食鱼类，幼鱼对一般活饵都能接受，成鱼与较大鱼喜食小鱼虾与黄粉虫等。

繁殖 因该属鱼相当耐粗放，大多数种繁殖亦相对不难，目前已能大量繁殖，故货源充足。该鱼卵较大、具黏性，幼鱼如同两栖类幼仔一样有外鳃。有点困难的是该类鱼体大，养至繁殖期一般已有 20 多厘米长（体也变宽）。体长 30 厘米的亲鱼产卵量可达 200 粒，雌鱼显得壮大腹满，应防止其吞卵。

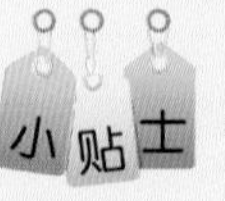

本类鱼还有草绳多鳍鱼、斜带多鳍鱼、虎斑多鳍鱼、黄（金）多鳍鱼等较常见。它们饲养方法与前述品种相似。

老鱼友热线

1. 养多鳍鱼类组缸时要注意什么问题？

答：几乎不必去考虑意外的发生，只需把相似规格的鱼养在一起即可。虽然本身也吃鱼，但仍不可与强捕食性鱼共缸。小鱼温顺可混养，大鱼不宜与较小他鱼共缸。据说饥饿时能攻击其他大鱼，包括较大甲鲇科鱼。

2. 多鳍鱼管理有什么特别需要注意的地方？

答：除上一点所述外，其他的似乎没有什么大问题。多鳍鱼的鱼鳔可能已退化而不起作用，不能如其他鱼一样悬浮于水中，不动时只能趴在水底。对游于水面或水中的活饵，其摄食能力有限，所以投饵时如果要特别照顾某些多鳍鱼，应在它们附近多投喂沉底的饵料。

FOREWORD

前言

逛花市、游植物园、参观各种花展是我的爱好之一，而照相机则是我参观游览时的标配。一旦发现感兴趣的花草，我就会记录下它们的靓影。对于不懂的植物，我会向专家、园艺高手咨询，或通过查阅资料等各种方法来弄清它们，有些种类还自己做了栽培试验，并将这些心得体会撰写成文。经过数年的积累，攒了不少照片和文字，其中不乏平时难得一见且富有趣味的奇花异草。于是，择其少见且有趣的种类编缀成书，算是圆了自己的“奇花异草梦”。

为了增加趣味性和可读性，书中以小贴士的形式，介绍了相关植物的文化渊源、趣闻轶事以及植物学小知识；结合花卉市场上存在的问题，介绍了在引种过程中辨假识伪、避免上当等方面的知识。需要说明的是，书名中的“我家”并不是单指我自己的“小家”，而是指所有爱好者的“大家”，意即这些奇花异草每个人都能在自家莳养欣赏，成为“我”家的萌宠。

在本书的写作过程中得到了《中国花卉园艺》杂志社王秀英，《中国花卉报》薛光卿、薛倩，《花木盆景》杂志社李琴，《花卉》杂志社徐晔春，以及李春华、张敏、王松岳、王小军、唐杰、刘磊、武爱丰、林少鹏、张文杰、刘涛、陈永刚、陈恒彬、梁坤、张尚武、王志香和网名“柚子茶”“兰馨若梦”“小狐狸 An”等朋友的大力支持。本书的部分图片摄自郑州植物园，广州华南植物园，南京中山植物园，北京植物园，郑州的人民公园、碧沙岗公园、紫荆山公园、绿博园、绿城广场，以及郑州贝利得花卉有限公司、郑州陈砦花卉市场等处，在此一并表示感谢。(以上个人、单位先后顺序无主次之分)

水平有限，付梓仓促，错误难免，欢迎指正！

兑宝峰

我家的奇花异草

目录 contents

1 第一章 认识奇花异草

- 奇花异草的概念 / 2
- 明辨真伪 / 5

10 第二章 叶之奇

- 食虫植物 / 11
- 空气凤梨 / 16
- 积水凤梨 / 20
- 鹿角蕨 / 21
- 垂枝石松 / 22
- 马赛克竹芋 / 22
- 缟蔓蕙 / 23
- 弹簧草 / 24
- 螺旋灯心草 / 29
- 假叶树 / 31
- 菲白竹 / 33
- 大花万寿竹 / 34
- 山麻杆 / 35
- 观叶秋海棠 / 36
- 西瓜皮椒草 / 38
- 金叶薹草 / 39
- 斑叶芒 / 40
- 石菖蒲 / 41
- 跳舞草 / 44
- 虎耳草 / 46
- 矾根 / 47
- 银蚕 / 49

51 第三章 花之异

- 银芽柳 / 53
- 龙游梅 / 55
- 美国夏蜡梅 / 57
- 大花四照花 / 58
- 山茱萸 / 59
- 菊花桃 / 60
- 松红梅 / 63
- 吊灯花 / 65
- 悬风铃花 / 66
- 大花芙蓉葵 / 67
- 越南抱茎山茶 / 68
- 金花茶 / 69
- 杜鹃红山茶 / 70
- 石楠杜鹃 / 70
- 马醉木 / 72
- 欧石楠 / 73

· 珙桐 / 74
· 鸡冠刺桐 / 75
· 火烧花 / 76
· 粉叶金花 / 77
· 红叶加拿大紫荆 / 78
· 郁香忍冬 / 81
· 天目琼花 / 82
· 绣球荚蒾 / 83
· 小岩桐 / 85
· 迷你海葱 / 86
· 酒杯花 / 86
· 蓝色朱顶红 / 88
· 彼岸花 / 88
· 忽地笑 / 90
· 尼润石蒜 / 90
· 百子莲 / 91
· 网球花 / 92
· 蒟蒻薯 / 92
· 鸢尾 / 93

· 火星花 / 97
· 仙火花 / 98
· 冷凉型酢浆草 / 99
· 嘉兰 / 101
· 水晶兰 / 103
· 风铃草 / 104
· 麦克兜兰 / 105
· 魔鬼文心兰 / 107
· 白仙女文心兰 / 108
· 白拉索兰 / 108
· 吊桶兰 / 108
· 猴面小龙兰 / 109
· 细叶萼唇兰 / 110
· 红尾铁苋 / 111
· 翠芦莉 / 113
· 萍蓬草 / 114
· 四色睡莲 / 115
· 王莲 / 116
· 观赏向日葵 / 117

· 花韭 / 120
· 紫娇花 / 120
· 美国薄荷 / 121
· 耧斗菜 / 122
· 露薇花 / 125
· 心叶球兰 / 126
· 地涌金莲 / 128
· 荷包牡丹 / 129
· 丛生福禄考 / 130
· 羽扇豆 / 131
· 猴面花 / 132
· 爆竹花 / 133
· 钓钟柳 / 134
· 龙吐珠 / 135
· 海石竹 / 136
· 铁线莲 / 137
· 金杯花 / 138
· 西番莲 / 138
· 帝王花 / 140

· 针垫花 / 141
· 木百合 / 142
· 姜荷花 / 143
· 蝎尾蕉 / 144
· 禾雀花 / 145
· 鹤望兰 / 146
· 黑种草 / 147
· 山桃草 / 148

149 第四章 果之妙

· 观赏枣 / 150
· 观赏茄 / 152
· 观赏辣椒 / 154
· 观赏南瓜 / 157
· 观赏葫芦 / 160
· 观赏谷子 / 161
· 观赏蓖麻 / 162
· 红果仔 / 162
· 北五味子 / 164
· 山菅兰 / 165
· 虎舌红 / 166
· 灯珠花 / 167
· 紫珠 / 167
· 风船葛 / 168
· 气球果 / 169
· 木瓜 / 170
· 木瓜榕 / 172
· 嘉宝果 / 173
· 人心果 / 174
· 红雪果 / 175
· 阳荷 / 175
· 金丝吊蝴蝶 / 176
· 北美冬青 / 177
· 茵芋 / 178
· 佛手柑 / 180

第一章 认识奇花异草

“好奇之心人皆有之”，种花赏花亦是如此。人们看惯了花朵硕大、色彩浓艳的牡丹、月季等热门常见花卉后，就开始将目光转向那些平时难得一见的奇花异草了。

如果将常见的牡丹、月季等比作国宴大餐，那么，那些来自山野的奇花异草就算是地方风味小吃了，尽管有些品种看上去不是那么抢眼，但其独特的风韵也令人耳目一新。而那些从国外引进的植物更是姿态万千，就像西餐一样，浓郁的异域风情令人回味无穷。例如产于热带雨林的各种洋兰以及各种观赏凤梨，或诡异奇特，或华贵时尚，极富魅力。

富丽堂皇的卡特兰

姿态万千的观赏凤梨

奇花异草的概念

热情鹦鹉郁金香

观赏南瓜

奇花异草，一般人认为是那些数量稀少、难得一见的花草。其实，还有一些植物尽管不是那么罕见，但其形态或者习性与众不同，或养的人不多的“小众、冷门”品种，亦可列为奇花异草的范畴。

奇花异草，并不全都是新品种花草，其中不少是产自山野或者栽培历史悠久的品种，只不过是因种种原因，鲜为人知罢了。像石菖蒲，很多古典文献中都有记载，而且还是文人案头的雅物，以此为题材的诗词绘画等文艺作品数不胜数，甚至还催生出专门用来种养石菖蒲的菖蒲盆。这一名噪一时的文人雅玩植物，后来随着大量“洋花”引进，就逐渐淡出人们的视野，花市也难觅其踪。尽管如此，石菖蒲独特的韵味还是受到不少爱好者的青睐，甚至还火了一把，用之制作的各种盆栽小品，雅趣盎然，颇有特色。

有一些奇花异草是从常见的观赏植物或食用植物中选拔出来的，以观赏为主要目的，前者像“鹦鹉郁金香”“黑旋风月季”“龙游梅”等，后者像观赏南瓜、观赏枣、观赏向日葵等。这些植物奇异的形态与其原种有着天壤之别，独特的观赏性令人惊叹：“想不到，桃花、南瓜、向日葵会长成这个样子！”此外，还有一些常见植物因自身变异，长相与众不同，而且也较为稀少，因而也被列为奇花异草，像大家熟知的并蒂莲以及铁树变异，等等。

并蒂莲

变异的铁树

小贴士

黑色和绿色花为什么稀奇

在丰富多彩的花儿王国中，黑色和绿色的花儿较为稀有，堪称凤毛麟角，这是什么原因呢？

黑色，能够吸收太阳中的全部光波，在阳光下升温很快。如果花朵是黑色的话，其组织很容易被灼伤，因此经过大自然的优胜劣汰，黑色花几乎是不存在的。人们通常所说的黑色花实为深红色或深紫红色等接近黑色的花，并不是真正的黑色花，即俗话说的“红得发紫，紫得发黑”，黑牡丹、黑郁金香、黑月季、墨菊等黑色花卉都是这样。

花，之所以醒目，主要目的就是为了吸引昆虫传粉。植物的枝叶多数是绿色的，若是绿色的花在青枝绿叶间很不起眼，很难吸引昆虫为其传粉。因此，在植物世界中，红、黄、白等色彩较为鲜亮的花远远多于绿色花。尽管如此，绿色的花还是有的，其中有些是大自然的孑遗物种，有些是自然变异的，有些则是人工培育的。像月季中的绿萼就是花萼发生变异，呈花瓣状，看上去像绿色的花朵。

绿萼月季

黑鹦鹉郁金香

豆绿牡丹

细距兰

黑牡丹

黑月季

奇花异草的范畴并不是一成不变的，有些常见花草因栽种的人少了，难以看到，就成为奇花异草；有些原本是奇花异草，因大量繁殖，随处可见，而成为大众花卉，像人们熟知的蝴蝶兰、朱砂根等。还有一些奇花异草是因地而异的，一些植物在原产地或与其气候相近的地区，并不是什么稀奇的东西，而换个地区，因气候或其他原因，种植得少了，难得一见，就成了奇花异草。像产于热带非洲的火焰木，其开花就难得一见；热带常见的水果莲雾，在北方地区就是珍奇植物，只能在植物园的温室内种植，一旦结果就成了稀罕之物。

火焰木

莲雾

茴香树的花

由于奇花异草栽培不是那么普遍，见过的人也不多，因此其命名也较为混乱，同物异名、同名异物、张冠李戴等现象屡见不鲜。

按其观赏部位的不同，奇花异草大致可分为观叶、观花、观果等类型。当然，也有一些植物叶、花、果都具有较高的观赏性。此外，还有一些植物的根、茎，甚至刺都有较高的观赏性，此类植物多集中在多肉植物中，本书就不做过多的介绍了。

小贴士

收集奇花异草要走正规渠道

奇花异草中的不少种类以“少”著称，普通花市很难看到，即便有，也是天价。于是，有些人就打起了“歪主意”：有的通过非正当渠道从国外走私进口，有的非法盗挖采集国家保护的珍稀植物，还有盗取或以其他不正当手段占有别人的植物，等等。其轻者受到社会舆论的谴责；重者触犯国家法律，入狱罚款，成为一辈子的污点，可谓得不偿失。因此，收集奇花异草一定要走正规渠道，在国家法规允许的范围内进行，切不可走歪门邪道。

明辨真伪

由于奇花异草的稀缺性，见过的人不是那么多，于是就有不良的商贩将一些野生植物冒充奇花异草，坑骗花友。因此，在选购引种时要擦亮眼睛，明辨真伪，以免上当受骗。

曾有花卉爱好者在某论坛上贴出照片，说有不良商贩将一种叫臭蒲的植物改名为“驱蚊香草”贩卖。商贩称该植物由湖北农科院教授石重农从神农架林区经反复提纯而得，具有驱蚊蝇、净化空气的功能，且一年四季常青，能开出红、紫、黄、复色等四种颜色的花。而在其他花市，也有人把这种臭蒲当作卡特兰的苗出售，坑害消费者。

被当作奇花异草出售的仙客来

有人把一些常见的花草改头换面，冒充奇花异草卖高价。像有的商贩把仙客来的叶和盛开的花朵摘除，只在块根上保留几个花蕾，当作进口的不知名珍奇花卉出售；把南方常见的魔芋块茎标上“天下第二奇花”出售。

类似这种以假充真骗人的把戏还有很多，一些非正规的花市流动商贩售假现象更甚：如在野外挖掘的野生植物上，加个鲜艳的花朵或奇特的果实，起个“人参果”“香水观音”之类的名字进行兜售，欺骗花卉爱好者。

小贴士

复生还阳草是真的吗

在一些农贸市场或街头巷尾、乡村集市的地摊上，常会看到商贩出售一种叫“复生还阳草”的植物，看上去干巴巴的，蜷缩成一团，就像干草一样，没有一点生机。宣传图片里的“复生还阳草”则叶片舒展，盛开着红、粉、黄、蓝、紫、白等五颜六色的花朵，非常迷人，号称“天下第一奇花”。其实，这种所谓的“复生还阳草”是一种蕨类植物，名叫卷柏，为卷柏科卷柏属多年生草本植物。其品种很多，或贴在地面成垫状，或植株多分枝成树状，但都有着“在极端干旱的环境中，植株蜷缩成拳状，遇吸足水分后则枝叶再度舒展，继续生长”的习性。因此，这种植物又有还阳草、还魂草、九死还魂草的别名。

所谓的“天下第一奇花”真正的名字叫卷柏

众所周知，包括卷柏在内的蕨类植物是依靠孢子繁殖的，是不会开花的。因此，可以断定商贩图片上的这些花，是有人将其他植物的花插在卷柏上拍的，或者用电脑PS(图片处理)上去的。其实，卷柏虽然不能开花，但叶色秀美，习性奇特，是一种非常可爱的小型蕨类，可以盆栽，也可以水养，用于装饰家居环境，显得典雅清秀，富有野趣。

卷柏小品

小贴士

石蒜冒充水仙

每年的冬春季节，在一些地方的农贸市场或街头巷尾，时常会看到流动商贩兜售一种叫“五彩水仙”的植物，其白花花的鳞茎呈群生状，而且鳞茎的大小基本一致，顶端有或黄或绿的新叶。其实，这种所谓的“五彩水仙”就是把几个石蒜（包括黄花石蒜、红花石蒜以及其他石蒜属植物）的鳞茎剥去黑褐色的表皮，用竹签或者铁丝将之串在一起而成的，以欺骗花友。

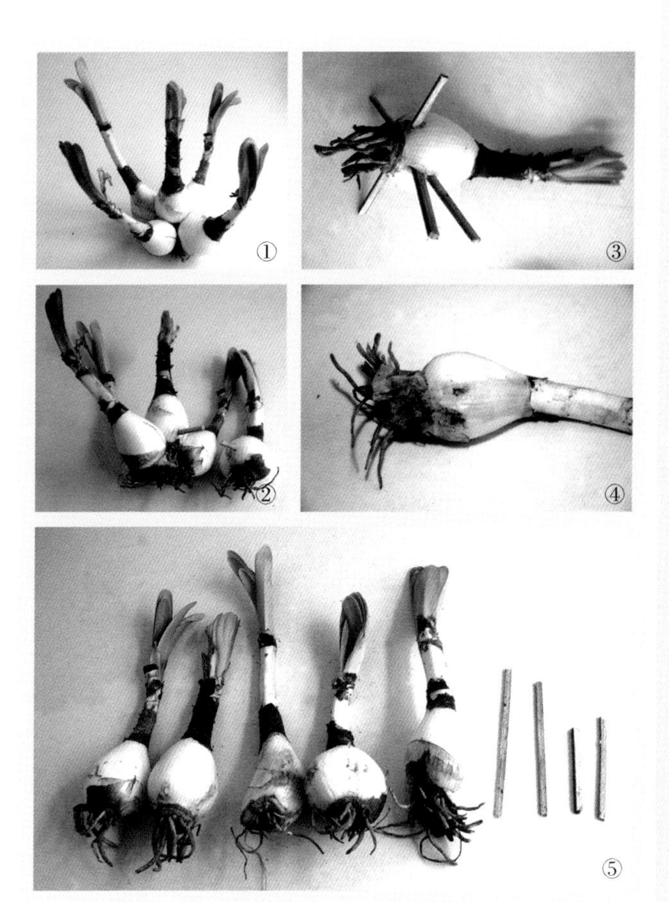

看看“五彩水仙”的真面目

上图中，①群生状的“五彩水仙”是用竹签穿起来的；②拔下一个鳞茎后，竹签就露出来了；③中间的主鳞茎上竟有4根竹签，其中两根是从鳞茎的中央穿心而过；④其中有个鳞茎伤口附近已经因感染病菌发黑，即将腐烂；⑤从中取出的竹签，最长的接近10厘米，短的也有5.5厘米。

辨别：水仙的鳞茎较大，而且较宽，外包膜颜色较浅，呈棕黄色，稍带褐色。主球周围的小球较小，很少能超过主球。石蒜的鳞茎较小，瘦长，外包膜颜色较深，呈紫褐色（商贩在出售前会将这层膜剥去，使之外表成白色）。主球周围几乎不生小球，如果是人为地将数个石蒜鳞茎穿在一起，其大小相差不大。

在网络上这类骗子更是数不胜数：有的将普通颜色的月季、蟹爪兰用电脑软件做成蓝色，号称“蓝色玫瑰（月季）”“蓝色蟹爪兰”；有的把一种叶子像兔子耳朵的番杏科多肉植物碧光环的叶子做成不同颜色，称为“七彩或彩色小兔子”；网上一些商家推出的所谓“新品种”碗莲。从淘宝网上的图片看，标名“七彩碗莲”的植物有两种，一种是一朵花能开出红、粉、白、浅绿、淡紫等颜色，如同绘画作品，美得有点失真了，另一种是将不同花色的热带睡莲组合在一起，其实这些花都是用电脑做出来的，现实中是不存在的。

所谓的“七彩碗莲”

小贴士

碗莲

碗莲，是指那些花径小于10厘米、株高不超过30厘米、立叶直径20厘米左右的荷花品种。由于碗莲植株不大，玲珑雅致，可供人在案头玩赏，故深受喜爱，其中的一些珍奇品种更是吸引人。一些商贩就抓住了爱好者喜欢珍稀品种的心理，将一些普通的莲花品种吹嘘得神乎其神，说成是珍稀品种，购买时切不可被这些美丽的图片所蒙蔽而上当受骗。

卖假种子的事件更是数不胜数，不少花友买到假种子播种后不出苗，即便是出苗也货不对板。有的花友经过数年的养护，等开花后才知道当初买的是假种子，而此时经销商不是蒸发得无影无踪，就是干脆死不认账，摆出一副死猪不怕开水烫的架势。消费者往往此时不想再为这几十元的种子花费更多的时间和精力，只得忍气吞声，不仅白白浪费钱财、时间和精力，自己搞得心情也不好。

那么，什么原因使得这些骗子肆无忌惮地行骗呢？

主要是“便宜”，这些商贩出售的东西都是几块钱或十几块钱的东西，而且广告宣传也做得非常好：精美的图片、巧舌如簧的游说，诱人的价格自然能吸引住花卉爱好者，尤其是那些缺乏经验、看什么都新奇的刚刚入门的花友。

其次是监管难，一般的工商人员或花市的管理方、淘宝网的管理者都不是专业的花卉工作者，他们对植物的鉴定经验不足，很难发现不良商贩卖的是假货；而一些游动商贩采取“打一枪，换一个地方”的方式，更增加了监管的难度。

其实，有点植物学常识的人都会看出，卖家对植物的介绍中有不少常识性的错误。可见，卖家对该植物的了解并不是很多，甚至可以说是白痴，只不过是编造谎言，将普通植物吹得天花乱坠，蒙人骗钱而已。有意思的是，所有卖这类植物的网店都是用一张照片，而且全部以种子的形式出售，并赋予“吸收电磁辐射、净化空气、除尘、杀毒”等多种功能，有的商家还打出了“全网独家销售”的牌子，以增加其卖品的稀有程度。此类的骗术很多，

看看骗子把所谓的“香水观音”吹嘘得多么神奇

这所谓的“人参果”照片处理痕迹太明显了吧

像网上的纯蓝色蟹爪兰、玫瑰、月季等，明眼人一看就知道是假的。尽管如此，仍有一些人，尤其是刚刚入门的新手容易上当受骗。喜欢珍奇植物的朋友可要擦亮眼睛，切不可被那些吹得神乎其神的花言巧语所忽悠，上当受骗。

看看图中的文字：“本花卉经过农科院反复试验成功，室内盆景，是一种多年生长肉质根木科植物，它采用了世界最先进的基因突变技术药物嫁接，有着牡丹花、玫瑰花、含羞草的基因。有三大特点：1. 香味发自萌芽状态，香味可是米兰 10 倍。2. 花期可达 280 天，并有着反季节能力，调节老年人睡眠有着特效。3. 在感应下花朵可前后、左右摇摆，寿命可达 50 年以上。”这些能信的吗？这其中没有一项能经得起检验，仔细推敲几乎每句都有漏洞：“农科院”各省都有，“室内盆景”花能开那么艳？“根木科”更是子虚乌有……

第二章 叶之奇

叶，是植物的重要器官。它可以通过光合作用，吸收二氧化碳，释放出氧气，合成自身所需要的物质；在一定程度上叶还有吸收水分和养分的功能。叶子的形状千变万化，色彩除了常见的绿色外，还有红、紫、黄、白等颜色，甚至同一种植物在不同的季节、不同环境中也会呈现出不同的颜色，同一片叶也会有不同颜色组成的花纹和图案；而跳舞草、含羞草的叶子在特定的环境中都会动；食虫植物的叶子会捕食昆虫等小动物，其奇特的习性，令人倍感神奇。

金线莲

观赏凤梨

棕榈酢浆草

金凤凰铁树

观叶植物就是以叶子为主要观赏主体的一类植物，在观赏园艺中占据着极为重要的地位，其中的不少种类具有观赏期长、形态奇特而富有趣味等特点。

食虫植物

植物也能吃虫子？在常人的眼里，这简直是“天方夜谭”；但在大自然中，的确存在着能吃虫子的植物，这就是食虫植物（也称食肉植物、肉食植物）一族。目前已知的食虫植物有10科21属600多种。它们大多生活在土地贫瘠的高山湿地或低地沼泽中，靠根系很难吸收到充足的养分，因此只有经常捕获一些昆虫之类的小动物来开开“荤”，将其消化吸收，以补充土壤中营养物质的不足，用这种特有的方式顽强地生存着。

食虫植物是一种充满趣味的小型植物，其形态跟我们常见的植物有很大的区别，酷酷的外形很符合时下流行的求新、求奇、求怪审美口味，其独有的魅力令人称奇。

食虫植物组合 A

食虫植物组合 B

猪笼草（*Nepenthes* sp.） 在有些地区也称雷公壶，为猪笼草科猪笼草属植物的总称，约有129个原生种。多年生草本或半木质化藤本灌木，株高约3米，在原产地植株可攀缘于树木或沿地面而生。其主叶结构复杂，大致可分为叶柄、叶身和卷须3部分。叶身椭圆形，卷须末端是呈瓶状的“叶笼”；其瓶口边缘较厚，上有小盖，生长时小盖张开，不能再闭合；叶笼的颜色以绿色为主，有褐色或红色的斑点或斑纹，还有整个叶笼都呈红色、褐色甚至紫色、黑色的品种；其大小因品种而异，有些大型杂交种能盛水 300 ~ 400 毫升。这个“笼”对于昆虫来说是个美丽的陷阱，其内壁光滑，笼底能分泌黏液和消化液，还有气味引诱昆虫之类的小动物入内，而小动物一旦落入笼内，就很难逃出，最终被消化和吸收。

猪笼草

猪笼草原产亚洲的热带地区，在原产地生长在大树下或岩石的北边，为附生植物。喜温暖湿润的半阴环境，不耐寒，怕干旱和强光暴晒。对水分很敏感，在较高的空气湿度下叶笼才能正常发育。宜用草炭土或腐叶土、水苔、木炭和树皮屑混合而成的基质栽培。

猪笼草可用扦插或播种的方法繁殖。

瓶子草（*Sarracenia purpurea*） 为瓶子草科瓶子草属多年生草本植物的总称。植株无茎。叶基生，中空如小瓶状；新叶绿色，老叶红褐色；叶的顶端还有个波浪状的“盖”，“盖”绿色，带有红色的血管状脉纹。其外形和功能都与猪笼草的“笼”接近，是用来捕获昆虫的美丽陷阱。“小瓶”先是释放出带有毒素的香甜蜜汁，引诱昆虫前来食用，昆虫吃后昏昏欲睡，就会掉入这个“小瓶子”内，而瓶内分泌的消化液能将这些

瓶子草

误入陷阱的昆虫消化吸收。瓶子草有10种左右，各种间叶子的高低和颜色有一定的差异。

瓶子草产于北美洲大西洋沿岸养分贫瘠的沼泽地带，喜阳光充足和温暖湿润的环境，不耐旱，稍耐寒。土壤要求疏松透气，但不必富含养分，可用泥炭土加珍珠岩或粗沙混合配制。

瓶子草可用分株或播种、叶插繁殖。

茅膏菜（*Drosera peltata*） 为茅膏菜科茅膏菜属多年生草本植物的总称。植株有明显的茎。叶互生或基生，密集呈莲座状；叶片半月形，中间边缘有许多的腺毛；腺

不同品种的茅膏菜

毛顶端膨大，紫红色，能分泌黏液，引诱昆虫之类的小动物前来觅食。昆虫触到腺液时，腺毛立即收缩将昆虫捕获，然后将其消化吸收。总状花序，花生于一侧，白色或带红色。品种很丰富，各品种间形态、色彩都有很大的差异。其腺毛分泌的黏液像一个个晶莹的露珠，玲珑剔透，非常可爱。

茅膏菜在世界各地都有分布，喜温暖湿润和阳光充足的环境，可用泥炭土或沙质土壤种植。

茅膏菜可用播种或分株繁殖。

捕蝇草（*Dionaea muscipula*）　也称食蝇草，为茅膏菜科捕蝇草属多年生草本植物。叶基生，呈莲座状排列，宽大的叶柄很像叶片，而其真正的叶片则为近圆形，分成两半，酷似“贝壳”；“贝壳”的边缘有许多长长的刺毛，当有小虫闯入时，这个“贝壳”能极快地将其夹住，并消化吸收。伞形花序顶生，花白色。捕蝇草的园艺品种十分丰富，约有600个，既有组培产生的变异品种，也有一部分杂交品种。

捕蝇草“捕”住苍蝇

不同品种的捕蝇草

捕蝇草原产北美洲的东南部，习性跟瓶子草近似，也是生长于沼泽地带。不过，捕蝇草夏季要求低温凉爽，应适当遮光，以防烈日暴晒；耐寒性稍差，冬季需要防霜冻。可用泥炭藓或泥炭土种植。

捕蝇草可用播种或分株、叶插繁殖。

捕虫堇（*Pinguicula alpina*）　也称高山捕虫堇，狸藻科捕虫堇属草本植物。植株低矮。叶片像花瓣一样，呈莲座状生长；肉质，光滑，质地较脆；大都呈现明亮的绿色或者粉红色，表面有细小的腺毛；腺毛分泌黏液，能粘住昆虫。大多数品种的叶片边缘向上卷起（如艾斯、费洛里），这种凹形结构有助于防止猎物逃脱。叶因品种不同，长 2 ~ 30 厘米不等，通常呈水滴形、椭圆形或线形。一些品种还能在叶片末端长出新的植株，比如异叶捕虫堇和樱叶捕虫堇。花序从莲座状中心长出，可长多根花茎，一茎一花，为单生花。花左右对称，花色有紫、蓝、粉红、白、黄等多种颜色。种荚椭圆球形；种子多数，椭圆球形或长球形，细小，种皮具网伏突起，有时两端成翅状。

艾斯

费洛里

捕虫堇除了广泛分布于澳洲外，其他各大洲也有分布，全属约有 130 种。除迷你捕虫堇、沙氏捕虫堇、齿瓣捕虫堇和高木氏捕虫堇等少数种类为一年生的外，多数为多年生植物。大致可分为温带种群、热带种群两大类型，其中的热带种群又可分为热带休眠种群和热带不休眠种群两大类。

温带捕虫堇多生长于高纬度、寒冷的地区，存活温度在 -10 ~ 30℃，最佳生长温度 10 ~ 20℃，是最怕热的一类食虫植物。夏季若没有降温设备，栽培比较困难。冬季时能够以休眠芽的方式度过 -10℃的低温，栽培上应保持基质稍干一些。大多数品种还会在休眠芽的基部长出冬芽，这些冬芽在来年春天会发芽长成新的植株，但它们非常脆弱，在移植时要小心。

热带捕虫堇不像温带捕虫堇那么耐寒，存活温度一般在 0 ~ 32℃，最佳生长温度 15 ~ 25℃，比温带捕虫堇偏高一些，但仍然比较怕热。热带不休眠种群一年四季变化不大，且都能捕食昆虫。热带休眠种群冬季会长出没有黏液的肉质叶，休眠时基质需更干燥一些。

捕虫堇喜欢明亮的散射光，怕烈日暴晒，对湿度也比较敏感，当空气相对湿度连续数天低于 40% 时就有可能影响其生长。在疏松透气、干爽、酸碱度偏中性的基质中生长良好，可使用泥炭、珍珠岩、蛭石，以1∶1∶1的比例混合。蛭石呈弱碱性，可减弱泥炭的酸性，提升基质的 pH 值。产自墨西哥的捕虫堇大多生长于碱性的土壤中，基质中可加入10%～20%的粉笔、石膏颗粒。其实，墨西哥捕虫堇在中性的土壤中也能生长良好。

平时可将花盆置于有水的水盘、玻璃缸等容器中，使水自行渗透至整个花盆。只要保持水盘中有深1厘米左右的水，就能使基质保持潮湿。

捕虫堇可用播种、分株的方法繁殖，某些品种（像墨西哥捕虫堇）还可用叶插的方法繁殖。

小贴士

食虫植物用水有讲究

需要指出的是，无论什么样的食虫植物对环境的要求都比较高，像茅膏菜、捕蝇草、瓶子草最好用水苔种植，此种栽培法干净卫生，而且效果很好。食虫植物对水质的要求也很高，北方地区由于自来水中含有过多的盐分，长期用其浇灌，这些盐分会糊在植物的根部和叶子上，堵塞了呼吸的气孔，从而造成栽培失败，严重时甚至造成植株死亡。因此，最好用纯净水或蒸馏水浇灌，如果用自来水的话，最好经过沉淀后再使用。

空气凤梨

空气凤梨简称“空凤”，还有空气花、空气草、木柄凤梨、空气铁兰等别名，因不需要栽种在泥土中，只要放在空气中就能正常生长而得名。其品种繁多，形态各异，既能赏叶，又可观花，具有装饰效果好、适应性强等特点，不用泥土即可生长茂盛，并能绽放出鲜艳的花朵；可粘在古树桩、假山石、墙壁上，放在竹篮里、贝壳上，也可将其吊挂起来，用于点缀居室、客厅、阳台等处，时尚清新，富有大自然野趣。

形态特点

空气凤梨（英文 Air plant）为凤梨科铁兰属（*Tillandsia*）多年生气生或附生草本植物。因品种的不同，植株差异很大，有的群生直径可达2米，而小的还不到10厘米。植株呈莲座状、筒状、线状或辐射状。叶片有披针形、线形，直立、弯曲或先端卷曲；叶色除绿色外，还有灰白、蓝灰等色，有些品种的叶片在阳光充足的条件下，叶色还会呈美丽的红色；叶片表面密布白色鳞片，但植株中央没有“蓄水水槽”。穗状或复穗状花序从叶丛中央抽出，花穗有生长密集而且色彩艳丽的花苞片或绿色至银白色苞片，小花生于苞片之内，有绿、紫、红、白、黄、蓝等颜色，花瓣3片，花期主要集中在8月至次年的4月。蒴果成熟后自动开裂，散出带羽状冠毛的种子，随风飘荡，四处传播。

空气凤梨包含有550个种及130个变种。其形态丰富多彩，有的像章鱼，有的像老人胡须，有的像绸缎做的花朵……千姿百态，极具个性美。

空气凤梨

生长环境

空气凤梨的大部分品种原产于中、南美洲的热带或亚热带地区，生长在平地直至海拔3000米的高山区，气候特点是干旱少雨、阳光强烈、温度变化很大，但终年都有雾气的滋润。独特的生态环境使空气凤梨有着与众不同的习性，在原产地这些植物依附在仙人掌、石壁、朽木、电线、电线杆、屋檐等处，在毫无泥土或堆积物的空气中生长。因此，种植时不需要花盆和泥土，可以把它吊起来、挂起来，

种植在枯木上的空气凤梨

鸡毛掸空气凤梨

叶子扭曲的空气凤梨

空气凤梨的根

空气凤梨的花

空气凤梨壁画

空气凤梨摆件

还可用胶把它粘在枯木、岩石、墙壁等物体上，或放置在其他浅容器里。如果盆栽，可用颗粒较粗的砾石、石子等做栽培介质，以起到固定植株的作用。

空气凤梨耐干旱、强光，但在温暖湿润、阳光充足、空气流通处生长更好。其根系很不发达，有些品种甚至没有根，即便有根也主要是起固定植株作用，吸收水分和养分的功能倒在其次，有些种类的根系甚至不能吸收养分和水分。那么空气凤梨是怎么吸收水分的呢？如果我们仔细观察就会发现，其叶面上有许多白色小鳞片，这些鳞片多呈盾形，空气中水分或雨水会被其凹陷处的气孔截获，缓慢地通过薄壁细胞的空隙渗透到植株体内。在通常情况下，这些鳞片中的气孔在温暖较高、空气相对干燥的白天，处于半闭合状态，以减少水分的蒸发；而到了温度较低、蒸发量较小、空气湿度较大的夜晚则完全打开，以吸收空气中的水分。

养护

空气凤梨对阳光的要求因品种而异。叶子较硬、呈灰色的品种，需要充足的阳光或较强的散射光；而叶片为绿色的品种，对光线要求不是那么高，在半阴处或室内都能正常生长。生长适温为 15 ~ 25℃，如果温度高于 30℃应加强通风。空气凤梨冬季能耐 5℃左右的低温，某些品种能耐 0℃的低温，但大多数品种低于 5℃则会受冻，低于 0℃植株就会死亡。

生长期可经常向植株喷水，以增加空气湿度，使其正常生长。喷水时间以夜晚或清晨太阳未出时为佳，不要在烈日下喷水。喷水时喷至叶面全部湿润即可，不要让植株中心积水，以免造成烂心。如果空气相对湿度在 90% 以上，完全不用管它都可以生长。在长期缺水的情况下，植株会收缩，叶片也会卷起来，叶尖干枯。如果遇到这种情况，可将植株放在清水中浸泡一段时间，等其吸饱水分后再捞出来，并甩掉植株上残留的水分。盆栽植株要避免介质潮湿，更不能积水，以保持干燥为佳。在水质较硬的北方地区最好用蒸馏水、纯净水或其他 pH 值较低的水向植株喷洒。

空气凤梨虽然不施肥也能生长，但生长缓慢，开花也稀少。为了使其生长健壮，多开花，可在生长旺盛时每 20 ~ 30 天喷施 1 次花宝或磷酸二氢钾加少量尿素（或其他氮肥）的 2000 倍稀释液，冬季和花期停止喷施。

繁殖

空气凤梨的繁殖以分株为主，每年的花后植株周围会长出许多小株，等这些小株长到一定大小时用锋利的刀将其切下，3 ~ 5 天内不要喷水，等伤口干燥后再进行正常管理。如果能采集到种子，也可用播种的方法繁殖，但小苗需要 3 年以上才能开花。

积水凤梨

积水凤梨为凤梨科积水凤梨亚科植物的统称，有 31 个属 800 余种。植株中央由叶片形成的碗状空间能够积聚雨水，这是叶片的生长点，也是开花的出花点，“积水凤梨”之名也因此而得。由于叶片包围密实，水分可以保存很长时间而不会流失，在热带雨林中，为蛙类等小动物提供了生长繁衍所需要的水分，也为其后代——蝌蚪提供了良好的生存空间。

积水凤梨以奇特的株型、斑斓多彩的叶色取胜。植株大小差异很大，从迷你型到超大型的都有。既可单株盆栽欣赏，也可将不同种类的积水凤梨，甚至与空气凤梨搭配，制成不同风格的景观、热带雨林造景缸，以表现其特有的生态之美。

叶色斑斓的积水凤梨

积水凤梨与空气凤梨组成的热带雨林景缸

积水凤梨热带雨林景缸

积水凤梨与空气凤梨组合

养护

积水凤梨在原产地多生长在雨林的树梢上，充足的阳光是保证其叶色靓丽的必要条件；如果光照不足（包括光照强度和光照时间），叶片就会失去某些色彩，但即使这样其优美的株型还是具有较高的观赏性。在叶的中心部位，保持一定的水分，并注意水质的洁净，避免发臭变质。土壤则不必过湿，以免烂根。栽培介质要求排水透气性良好，pH 在 5.5 ~ 6 之间，并具有一定的颗粒度。因为积水凤梨与空气凤梨一样，根系只是起到固定植株作用，并不是用来吸收养分和水分的，如果土壤通透性不好，很容易造成烂根。

积水凤梨虽然有一定的耐寒性，但仍要避免霜冻，冬季宜放在室内光照充足处越冬。

繁殖

以分株为主。积水凤梨成年开花后，叶子就不再生长了，开始萌发侧芽。等芽长到一定大小时，剪下，伤口晾干后种植，就成为新的植株了。此外，也可通过人工授粉，获取种子，进行播种繁殖。如果运气好的话，还可获得新品种。

鹿角蕨

鹿角蕨（*Platycerium wallichii*）也称麋角蕨、蝙蝠蕨、鹿角羊齿，为水龙骨科鹿角蕨属多年生附生草本植物。根状茎肉质，短而横卧，密被鳞片。叶 2 列，有 2 种类型：一种是大而明显，伸展于空气之中，状似麋鹿角，叶面密生茸毛，孢子囊群集生于叶端，称为孢子叶、生殖叶或能育叶；另一种叶不产生孢子，叶片较小，呈圆形、椭圆形或扇形，密贴于依附之物，春夏新叶呈嫩绿色，秋冬季节则枯萎转成纸质褐色，称营养叶、不育叶。

鹿角蕨

养护

喜温暖湿润的半阴环境，不耐寒，怕烈日暴晒，亦不耐旱。可放在室内光线明亮处养护，生长适温 18 ~ 30℃，越冬温度宜保持在 10℃以上，如果降至 4℃以下，植株就进入休眠状态，0℃则受冻害。夏季高温时应注意空气流通，避免环境闷热。生长期除浇水保持土壤湿润外，还要经常向植株及周围环境喷水，以增加空气湿度，有利于植株的生长。栽培宜用疏松透气、排水性良好、含腐殖质丰富的土壤。

繁殖

可用分株或播孢子繁殖。

垂枝石松

垂枝石松（*Phlegmariurus phlegmaria*）也称细穗石松、马尾杉，为石杉科马尾杉属附生蕨类植物。茎簇生，柔软下垂。叶螺旋状排列，有 2 种类型：营养叶斜展，卵状三角形；孢子叶卵形，先端尖，有明显的中脉。

垂枝石松枝叶青翠下垂，宜作吊盆植物栽培，潇洒飘逸，别有特色。因其喜湿润的环境，也可作雨林景缸的陪衬植物。

垂枝石松喜温暖湿润的半阴环境，养护参考鹿角蕨。

繁殖可用分株、扦插、播孢子等方法。

垂枝石松

马赛克竹芋

马赛克竹芋（*Calathea musaica*）也称网纹竹芋，竹芋科肖竹芋属常绿草本植物。长叶柄黄绿色。叶片长椭圆形，叶缘波浪状，表面不平整，绿色，有类似马赛克的网状纹路。圆锥花序，花白色。

马赛克竹芋

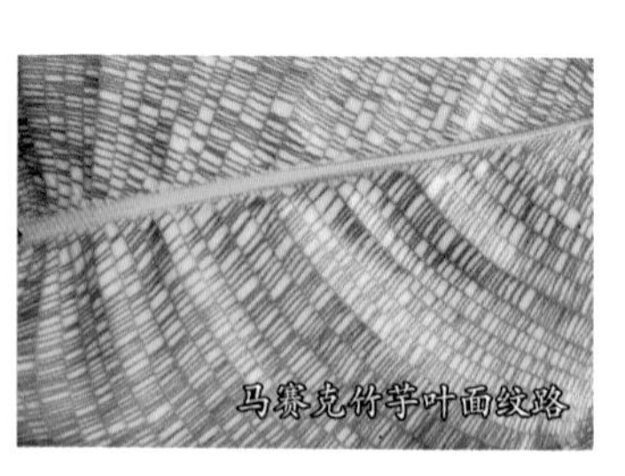
马赛克竹芋叶面纹路

马赛克竹芋最大的看点是叶面上类似马赛克的纹路，在各种观叶植物中独树一帜，非常别致。本属植物有 150 余种，青苹果竹芋、猫眼竹芋、孔雀竹芋以及花叶俱佳的金花竹芋都是不错的品种。作为观叶植物，布置厅堂、居室、阳台等处，时尚典雅，效果独特。此外，竹芋的

青苹果竹芋

金花竹芋

竹芋的花序像奶油冰淇淋

花序也很别致，有的像盛开的荷花，有的则像奶油冰淇淋，极富趣味性。

养护

马赛克竹芋喜温暖湿润和光线明亮的环境，不耐寒，也不耐旱，怕烈日暴晒，最好放在光线明亮又无直射阳光处养护。对水分反应较为敏感，生长期应充分浇水，保持盆土湿润，但不宜积水。其叶片较大，水分蒸发快，对空气湿度要求较高，若空气湿度不够，叶片会立刻卷曲。新叶生长期应经常向植株喷水，否则会因空气干燥导致新叶难以舒展、叶缘枯焦发黄、叶小、叶色黯淡、无光泽。室内栽培空气相对湿度必须保持在70%～80%。

气温超过35℃对竹芋的叶片生长不利，因此盛夏应采取通风、喷水等降温措施，保证植株有一个凉爽湿润的环境。春末夏初是新叶的生长期，每10天左右施1次腐熟的稀薄液肥或复合肥，夏季和初秋每20～30天施1次肥。施肥时应注意氮肥含量不能过多，一般氮、磷、钾比例为2∶1∶1。温度低于15℃时植株停止生长，若长时间低于13℃叶片就会受到冻害。因此冬季应多接受光照，停止施肥，减少浇水，保持盆土不干燥即可，等春季长出新叶后再恢复正常管理。隔年换盆，盆土宜用疏松肥沃、排水透气性良好、含腐殖质丰富的微酸性土壤，可用腐叶土或草炭土加少量的粗沙或珍珠岩混合配制。

繁殖

可结合换盆进行分株。分株时注意要使每一分割块上带有较多的叶片和健壮的根，新株栽种不宜过深，应将根全部埋入土壤，否则会影响新芽的生长。新栽的植株要控制土壤水分，但可经常向叶面喷水，以增加空气湿度，等长出新根后方可充分浇水。

缟蔓蕙

缟蔓蕙（*Ledebouria cooperi*）也称日本兰花草，为百合科油点花属多年生草本植物。植株具鳞茎。单叶丛生，无叶柄；叶片长披针形，青绿色，有深紫色纵条纹。总状花序，花梗较长，易下垂；小花紫红色，中心部分翠绿色。

缟蔓蕙喜温暖干燥和阳光充足的环境，耐干旱，

缟曼蒽（李伟 作）

怕积水。适宜在疏松肥沃、排水良好的土壤中生长。以分株繁殖为主。

弹簧草

弹簧草因叶片扭曲盘旋，形似弹簧而得名。不同品种形态各有特色，有的叶片像弹簧，有的像水中飘逸的海带，有的像方便面，有的像钢丝，有的像蚊香……千姿百态，线条流畅优美，花色淡雅，给人清新别致、富有趣味性的感觉。

在植物中，有很多种类的叶子像弹簧草这样扭曲盘旋生长，人们把这类植物统称为“弹簧草”，这就是广义上的“弹簧草”概念。它涵盖了风信子科、石蒜科、鸢尾科等科近百种植物，基本特点是植株具鳞茎或肥大的肉质根，叶子卷曲生长，其宽窄和卷曲程度有所差异，休眠期叶子干枯。根据叶子的卷曲程度，形象地分为“钢丝弹簧草”“方便面弹簧草”“宽叶弹簧草”“硬叶弹簧草”“海带弹簧草”“蚊香弹簧草”等。除个别品种（如卷叶垂筒花）外，大多数种类的弹簧草为冬型种植物，具有冷凉季节生长、高温时期休眠的习性。有趣的是，弹簧草的播种苗偶尔还会出现变异现象。在同样的栽种环境中，其叶子直挺，不卷曲，呈线状，清丽雅致，别有一番特色。

直叶型弹簧草

钢丝弹簧草

弹簧草（*Albuca namaquensis*） 也称螺旋草，为风信子科哨兵花属多年生草本植物。植株具圆形鳞茎。叶由鳞茎顶部抽出，线形或带状，扭曲盘旋生长；有些品种叶上还有白色毛刺，谓之“毛叶弹簧草”。花梗由叶丛中抽出，总状花序；小花下垂，花瓣正面淡黄色，背面黄绿色，有些品种具有淡雅的芳香；花朵一般在阳光充足的时候开放，傍晚闭合，若遇阴雨天或栽培环境光照不足，则难以开花。花期2～4月。

开花的弹簧草

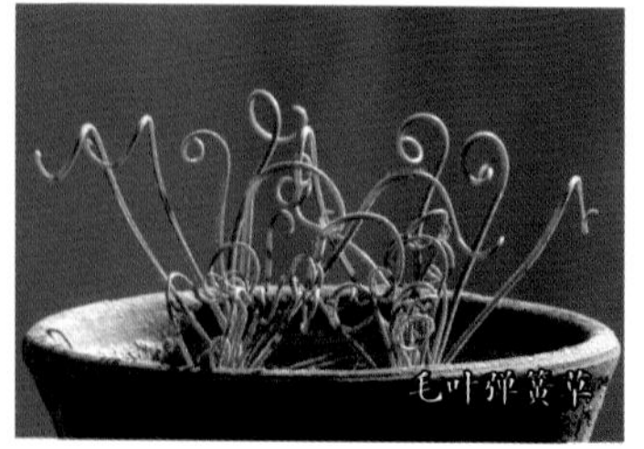
毛叶弹簧草

宽叶弹簧草（*Ornithogalum concodianum*） 简称“宽弹”，为风信子科虎眼万年青属鳞茎草本植物。

植株具圆球状鳞茎，其表皮露出土面部分为绿色。叶长条形，先端尖，扭曲向上生长。总状花序，花朵白色至淡黄色，中央有绿色条纹。花期 2 ~ 4 月。根据叶子的卷曲程度又分“发卷”“特卷”等类型，其卷曲程度越高，观赏价值也就越高。需要指出的是，宽叶弹簧草叶子的卷曲程度除了与品种有关外，还与栽培环境有着很大的关系，在阳光强烈而充足、昼夜温差大、稍微干燥的环境中卷曲程度最高。

宽叶弹簧草的花

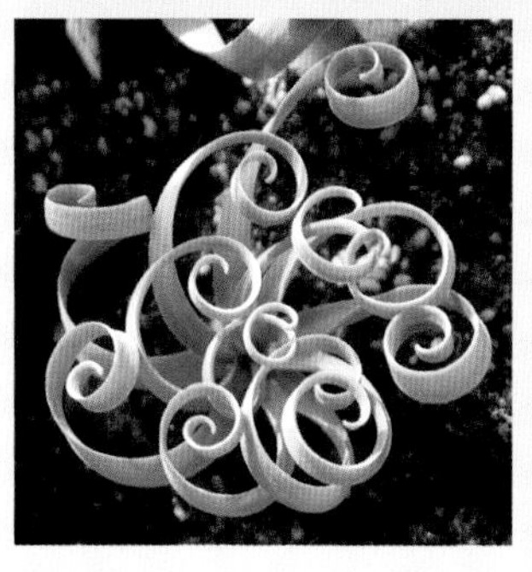

不同类型的宽叶弹簧草

小贴士

O 属宽弹与 A 属宽弹之争

在爱好者中弹簧草有“*Ornithogalum* 属（简称 O 属）宽弹”与“*Albuca* 属（简称 A 属）宽弹”之分，且认为 O 属宽弹的叶子卷曲程度高，观赏性强，当然价格也高。其实，这样分类并不科学，植物的科属是按花、果等特征划分的。经过笔者观察，O 属宽弹和 A 属宽弹的花型几乎完全一样，只是花色的深浅稍微有些差异，因此笔者认为应把两种宽弹定为同一种植物的不同品种。需要指出的是，由于产地环境的不同，其植株的大小、叶子的卷曲程度也有一定的差异。

尽管有些网络资料已经将 O 属宽弹划归 A 属，其拉丁名也由

"*Ornithogalum concordianum*" 变更为"*Albuca concordiana*"。但笔者认为，网络资料上的两种宽弹的花与 *Ornithogalum* 属植物（像虎眼万年青）的花更为接近，而与 *Albuca* 属植物（像哨兵花、弹簧草）的花差别较大，因此更倾向于将宽弹划归 *Ornithogalum* 属。其叶的卷曲程度跟栽培环境和品种有较大的关系，这是不争的事实。

哨兵花的花

不同品种的G属弹簧草

G属弹簧草 这是对石蒜科"*Gethyllis*"属（香果石蒜属）植物的统称，全属约32种。其鳞茎埋藏于地下。具美丽的叶鞘；大部分品种的叶子卷曲或盘旋，少部分种类的叶子呈直线型或匍匐生长；叶形也有很大差异，有些种类叶上还有白色的毛或刺。盛夏，叶子枯萎，植株开始开花。花期无叶，所需的养分由球茎贮藏的养分提供；花白色或粉红色，有香甜的气味，每朵花开3～5天。子房在叶鞘上部，紧挨着球根，被深埋在土壤里。异花授粉完毕后，子房膨胀，3～4个月后果实成熟，顶出地面，散发出浓郁的芳香。果实形状、大小、颜色依品种的不同有很大差异，内有种子。其种子一旦离开果实，很快就会萌发。若赶上雨季，土壤湿润，根系扎入土壤，开始新的生命旅程；若遇干旱少雨，土壤干燥，种子则在数周内枯死。

G属弹簧草的花

G属弹簧草美丽的叶鞘

繁殖

可结合换盆进行分株。批量繁殖则可购买“集束丸化”种子，在春季或秋季播种，出芽率很高；秋播苗冬季要注意保温，可放在温室内养护，使其顺利度过第一个冬季。

假叶树

假叶树

假叶树（*Ruscus aculeata*）也称瓜子松，为假叶树科假叶树属常绿小灌木。植株丛生，根状茎在土里横走；茎绿色，有分枝。叶状枝绿色，革质，扁平，卵圆形至披针形，顶端尖锐，呈刺状，从形态到功能都能代替叶片。叶片则退化成鳞片状，不甚显眼。多为雌雄异株，罕有雌雄同株；小花白绿色，有紫色晕纹，生于叶状枝中脉的中下部，基部具三角形苞片。浆果成熟后红色，小球形，直径约1厘米。

尽管假叶树果实也很美丽，但由于雌雄异株，不容易结果，因此常作为观叶植物栽培。用于布置居室、厅堂、阳台、庭院等处，自然素雅，别有趣味。其枝“叶”干燥后能够长期保存，可染成不同的颜色，作为装饰品使用。

假叶树盆景

养护

假叶树原产北非和南欧，喜温暖湿润和阳光充足的环境，稍耐阴，对环境有着很强的适应性，耐寒冷，也耐干旱。4 ~ 10月生长期保持土壤和空气湿润，但不要积水，以防烂根。每15 ~ 20天施1次腐熟的稀薄液肥或复合肥。冬季控制浇水，使植株休眠，能耐0℃或更低的温度。栽培中注意及时剪去枯死的枝条，以保持株型美观。

每2 ~ 3年的春季翻盆1次，盆土宜用疏松肥沃、排水透气性良好的微酸性沙质土壤。

繁殖

结合春季换盆进行分株，也可用播种的方法繁殖。

小贴士

植物中的“假”

有一类植物它们名称中带有“假”字，像假连翘、假昙花、假明镜、假龙头花、大花假虎刺、假百合、假槟榔、假升麻、假杜鹃、假稠李、假酸浆、假万代兰等。这里所谓的“假”植物，并不是那些用塑料、纺织品、蜡或其他材料制作的假花（也叫仿真植物），而是有生命的真正植物。有趣的是，这些带“假”字的植物大部分都与本名植物在形态上或多或少有些相似，算是名副其实，但也有些带“假”字的植物与本名植物没有任何相似之处，还有的甚至是杜撰的植物名。

假连翘的花

假连翘的果

菲白竹

菲白竹（*Arundinaria fortunei*）为禾本科赤竹属常绿小灌木。植株丛生。叶片披针形，先端渐尖，叶片绿色，有白色或者淡黄色斑纹。另有菲黄竹，原产日本，新叶黄色，带有绿色条纹，老叶则为绿色。

菲白竹为竹类植物中的小型彩叶品种，其植株低矮，生长茂密，翠绿色的叶片上有白色或淡黄色斑纹，清新淡雅，美丽非常。可用小盆栽种，适于布置书房、阳台、庭院等处。

菲白竹

盆栽菲白竹

菲白竹小品

养护

菲白竹喜温暖湿润的半阴环境，夏季忌烈日暴晒，不耐旱，耐瘠薄，有很好的耐寒性。生长期宜放在树阴、阴棚下或其他无直射阳光处养护，避免烈日暴晒。保持土壤和空气湿润而不积水。4 ~ 5 月为菲白竹出笋期，可施腐熟的饼肥水 2 ~ 3 次，以促进新株的健壮生长。6 月以后随着温度的升高，应停止施肥，等秋季天凉后再施 2 次肥。10 月中旬以后停止施肥，冬季移入室内光照充足处，控制浇水，0℃以上可安全越冬。菲白竹生长一段时间后，应及时剪掉老化的枝叶，保持其美观。冬季应把瘦弱枝、枯死枝、病虫枝、过密枝剪去，为翌年新株的生长提供充足的空间。

根据生长情况，盆栽植株每 2 年左右换盆 1 次，盆土可用腐叶土或者肥沃的园土掺少量的沙土混合配制。

繁殖

可在春季或生长季节分株。

大花万寿竹

大花万寿竹（*Disporum megalanthum*）为百合科万寿竹属宿根草本植物。根状茎短，根肉质。茎直立，高 30 ～ 60 厘米，中部以上生叶，有少数分枝。叶纸质，卵形、椭圆形或宽披针形，绿色或绿褐色。伞形花序有花 4 ～ 8 朵，着生在茎和分枝顶端，以及与上部叶对生的短枝顶端，花白色。花期 5 ～ 7 月，果期 8 ～ 10 月。

大花万寿竹来自山野，其最大的亮点是新芽及苞片，晶莹润泽，如同玉琢，就像有生命的工艺品，奇特而美丽。可盆栽观赏。

大花万寿竹

养护

大花万寿竹喜温暖湿润的半阴环境，不耐寒，怕干旱。生长期应保持空气和土壤湿润，但要避免积水，夏季高温时注意避免烈日暴晒。冬季地上部分枯萎，可将根茎留在原盆内越冬。

繁殖

可在春季分株或播种。

开花的万寿竹

山麻杆

山麻杆（*Alchornea davidii*）也称桂圆树、红荷叶、狗尾巴树、桐花杆，为大戟科山麻杆属落叶灌木。植株丛生，茎干直立而少分枝，表皮呈紫红色，单叶互生，叶广卵形或圆形，先端短尖，基部圆形，新叶红色，以后逐渐转为绿色，但叶背面仍为紫红色。其茎干疏朗，茎皮紫红，嫩叶红润可爱，是一个良好的观茎观叶树种。其鲜亮的色彩在早春十分耀眼，成为大自然中的点睛之笔。

山麻杆喜温暖湿润和阳光充足的环境，不耐寒。多用分株或扦插、播种的方法繁殖。

山麻杆

观叶秋海棠

观叶秋海棠又名彩叶秋海棠、蟆叶秋海棠，秋海棠科秋海棠属多年生常绿草本植物。肥厚粗壮的肉质根茎多平卧于地下。叶柄具茸毛，直接从根茎上抽出；叶阔卵形，先端尖锐，叶长 20 ～ 30 厘米，宽 15 ～ 20 厘米；边缘有不规则的锯齿，叶脉具毛；叶片色彩鲜艳斑驳，依品种的不同，分别呈银白、灰白、红、紫、褐、绿及黑等颜色，甚至在一片叶上还有不同颜色斑纹或色块。聚伞花序生于叶腋，小花白色或淡粉色，不引人注目。

不同品种的观叶秋海棠

天使之翼秋海棠

铁十字秋海棠

同属中还有一种铁十字秋海棠，亦为观叶佳品，其叶近心形，叶面长有独特的疱状凸起，叶色黄绿或浅绿，沿叶脉有类似十字形的铁褐色斑纹，其他特征和栽培、繁殖方法均同观叶秋海棠。

观叶秋海棠品种繁多，各具特色，虽然花朵不大，颜色也不那么鲜艳，但其硕大的叶片色彩绚丽多彩，是非常美丽的观叶植物。用于装饰居室的几案、桌面等处，自然时尚，效果独特。

养护

观叶秋海棠原产印度，喜温暖、湿润和通风良好的半阴环境，忌干旱与闷热潮湿，生长适温 15 ~ 25℃。养护中应保持盆土和空气湿润，不要等盆土完全干透后再浇水，否则对植株有致命的影响；但盆土也不能长期积水，以免造成烂根。每半月施 1 次腐熟的稀薄液肥或复合肥。夏季注意通风良好，避免暴雨淋击和烈日暴晒。冬季宜放在室内光线明亮处养护，减少浇水，温度不可低于 10℃。每年的 3 ~ 4 月换盆 1 次，盆土要求疏松透气、排水良好并含有丰富的腐殖质，可用 2/3 的腐叶土或草炭土，加 1/3 的粗沙或珍珠岩、蛭石混合配制，另外掺入少量腐熟的鸡粪、牛粪作基肥。换盆时去掉旧土和腐烂的根，用新的培养土栽种，并在盆底垫上一层瓦片或碎卵石，以利排水。

繁殖

可用分株或扦插（包括茎插和叶插）、播种繁殖。

西瓜皮椒草

西瓜皮椒草（*Peperomia argyreia*）又称西瓜皮豆瓣绿、西瓜皮、银白斑椒草，因叶面上的斑纹酷似西瓜皮而得名；为胡椒科椒草属（也称豆瓣绿属）多年生草本植物。植株无茎或具短茎。叶近基生，具红色长柄；叶片着生密集，盾形或倒卵形，厚实而光滑，半革质，叶面浓绿色，具半月形的银白色条纹。穗状花序，细小的花朵白色。

同属中还有圆叶椒草、花叶椒草、三色椒草、红沿椒草、皱叶椒草、白脉椒草，以及归为多肉植物范畴的塔椒草、红背椒草、斧叶椒草、柳叶椒草等品种。

西瓜皮椒草

皱叶椒草

三色椒草

包括西瓜皮椒草在内的椒草是观叶植物中的“小清新”，宜选择造型时尚而富有趣味的盆器栽种，像各种卡通造型烟斗、动物、竹筒等形状，以突出椒草自然清新的韵味；既可单株栽种，也可数株高低错落地合栽于一盆，配以奇石，制成自然清新的小盆景。

养护

西瓜皮椒草喜温暖、湿润的半阴环境，稍耐干旱和半阴，不耐寒，忌阴湿。室内可放在南阳台、南窗台或其他光线明亮处，如果光照不足会使植株徒长，叶与叶之间的距离拉长，失去紧凑的株型，叶片也会变薄，叶面上的斑纹也会减弱；但也不要放在烈日下暴晒，以免强烈的阳光灼伤叶片。椒草对空气湿度要求不是很高，能在空气干燥的室内正常生长，经常用与室温相近的水向植株喷洒，可使植株生长繁茂，更具生机。生长适温 20 ~ 30℃，在此条件下保持盆土湿润而不积水，注意浇水宁少勿多，以免因土壤积水引起烂根。生长期每 2 ~ 3 周施 1 次腐熟的稀薄液肥或观叶植物专用肥。冬季则要尽量多地接受阳光的照射，停止施肥，控制浇水，在不低于 5℃的环境下可安全越冬。

每 1 ~ 2 年的春季换盆 1 次，盆土要求用疏松透气、含腐殖质丰富、排水性良好的土壤。可用腐叶土或泥炭土加少量的珍珠岩或粗沙、蛭石混合配制。

繁殖

可用分株、茎插、叶插等方法。

金叶薹草

金叶薹草（*Carex* ‘Evergold’）也作金叶苔草，为莎草科薹草属多年生草本植物。植株无茎。叶从基部丛生，叶细条形，两边叶缘为绿色，中央有黄白色纵条纹。穗状花序，花期 4 ~ 5 月。小坚果三棱形。

棕叶薹草

盆栽金叶薹草

以棕叶薹草为主要材料的园林小品

同属中见于栽培的还有叶色呈棕色的‘棕叶薹草’（也称‘古铜薹草’），其叶子几乎没有绿色，看上去就像干枯了似的，非常有趣。

金叶薹草叶色优美，自然飘逸，可盆栽观赏，点缀厅堂、书房、窗台等处。

养护

金叶薹草喜温暖湿润和阳光充足的环境，耐半阴，怕积水，对土壤要求不严，但在疏松透气排水良好的沙质土壤中生长更好。由于其叶子较长，最好用较高的筒盆种植，这样可使之自然下垂，显得秀美飘逸；还可避免其叶与摆放花盆的台面发生摩擦，从而造成叶子前段受伤干枯。但盆底要放瓦片或其他颗粒材料，以利于排水。生长期给予充足而柔和的光照，盛夏高温时要避免烈日暴晒，以防造成叶片灼伤。平时保持土壤湿润，但不要积水，以免造成烂根。金叶薹草耐瘠薄，平时不必施肥就能生长良好，但为了使其生长健壮，可每 10 天左右向叶面喷施 1 次淡淡的液肥，为其提供充足的养分。

金叶薹草具有较好的耐寒性，地栽植株在黄河以南地区可在室外露地越冬；但盆栽植株需要移到室内越冬，给予充足的阳光，控制浇水，保持盆土不结冰即可安全越冬。

繁殖

可在春季或者生长季节分株，也可在春季播种繁殖。

斑叶芒

斑叶芒（*Miscanthus sinensis*‘Zebrinus’）为禾本科芒属多年生草本植物。植株呈从生状。叶片长 20 ~ 40 厘米，宽 0.6 ~ 1 厘米，具黄白色环状斑纹。圆锥花序扇形，秋季形成硕大的白色花序。

斑叶芒

盆栽斑叶芒

斑叶芒喜温暖湿润和阳光充足的环境。其斑纹受温度的影响比较大，早春温度低时可能没有斑纹，而盛夏高温时也会减弱，甚至枯死。采用播种或分株的方法繁殖。

石菖蒲

石菖蒲（*Acorus gramineus*）也称凌水楼、十香和、水剑草、昌阳，为天南星科菖蒲属多年生草本植物。生长在山涧、溪边的石上，株高 10 ~ 20 厘米或更小。叶生于短茎上，基部扁平如扇，叶剑状细线形，浓绿有光泽，无明显的中脉。肉穗花序长 3.5 ~ 10 厘米；佛焰苞叶状，为肉穗花序长度的 2 ~ 5 倍，甚至更长。

石菖蒲

不同品种的石菖蒲

极姬石菖蒲

金线石菖蒲

石菖蒲的品种很多，传统品种有‘金钱石菖蒲’‘虎须石菖蒲’‘花叶石菖蒲’等。近年又从日本、韩国引进了‘黄金姬石菖蒲’‘有栖川石菖蒲’‘姬菖蒲’‘迷你石菖蒲’‘姬石菖蒲’‘贵船苔’‘极姬石菖蒲’（姬，源自日本，是小的意思，极姬，表示该石菖蒲是极小的品种）等石菖蒲品种。

黄金姬石菖蒲

石菖蒲其株型小巧秀丽，叶片碧绿清新，盆栽陈设于室内的案头、几架、窗台、书桌等处，自然清雅，富有韵味，是文房桌案雅玩的上品。

小贴士

石菖蒲的文化底蕴

石菖蒲在我国有着丰厚的文化底蕴，是一种极具中国传统文化品味的植物。历代咏之的诗词数不胜数，像宋代大文豪苏轼喜爱石菖蒲，曾撰文写下《石菖蒲赞并叙》：“《本草》：菖蒲，味辛温，无毒，开心，补五脏，通九窍，明耳目。久服轻身不忘，延年益心智，高志不老。……惟石菖蒲并石取之，濯去泥土，渍以清水，置盆中，可数十年不枯。虽不甚茂，而节叶坚瘦，根须连络，苍然于几案间，久而益可喜也。……余游慈湖山中，得数本，以石盆养之，置舟中。间以文石、石英，璀璨芬郁，意甚爱焉。赞：清且泚，惟石与水，托于一器，养非其地。瘠而不死，夫孰知其理。不如此，何以辅五脏而坚发齿。”

明代文人唐寅也写过《画盆石菖蒲》：“水养灵苗石养根，根苗都在小池盆。青青不老真仙草，别有阳春雨露恩。早起虚庭赋考盘，稻田新纳十分宽。呼童摘取菖蒲叶，验到秋来白露团。”

由于人们对石菖蒲的钟爱，后世还出现了一种以石菖蒲命名的花盆——菖蒲盆，其形简洁古雅，或圆或方或六角……除用于种养石菖蒲外，陈列于案头赏玩，也颇有趣味。

养护管理

石菖蒲在我国有着悠久的栽培历史，古人曾总结出其盆栽养护方法：“以砂栽之，至春剪洗，愈剪愈细，甚者根长二三分，叶长寸许。”《群芳谱》记载：“春迟出，夏不惜，秋水深，冬藏密。”说的就是石菖蒲种养之道。

石菖蒲喜温度湿润和半阴或荫蔽的环境，怕烈日暴晒，不耐干旱和干燥，有一定的耐寒性。平时可植于空气湿润、光线明亮又无直射阳光处养护，如果在室内栽培，光照不足，可进行人工补光，这样才可保持其株型的低矮。勤浇水，对于较小盆器栽种的植株可将花盆放在水盘中养护，以保持空气和土壤湿润，避免因环境干燥引起植株生长不良。夏季高温季节注意通风良好，避免闷热的环境。生长期可每月施 1 次稀薄的液肥，以满足其生长对养分的需要，防止因养分供应不足引起的叶子发黄，叶色黯淡。冬季移入室内，不低于 5℃可安全越冬。

栽培中石菖蒲的老叶或叶尖会发黄，可用细剪将其剪掉，以保持其美观。

每 2 年左右翻盆 1 次，盆土可用含腐殖质丰富的壤土、沙质土壤，也可用石子水培或赤玉土等颗粒土栽种，但不宜用黏重土种植。目前应用较多的是浩天土（这是一种远古腐殖土经加工而成的纯天然盆栽用土）与火山岩颗粒混合成的介质栽培。如果是附石栽培，可用干净鲜活的苔藓将其根系附在石上。

繁殖

石菖蒲的繁殖多用分株的方法，春夏秋三季都可进行，如果冬季有完善的保温设施也可进行。方法是将丛生的植株掘出，除去根部的泥土，分成数丛，分别栽种即可。也可在生长季节进行扦插，插穗可在短茎或横生茎叶节下带约 2 厘米根茎处切取（这样不影响切后母本再度萌发新芽），扦插介质宜用洁净透气性良好的沙质材料或其他颗粒性材料。插后保持土壤、空气均湿润，在 24 ~ 28℃的环境中，约经 20 天即可生根。此外，还可用播种的方法繁殖。

小贴士

石菖蒲与水菖蒲

不少人常把石菖蒲与水菖蒲混为一谈，其实这是两种完全不同的植物。前面已经介绍了石菖蒲，下面就来认识一下水菖蒲。

水菖蒲（*Acorus calamus*）又名菖蒲、白菖蒲，为天南星科菖蒲属多年生草本植物。根状茎粗壮，匍匐生长。叶丛生，剑形，细长，有隆起的中脉，花葶短于叶片，花序由绿色的叶状佛焰苞、肉穗花序柱状组成，花期 4 ~ 7 月。8

水菖蒲

盆栽极姬石菖蒲（菖蒲工坊）

月果熟，小浆果倒卵形，排列密集，红色。

在我国的民间，水菖蒲是一种具有防疫、祛邪作用的灵草。端午节时，不少地区都有悬艾叶、菖蒲叶于门窗，饮菖蒲酒，以驱避邪疫的习俗。水菖蒲株型端庄秀丽，叶片碧绿挺拔，盆栽陈设于室内的案头、几架、窗台、书桌等处，自然清新、雅韵十足。此外，菖蒲还是我国传统园林造景中不可缺少的植物。

在植物中以“菖蒲”命名的品种很多，像鸢尾科就有花菖蒲、黄菖蒲、唐菖蒲等。

跳舞草

跳舞草（*Codariocalyx motorius*）又名无风自动草、风流草、求偶草、舞草，为豆科跳舞草属落叶灌木。叶互生，幼株为单叶，成株则为指状三出复叶。跳舞草对温度、阳光、声波都非常敏感。当气温达到21℃以上时，在天气晴朗的白天两枚小叶会围绕着大叶自行舞动，时而左右交叉，时而左右弱跳，两叶旋转1周后，又迅速弹回原处，再接着舞动；到了夜晚则叶片紧贴在枝干上一动不动。温度在28～34℃时，小叶自行舞动的频率更快。更为奇特的是，在一般大小声音的影响下，小叶会舞动自如；如果对此草大喊大叫，发出怪声，其叶片就会“反感”，立即停止舞动。花紫红色，7～8月开放。果实有5～7个荚节，深褐色。

跳舞草的叶片之所以能转动跳舞，秘密在于小叶柄基部的海绵体对光照、温度等反应较敏感。白天每当太阳照射、温度升高时，植株体内水分加速蒸发，海绵体就会膨胀，小叶便自动摆起来。而当夜晚到来时，光线变弱，温度降低，海绵体就会收缩，叶片便垂下来，紧贴在枝干上。此外，跳舞草还对声音敏感，当其受到 35 ～ 40 分贝的歌声振荡时，海绵体就会膨胀，带动小叶翩翩起舞。

跳舞草

养护

跳舞草原产亚洲的热带地区，喜温暖湿润和阳光充足的环境，耐半阴，稍耐寒。盆栽植株应定期转换方向，使其能够均匀地接受光照，以维持株型优美。平时保持盆土湿润，但不要积水。根据生长情况每 15 天左右施 1 次腐熟的稀薄液肥。生长期注意打头摘心，剪去影响株型的枝条，以控制植株高度，促发侧枝。冬季移入室内阳光充足处养护，温度在 15℃以上植株可正常生长；低于 10℃就停止生长，进入休眠期，地上部分枯萎，但到了春天其根部还会再长出新的枝叶；但长期处在 0℃的环境中，植株就会死亡。

每 1 ～ 2 年的春天翻盆 1 次，适宜用含腐殖质丰富、疏松肥沃的沙质土壤栽培。

繁殖

跳舞草的繁殖以播种为主，在温室内一年四季都可以播种，家庭栽培以 3 ～ 6 月最为适宜。种子发芽适温在 20℃以上。其种子较为坚硬且种皮含有抑制发芽的物质，外壳还具有蜡粉，有阻碍水分渗透的作用。因此，不易发芽。为了促进种子发芽，在播种前宜用细沙或细砂布摩擦种子，以除去表皮的蜡粉，有利于种子对水分的吸收。随后用 38 ～ 40℃的温水浸泡种子 24 ～ 48 小时，其间每隔 4 ～ 8 小时换温水 1 次，以除去影响种子发芽的物质，并能起到调节水温的作用。浸种后，将吸水膨胀后的种子洗净，捞出，即可准备播种。播后 20 天左右苗基本上可出齐。也可在生长季节扦插繁殖。

虎耳草

虎耳草（*Saxifraga sarmentosa*）又称石荷叶、金线吊芙蓉、金丝荷叶，为虎耳草科虎耳草属多年生草本植物。具细长的匍匐枝，其顶端有小植株，全株密被腺毛。叶具长柄；叶片近似心形、长圆形、肾形；叶面绿色，具掌状虎耳草脉纹，背面通常为紫红色。

虎耳草在日本等国家有着丰富的园艺种，有的品种不仅叶片上具有美丽的黄白色斑纹，而且有别致的红色或白色叶缘，像叶片较小的‘姬虎耳草’（也称‘大文字草’）；花叶品种则有‘御所车’‘雪夜花’等；有些品种还能绽放出红、粉等颜色的花朵，娇艳多彩。用小盆栽种，清新秀雅，是颇受喜爱的新型文玩植物。

虎耳草

姬虎耳草

姬虎耳草的花

花叶虎耳草（储梦媛 作）

虎耳草的匍匐茎

养护

虎耳草喜温暖湿润的环境，在半阴处和荫蔽处都能生长，烈日暴晒则生长不良，并会导致叶片灼伤。生长期宜保持土壤和空气湿润，但盆土不要积水，以免烂根；每 2 周左右施 1 次腐熟的稀薄液肥。春夏开花之后，植株会有一段休眠期，宜控制浇水，停止施肥。夏季高温季节应注意通风，避免出现闷热的环境。冬季置于室内光线明亮处养护，温度最好维持在 8℃以上，5℃植株虽然不会死亡，但会发生冻害。

每年春季翻盆，盆土宜用含腐殖质丰富、肥沃疏松的沙质土壤。

繁殖

可结合翻盆进行分株繁殖；也可在生长季节将匍匐枝顶端的小株剪下，另行上盆栽种，稍加管理很快就会成为新的植株。

矾根

矾根（*Heuchera micrantha*）又名珊瑚铃，为虎耳草科矾根属多年生宿根草本植物。植株具浅根性，株高 30 ～ 40 厘米，冠幅 25 ～ 40 厘米。叶基生，阔心形。小花钟状，红色或粉色（与品种有关系，一般来讲，叶子是绿色的品种花色较浅，甚至接近白色，红色叶子的品种花为红色），两侧对称。

矾根的花

叶色斑斓的矾根

盆栽矾根（吴吉成 作）

矾根的品种很多，叶的颜色也十分丰富，有紫红色的‘紫色宫殿’‘烈火’，鲜红色的‘饴糖’，黄绿色的‘香茅’，深绿色的‘孔雀石’，以及橙色、银白、黄色等，每种颜色又有深浅的变化，有些品种叶面上还有美丽的斑纹、镶边、与叶色反差较大的叶脉。

矾根叶色丰富，斑斓多彩，耐阴性和耐寒性都很好，容易栽培。盆栽观赏，其绚丽的叶色与精致的花朵都非常迷人。

养护

矾根原产北美洲，喜冷凉的半阴环境，性耐寒，有些品种能耐 −29℃的低温，一般品种也能耐 −15℃的低温。盛夏高温季节宜适当遮光，以避免烈日暴晒。其他季节则给予明亮的光照。浇水掌握“见干见湿”的原则，等表层的土干了再浇水，以免因过湿引起烂叶；尤其是夏季更要防涝，以免积水造成植株烂掉。耐瘠薄，不用施肥就能正常生长，如果氮肥用量过多，反而影响叶色的美观。适宜在排水透气性良好、含有腐殖质的微酸性或中性土壤中生长，黏重土则生长不良。

繁殖

可用分株、播种或叶片扦插等方法繁殖。

银蚕

银　蚕（*Anacampseros albissima*）为马齿苋科回欢草属植物。植株具小块根。肉质茎丛生，直立或弯曲，或匍匐生长。白色鳞片状纸质叶覆于茎表面，具丝状小托叶。花生于茎枝的顶端，白色或白绿色。花期夏季，通常在阳光充足的午后开放，每朵花只能开1个小时左右，若遇阴雨天或者栽培环境光照不足则很难开花。

同属的近似种有妖精之舞（群蚕）、雪嫦娥（白蛇殿）、白鳞龙等，其共同之处是茎枝都具有白色纸质叶，但其茎枝的粗细、长短及叶的排列有所差别。此外，还有韧锦，具肥大的块根，茎枝较细，丛生于块根之上；花大。有白花、红花之分。

银蚕

妖精之舞

银蚕的花

韧锦

白花韧锦

红花韧锦

养护

银蚕原产南非和纳米比亚，喜温暖干燥和阳光充足的环境，耐干旱和半阴，怕积水和阴湿。春、秋及初夏的生长期可放在光照充足处养护，若光照不足，会造成植株徒长，看上去羸弱不堪，而且还会影响开花；而在阳光充足处生长的植株形态短胖，鳞片状纸质叶就像一片片洁白的鳞片覆盖在株体上，有着较高的观赏性。银蚕对阳光敏感，原先匍匐在土面上的植株，在和煦的阳光照射下，很快就会变得直立挺拔。

平时宜保持土壤稍干燥，避免积水，以防腐烂；但长期干旱缺水，也会造成植物死亡。最好的浇水方法就是“不干不浇，浇则浇透”。因其生长缓慢，不需要太多的养分，可不必施肥，也可将颗粒性缓释肥放在盆土中，让其慢慢释放养分，供植株吸收。夏季的高温季节植株生长缓慢或完全停滞，可放在通风良好处养护，适当遮光，避免烈日暴晒，并控制浇水。冬季宜移入室内阳光充足处，控制浇水，不低于 0℃可安全越冬。

每 2 年左右翻盆 1 次，盆土要求疏松透气，具有较粗的颗粒度，并有一定的肥力。可用赤玉土、鹿沼土等颗粒材料，掺入少量的草炭等，也可用配好的多肉植物专用土栽种。

银蚕的病虫害主要有危害根系的根粉蚧，可在土壤里掺入杀灭地下害虫的药物进行预防，有时也会因水大、土壤通透性差造成烂根。此外，由于银蚕的外形奇特，一些小鸟往往会将其当作小虫子啄食，也要注意预防。

繁殖

可用播种的方法。种子成熟后，种荚容易破裂，造成种子散失，因此要及时采收。可随采随播，也可在秋季凉爽后播种，但种子不宜长期存放，否则势必因种子陈旧，影响发芽率。此外，也可在生长季节，剪取健壮充实的肉质茎进行扦插繁殖。

从生物学角度上讲，花是植物的生殖器官。花是植物中最为美丽的部分，其多姿而奇异的形态、绚丽而丰富的色彩，是为了吸引昆虫等小动物为其传粉。就其颜色而言，几乎涵盖了大自然中所有的色系，如红、黄、白、蓝、绿、黑等，而每种颜色又有深浅、明暗的变化，甚至同一朵花也有不同的颜色，还有一些植物的花朵会随着开放时间和养护环境的不同而形成不同色彩。千姿百态的花朵中有种“拟态花朵”，或像动物，或像器物……其形态精巧绝妙，趣味盎然。以下一组拟态花活灵活现，大自然的神奇令人叹服。

洋金凤

文心兰

风兰

天鹅兰

还有一些植物的花并不是很美丽，但苞片却有着较高的观赏性，根据约定成俗的说法，也归为观花植物，像蒟蒻薯、地涌金莲、银脉单药花等。

小贴士

苞片与佛焰苞

苞片也称苞叶，指植物正常叶与花之间的单片或数片变态叶，有保护花芽或果实的作用。不少植物的苞片色彩鲜艳，形状奇特，堪与花朵相媲美。像我们熟知的一品红、三角梅、虎刺梅、凤梨、金苞花、银脉单药花、红掌、地涌金莲、宝莲灯、金花竹芋等植物，其主要观赏部位就是苞片，也就是我们通常所说的“花”；而其真正的花朵很小，色彩也不是那么鲜艳，看上去很不起眼。

肉穗花序与佛焰苞

佛焰苞是指天南星科植物包裹着肉穗花序、形似花冠的总苞片，因形状很像寺庙里供奉佛祖的烛台而得名，而整个花序恰似一个插着蜡烛的烛台。天南星科植物的花序都有类似的结构，只不过佛焰苞的大小、颜色、形状，肉穗花序的粗细、长短、曲直有所差异，像安祖花属的火鹤花，其肉穗花序则细而弯曲，类似一条动物的尾巴。

宝莲灯

金苞花的白色花与黄色苞片

虎刺梅的苞片

银芽柳

银芽柳（*Salix leucopithecia*）也称银柳、棉花柳，杨柳科柳属落叶灌木。枝丛生，冬芽红紫色，有光泽。叶片椭圆状长圆形至长圆状倒卵形，先端锐尖，边缘有锯齿，叶色深绿。柔荑花序早春先于叶展放，初开时芽鳞疏展，包裹于花芽基部，红色而有光泽；盛开时花序密被银白色绢毛，非常美观。观赏期 12 月至翌年 3 月。

银芽柳

银芽柳的花芽素雅清新，是优良的早春观芽植物。其枝条还是常用的切花材料，用于各种插花、花艺作品或单独瓶插观赏，而且能够长久地保存，即便是干了也能保持其形态不变，也可将其做成干花，染成红、黄、绿等颜色，斑斓多彩。用于室内装饰效果很好。

银芽柳的花

富于变化的新芽生长速度极为迅速，今天看和明天看就有很大的区别，其生机勃勃，给人以充满活力、奋发向上的感觉。

小贴士

植物的芽也姿态万千

银芽柳的主要观赏对象是其花芽。其实，不少植物的芽都有其独特的美，自然清新、生机盎然是其主要特点。

春天，万物复苏，正是各种植物发芽展叶的季节。不同植物的新芽姿态各异，就其颜色来说，有翠绿、嫩绿、墨绿，紫红、深红、粉红、亮红、橙红，银白、灰白，等等，色彩极为丰富，即便是同一种植物，在不同的环境中，其颜色也有很大的差别。就其形态而言，有的像鸟雀，有的像棉花团，有的纤细如丝，有的像音符……但更多的还是那种自自然然、清清爽爽的形态。

芍药的芽

金银木的芽

养护

银芽柳原产我国的东北地区，朝鲜半岛、日本也有分布，喜阳光充足和温暖湿润的环境，耐潮湿，也耐寒冷，不耐干旱，适宜在土层深厚、疏松肥沃的土壤中生长。平时保持土壤湿润，雨季应注意排水防涝，以免因土壤长期积水造成烂根。银芽柳喜肥，除种植时施足基肥外，生长期还要适时追施腐熟的液肥，并在叶面喷施0.2%的磷酸二氢钾溶液，以促进叶片肥厚，枝条粗壮，特别是冬季花芽开始膨大和剪取花枝后，更要施以重肥，以提供充足的养分，促使花芽发育。

作为切花栽培的银芽柳在较为寒冷的地区虽然能够露地越冬，但入冬后枝条会受冻抽干。可在入冬前将花枝全部剪下，在

菊花桃植株不大，株型紧凑，开花繁茂，花型奇特，色彩鲜艳，可盆栽观赏或制作盆景；还可在花朵即将开放时把花枝剪下瓶插观赏，花色明媚灿烂，给人以满眼春色的感觉。

菊花桃的树

小贴士

观赏桃花琳琅满目

观赏桃花是指以观赏为目的的桃树品种总称，其品种繁多，花色娇艳，有白色、粉红、绯红、深红、紫红等色。有些品种在同一株上就能开出不同颜色的花朵，即所谓的“跳枝桃”；甚至一朵花上也有两种不同颜色的斑点、斑纹，谓之“洒金桃”。观赏桃的结果率较低，有些品种甚至不能结果，即便结果，也是果实小，味道不佳，难以食用。

白花碧桃

跳枝桃

洒金桃

观赏桃花的花型可分为单瓣型、梅花型、月季型、牡丹型和菊花型5类。

单瓣型：花瓣5片，花形比较平展，也称平瓣型；

梅花型：花瓣20～25片，花形像梅花；

月季型：花朵开放后，外轮花瓣向外翻着，内轮花瓣往里包裹着，如一朵小月季；

牡丹型：花瓣在40枚以上，整朵花像一个花球，颇像牡丹花；

菊花型：花瓣细而多，外形像菊花。

单瓣型桃花

梅花型桃花

牡丹型桃花

月季型桃花

菊花型桃花

观赏桃花主要种有碧桃、菊花桃、帚桃（也称照手桃、塔桃）、山桃等，其中栽培最为普遍、品种较为丰富的是碧桃，有‘洒金碧桃’‘寿星碧桃’‘垂枝碧桃’‘红花碧桃’‘紫叶碧桃’‘塔形碧桃’‘白花碧桃’‘千瓣碧桃’‘两色碧桃’‘五彩碧桃’‘人面桃’等园艺品种。

垂枝桃

帚桃

帚桃的花蕾

养护

菊花桃喜阳光充足、通风良好的环境，耐干旱、高温和严寒，不耐阴，忌水涝。适宜在疏松肥沃、排水良好的中性至微酸性土壤中生长。雨季或连续阴雨天应注意排水，平时也不要浇太多的水，否则会因土壤积水造成烂根，轻则落叶，影响生长，重则植株死亡。要求有充足的阳光，即使盛夏也不必遮光，以免因光照不足使花朵小而稀少。

菊花桃每年施 3 ～ 4 次肥，第一次在开花前，以磷钾肥为主，可促使花大色艳；第二次在开花后，以氮肥为主，使其枝叶繁茂；6 ～ 7 月是其花芽分化期，可施 1 ～ 2 次磷钾肥，并适当扣水，以促进形成花芽，有利于来年开花。入秋后应注意控制浇水，更不能施肥，以防止秋梢萌发和促使当年生枝条木质化。花前对植株稍作修剪，剪去枯枝、乱枝，使开花时株型达到最美状态。花后进行 1 次重剪，开过花的枝条只保留 2 ～ 3 个芽，以促进新枝形成开花枝。对于生长过旺的枝条可在夏季进行摘心，以控制长势，有利于多形成花芽。盆栽植株冬季可放在室外避风向阳处或在冷室内越冬。每年春季换盆 1 次，栽种时放些腐熟的饼肥末、骨粉等作基肥。

催花

在北方，菊花桃的自然花期为 3 ～ 4 月；如果需要还可对盆栽菊花桃进行催花，使其在元旦、春节开花。方法是当菊花桃落叶后，将其放在 7℃左右的低温环境中，春节前 40 ～ 45 天移入室内，先给予 5 ～ 10℃的室温，以后逐渐提高温度至 20 ～ 25℃，注意每天向花枝上洒水，以防枝条干萎，促使花蕾绽放。如果花蕾提前裂口吐艳，要及时将其移至 15℃左右的低温室内，如此可以有效地推延植株的开花时间。

繁殖

可用一年生的山桃、毛桃作砧木，在夏季芽接，接穗要用当年生发育充实、健壮、中段枝条上的芽，也可在春季用切接的方法繁殖。

松红梅

松红梅（*Leptospermum scoparium*）因叶似松叶、花似红梅而得名，又因其重瓣花朵形似牡丹，故也称松叶牡丹；为桃金娘科薄芝木属常绿小灌木。株高约 2 米，分枝繁茂。枝条红褐色，较为纤细，新梢通常具有绢毛。叶互生，呈丛生状，叶片线状或线状披针形；花有单瓣、重瓣之分，花色有红、粉红、桃红、白等多种颜色，花心多为褐色，花期晚秋至春末。蒴果革质，成熟时由先端裂开。

松红梅的花朵虽然不大，但开花繁茂，盛开时满树的小花星星点点，明媚娇艳，给人以繁花似锦的感觉。

松红梅

盆栽松红梅

除供观赏外，松红梅还可提取精油，具有抗病毒、抗霉菌等强力杀菌功能，可用于治疗各种呼吸道疾病，因其气味芬芳，在国外常用于芳香疗法，治疗各种疾病。

养护

松红梅原产新西兰、澳大利亚等大洋洲地区，喜凉爽湿润和阳光充足的环境，耐寒性不是太强，冬季须保持0℃以上的温度。适宜在富含腐殖质、疏松肥沃、排水良好的微酸性土壤中生长。生长适温18～25℃。夏季怕高温和烈日暴晒，可放在阴棚、树阴下或其他阴凉通风处养护，其他季节则应给予充足的阳光。平时保持土壤湿润，雨季注意排水，避免土壤长期积水。生长期每1～2月施1次腐熟的稀薄液肥。每年的花后进行1次细致的修剪，将枝条剪去1/2～2/3，以起到矮化树冠、保持树形美观的目的。不可将枝条全部剪去，这是因为松红梅成熟木质化的枝条上没有具有生命力的芽，如果修

剪过重，只留下老熟的枝条，植株将无法恢复生长；但对于一些影响株型的枝条应完全剪掉。修剪后施1次速效无机肥，以促使植株生长，有利于以后的开花。由于松红梅的根系距离土壤表面较近，应尽量避免翻动土壤，以免伤害根系。

繁殖

可在春、秋季节进行扦插、高空压条、播种等方法繁殖，种子发芽及枝条生根的适宜温度均为20℃左右，因此宜在冷凉的山区进行繁殖，高温多湿地区则成活率较低。幼株种植时可将顶部剪去，以促进分枝、利于形成丰满树冠。

吊灯花

吊灯花（*Ceropegia trichantha*）为锦葵科木槿属常绿灌木或小乔木。枝条纤细而且呈拱形下垂。叶互生，卵状椭圆形，叶缘有粗锯齿，先端渐尖。花单生于叶腋；花梗细长而下垂，如垂吊的花篮；花冠红色至橙红色，花瓣流苏状分裂，向后反卷；雄蕊管细长，伸出花冠之外。在温暖的环境中全年都能开花。

吊灯花

养护

吊灯花喜阳光充足和高温湿润的环境，稍耐半阴，不耐寒，怕干旱。在湿润肥沃、排水良好的土壤中生长良好。生长期宜保持土壤湿润，但要避免长期积水，以防造成烂根。生长期每半月施1次腐熟的稀薄液肥，以促进生长和开花；10月以后停止施肥，以使枝条充分木质化，有利于越冬。冬季移至室内阳光充足处，维持5℃以上，并停止施肥，控制浇水。春季换盆，并对植株进行修剪，剪去病虫枝、枯死枝，将过长的枝条短截，以促进萌发健壮的新枝。

繁殖

可在生长季节扦插。取老枝或嫩枝 2 ～ 3 节做插穗，基部削成马蹄形，带叶片两枚，剪去叶片的 1/3 左右，以减少水分的蒸发。插于粗沙中，保持土壤和空气湿润，约经 1 个月生根。

悬风铃花

悬风铃花

悬风铃花(*Abutilon megapotamicum*)也称蔓性风铃花、红萼苘麻、灯笼风铃、红心吐金，为锦葵科苘麻属常绿蔓生植物。其枝蔓柔软。叶心形，有细细的叶柄，叶缘钝锯齿。花生于叶腋，具长梗，下垂；萼片心形，红色；花瓣闭合，由花萼中吐出；花蕊棕色，伸出花瓣。在适宜的环境中全年都可开花。

盆栽的悬风铃花

纹瓣风铃花

同属中近似种有‘纹瓣悬铃花’（‘*Abutilon striatum*’），也称风铃花、风铃扶桑。叶互生，具长柄，掌状五裂，绿色。花腋生，下垂生长，有长而细的花柄；花瓣 5 枚，橙红色至橙黄色，具红色纹脉，瓣端向内弯，呈半展开状；花蕊凸出其外。

养护

悬风铃花原产巴西，喜温暖湿润和阳光充足的环境，耐半阴，不耐寒，也不耐旱，适宜在疏松透气、含腐殖质丰富的土壤中生长。盆栽应设立支架供其攀爬。生长期保持盆土湿润，但不要积水；夏季高温季节应早晚向植株喷水，以增加空气湿度；每月施 1 次腐熟的液肥。栽培中要注意摘心，控制植株的高度，促进分枝生长和多开花，保持株型美观。冬季移入阳光充足的室内，不低于 15℃可正常开花。

繁殖

常用扦插和压条的方法繁殖。

大花芙蓉葵

大花芙蓉葵（*Hibiscus grandiflorus*）也称大花秋葵、草芙蓉，由原产美国东部的芙蓉葵与同属中的其他植物杂交改良而成；为锦葵科锦葵属多年生草本植物。植株具有很强的分枝能力，在通风透光良好的情况下，几乎所有的叶芽都会萌发成侧枝。叶片尖卵圆形，叶缘有钝锯齿。花单瓣，极大，直径可达 25 ～ 30 厘米；花色有紫红、红、粉、白等多种颜色；花朵朝开暮闭，单朵花虽然只能开 1 天，但每天都有大量的花朵绽放。花期 7 ～ 10 月。

同属中有以观叶为主的近似种枫叶芙蓉葵，其叶呈掌状，紫红色。

大花芙蓉葵花朵硕大，色彩丰富，可盆栽或地栽布置庭院、阳台等处。

大花芙蓉葵

养护

大花芙蓉葵喜温暖湿润和阳光充足的环境，适应性强，耐高温，亦耐干旱和寒冷。对土壤要求不严，但在疏松肥沃的沙质土壤中生长更好。由于根系发达，而且多为直根，宜用较大的盆器栽种。因其为长日照植物，生长期要求有充足而长时间的光照，否则难以形成花芽。生长期注意修剪，以免萌生的枝条过多，相互遮挡，影响光照，从而造成植株开花减少，甚至不能开花。花后及时修剪，剪除开过花的空枝和结果枝，以促使新枝的萌发，为下次开花打下良好的基础。如果放任其自由生长，花的质与量都会受到影响。生长期保持土壤湿润而不积水，每 10 天左右施 1 次以磷钾为主的稀薄液肥。

11 月入冬，地上部分冻死，可将其剪除，将植株移至冷室越冬，控制浇水。翌年春季将会萌发新的枝芽，长成新的植株。

繁殖

可在春季播种或分株。

越南抱茎山茶

越南抱茎山茶（*Camellia amplexicaulis*）也叫越南抱茎茶、海棠茶、海棠山茶，花市上常冠以“帝王花”“海棠妖姬”“金玉满堂”等商品名；为山茶科山茶属常绿灌木或小乔木。原产越南。叶狭长，绿色，有光泽。花蕾由茎干与叶腋中长出，如同红色的果实，又像一粒粒红色的珍珠。花红色，花瓣质厚，看上去特别坚硬；花蕊金黄色，二者相得益彰，给人以雍容华贵的感觉。花期 10 月至翌年的 4 月。

盆栽越南抱茎山茶

越南抱茎山茶

越南抱茎山茶喜温暖湿润和阳光充足的环境，不耐寒，也不耐旱，宜用酸性或微酸性土壤种植。除夏季适当遮光、避免烈日暴晒外，其他季节都要给予充足的阳光。生长期应保持盆土湿润而不积水，每 20 天左右施 1 次腐熟的稀薄液肥。越冬温度不低于 0℃。

繁殖用油茶做砧木进行嫁接，也可用压条、播种等方法繁殖。

金花茶

金花茶（*Camellia nitidissima*）因花朵纯黄似金而得名，是中国特有的茶花品种，素有“茶族皇后”称号，为山茶科山茶属常绿灌木。株高 2 ~ 6 米，树皮浅黄色。叶狭长椭圆形至宽披针形，革质，绿色，有光泽。花 1 ~ 3 朵腋生于近枝顶处；花朵直径 5 厘米左右，5 瓣，花瓣具有半透明的蜡质感，晶莹可爱；花朵中间有一簇雄蕊，形成一个巨大的花心；其花瓣、花心均为亮黄色。花期 11 月至翌年的 3 月。

金花茶枝叶青翠，花色明媚灿烂，如同纯金打造，给人以华贵典雅、富丽堂皇的感觉，可盆栽陈设于厅堂、书房等处，在南方也可种植于庭院、公园。除供观赏外，金花茶还有降血糖和降尿糖的作用，并有消炎抗菌、清热解毒、祛湿利尿等功效，可以治疗多种疾病。

金花茶约有 28 个品种及多个变种，主要有‘小果金花茶’‘毛瓣金花茶’‘显脉金花茶’‘薄叶金花茶’‘淡黄金花茶’等。

金花茶

养护

金花茶原产于我国广西，喜温暖湿润的半阴环境，怕烈日暴晒，不耐寒，也怕酷暑。夏季宜放在阴棚、树阴或其他无直射阳光处养护，每天的早晚向植株洒些水；冬季室内如果有暖气，也要用与室温相近的水向植株喷洒。平时浇水应做到“见干见湿”，无论何时土壤都不能积水，以免造成烂根。施肥不必过多，尤其是新栽的植株更不能施肥，花前、花后各施1次腐熟的稀薄液肥即可满足生长的需要。冬季应放在光线明亮的室内越冬，保持4℃以上的室温。盆栽宜用含腐殖质丰富、排水透气性良好的微酸性土壤。

繁殖

常用扦插、压条、嫁接等方法繁殖。

杜鹃红山茶

杜鹃红山茶（*Camellia azalea*）也称杜鹃茶、假大头茶、四季茶，是我国特有的稀有茶花品种，因叶片修长，类似杜鹃花的叶子而得名，为山茶科山茶属常绿灌木。其叶片质厚，光亮，叶缘平滑，是茶花中唯一叶缘没有锯齿的品种。花数朵聚生在枝条上部，花蕾蜡烛状；花朵直径8厘米左右，单瓣，鲜红色，犹如燃烧的火焰，花瓣厚实；金黄色的花蕊明媚灿烂。整个花朵看上去如同蜡制的工艺品，虽是天成，却如人为。其植株低矮，树形紧凑，开花繁茂。在适宜的条件下，全年都能开花，盛花期为6～11月；即便是盛夏高温季节，在38℃的环境中也能满树红花，而冬季则能耐 −5℃ 的低温。

杜鹃红山茶

盛开的杜鹃红山茶花

杜鹃红山茶喜温暖湿润的半阴环境，怕烈日暴晒，不耐旱。可用播种、扦插、嫁接、压条等方法繁殖。

石楠杜鹃

石楠杜鹃（*Rhododendron* spp.）也称树型杜鹃、高山杜鹃、洋石楠，为杜鹃花科杜鹃花属常绿灌木或小乔木。

植株多分枝，树冠丰满，株型紧凑。叶互生，密集着生于枝条顶端；叶片椭圆状或披针形，革质，绿色，有光泽，某些品种叶面上还有金黄色斑纹或镶边。总状伞形花序，花顶生，常数朵聚生于枝头，盛开时呈球状，其直径通常在 15 ～ 20 厘米，个别品种可达 25 厘米以上；花朵钟状，单瓣或重瓣，花色丰富，有紫红、红、粉红、橙红、桃红、紫蓝、白、黄等多种颜色。自然花期 3 ～ 5 月，经人工催花可提前到 1 ～ 2 月开放，单株花期 1 个月左右。

彩叶石楠杜鹃

石楠杜鹃的大部分品种原产于我国西南部，主要分布在海拔 2000 ～ 4500 米的高原山区。100 多年前，英国的植物学家从印度进入我国的西藏、云南、四川，发现了高山杜鹃（*Rhododendron hybridum*），并将其引入欧洲。经过上百年的研究和园艺工作者的不断探索，欧洲人用中国的原种高山杜鹃与欧美的杜鹃品种杂交，培育出许多人工杂交种，这就是“石楠杜鹃”。其株型和花色都有很大的变化，如原种的植株高度达 3 米，某些品种甚至可达 9 米，但石楠杜鹃较矮，作为商品销售的植株，高度控制在 50 ～ 100 厘米。

石楠杜鹃

养护

石楠杜鹃为温带高山植物，喜凉爽湿润的半阴环境，怕酷热和烈日暴晒，有一定的耐寒性，不耐旱，也怕积水，生长适温15～25℃。花谢后应剪去残花，花期结束后将枝条剪短，移至光线明亮又无直射阳光处养护；浇水掌握“不干不浇，浇则浇透”的原则，避免盆土积水和干旱。生长期每10～15天施1次腐熟的矾肥水，也可将固态复合肥撒在盆土表面，浅埋后供根部慢慢吸收。

夏季的高温炎热对石楠杜鹃的生长极为不利，当温度超过30℃时植株生长受到抑制，超过35℃时植株将受到不同程度的损害。因此，夏季可将植株移至通风凉爽的阴棚下养护，注意空气的流通，高温干燥时可向植株及周围洒水，以降低温度，增加空气湿度，但盆土不宜积水，以免造成烂根，并停止施肥。等秋凉后再恢复正常的水肥管理。

石楠杜鹃冬季宜放在室内阳光充足处，可耐0℃，甚至更低的温度，温度最好控制在15℃以下，如果温度过高，植株无法完成花芽分化，将难以开花。每1～2年的花后换盆1次，盆土宜用疏松透气、腐殖质含量丰富、具有良好排水性的微酸性沙质土壤，可用腐叶土或草炭土加蛭石或河沙混合配制，pH应调整在5～6.0之间。

催花

石楠杜鹃的正常花期为3～5月，为了使其在元旦至春节期间开花，可进行催花处理。方法是选择花期较早的品种、具有足够数量发育良好的花芽、株型较好的植株，先经过2～3月的低温处理，再逐步提高温度至晚间15℃左右，白天25～30℃，并保证有足够的光照，30天左右花蕾就会逐渐膨大，并透出花色。

繁殖

以扦插、压条为主，大规模种植则用组培的方法繁殖。

马醉木

马醉木（*Pieris japonica*）为杜鹃花科马醉木属常绿灌木或小乔木。树皮棕褐色，小枝开展，无毛。叶片革质，椭圆状披针形或倒披针形。总状花序或圆锥状花序顶生或腋生，常簇生于枝顶；花冠白色，坛状。自然花期4～5月，经催花处理可在春节前后开花，蒴果球形。

马醉木的园艺品种丰富，可分为观叶、观花两大系列。前者叶色或红艳如火，或斑斓多彩，或苍翠欲滴；后者密密匝匝的壶状小花，或洁白典雅，或火红热情。最为别致的是那串串含苞待放的褐色花蕾，犹如孔雀的尾羽，自然飘逸，整个植株看上去就像一只只孔雀栖息在枝头的绿叶间，奇特而美丽，因此也有人称之为“孔雀春”。

马醉木可根据品种的不同，盆栽观赏或做切花、盆景、绿篱，也可种植于庭院、用于园林绿化，在欧美地区应

时要施足基肥，以后每年施 1 ~ 2 次以磷钾为主的复合肥就能满足其生长需求。养护中还要注意控制浇水，勤修枝整形，以防止疯长、控制株高。虽然冬季能耐 0℃的低温，但长期处在 5 ~ 6℃的环境中也会冻伤枝条。宜用中等肥力、土层深厚的中性至微酸性土壤栽培，不耐盐碱，在贫瘠干旱的土壤中则生长不良。

繁殖

以播种为主，种子可随采随播，也可在第二年春季播种，实生苗 3 ~ 5 年才能开花。扦插成活率不高，可采用高空压条、嫁接等方法繁殖，经矮化后盆栽，1 ~ 2 年可开花。

粉叶金花

粉叶金花（*Mussaenda hybrida* ‘Alicia’）也称粉萼花、粉纸扇、重瓣粉纸扇，为茜草科玉叶金花属常绿或半落叶灌木。叶对生，纸质，长椭圆形，全缘，表面粗糙。聚伞花序顶生，小花黄色，呈星状，很快脱落，但其萼片会保留很长时间，且萼片肥大，盛开之时满树粉红，非常漂亮，花期夏季至秋冬。

粉叶金花的花朵

粉叶金花株型

同属中见于栽培的还有萼片为白色的‘玉叶金花’（也称‘白纸扇’‘白蝴蝶’‘百花茶’‘大凉藤’‘蝴蝶藤’‘黄蜂藤’）、萼片为红色的‘红叶金花’（也称‘红纸扇’‘红萼花’）等品种。

粉叶金花姿态优美，花色（实为萼片）娇艳，而且习性强健，观赏期长，可盆栽或植于花槽，用于布置阳台、屋顶花园等处，也可地栽美化庭院。

养护

粉叶金花喜温暖的环境，耐干旱和炎热，忌长期积水，在荫蔽处则生长不良，难以开花。盆栽以

粉叶金花美丽的萼片

红叶金花

排水良好的沙质土壤为佳，黏重积水的土壤则不宜使用。上盆时尽量保持土团的完整，以保证成活。栽后放在通风凉爽处缓苗 7 ~ 10 天，其间注意浇水，以保持土壤湿润。活稳后放在室外光照充足处养护，保持“盆土湿润而不积水”。花谢后，除了主枝、侧枝外，多余的枝条都要剪除，尤其是枯干枝、细弱枝、病虫枝、徒长枝、过长枝，其他影响美观的枝条更要剪除，以保持株型的优美，减少营养消耗，增加植株内部的通透性，促进花芽分化。修剪后，施 1 次复合肥，以促使植株抽出粗壮的枝条，使萼片多而艳丽，以增加观赏性。冬季应移入室内阳光充足处，不低于 10℃温度可安全越冬。

繁殖

可在 2 ~ 3 月进行扦插，选择去年生的健壮无病虫害的枝条作为插穗，长度 15 ~ 20 厘米。每个扦穗保持 3 ~ 4 节，上端切口应在芽上方 1 ~ 2 厘米处，不可离芽太近，以免芽失水，影响萌发。切口最好倾斜一定的角度，以利于排水。下端切口应在芽节的下方平截。切口可蘸些混有生根剂的泥浆，以促进生根。扦插介质宜用排水良好的河沙或蛭石，插后保持 25 ~ 28℃的温度，4 ~ 5 个月后可分苗移栽。

红叶加拿大紫荆

红叶加拿大紫荆（*Canada relinquit*）为豆科紫荆属落叶灌木。植株单生或丛生，枝干黑灰色，有浅色的皮孔。单叶互生，叶片近圆形，先端急尖或骤尖，基部深心形，两面无毛，叶脉五出，全缘；新叶紫红色，老叶夏季在阳光充足的环境中叶面为铜褐色，若光照不足则转为绿褐色，到秋季叶色则为红色，叶背为淡粉色。花先于叶开放，4 ~ 10

巨紫荆

红叶加拿大紫荆

黄山紫荆

红叶加拿大紫荆的红叶

朵簇生成短的总状花序，老干、新枝、短枝均可着花，花冠蝶形，玫瑰红色。花期4月。荚果条形，扁平，8～9月成熟后呈红褐色，内有近圆形的种子，但花后结果率不高。

同属植物约有10种，见于栽培的还有紫荆及其变种白花紫荆、巨紫荆、黄山紫荆等。

巨紫荆的花

白花紫荆

小贴士

洋紫荆

洋紫荆

在我国的香港还生长着另外一种紫荆，该紫荆是1880年在香港首次被发现的。为了与大陆常见紫荆区别，人们称之为“洋紫荆”；在台湾则称之为“艳紫荆”；因其花朵像兰花，植株为树状乔木，故也称“兰花树”；它还有红花羊蹄甲、香港樱花、洋樱花的别名。

洋紫荆（*Bauhinia variegata*）为豆科羊蹄甲属常绿乔木。叶互生，革质，圆形或阔心形，顶端二裂，状如羊蹄。总状花序或有时分枝而呈圆锥花序状，红色或红紫色，有近似兰花的清香。花期11月至翌年4月。

养护

红叶加拿大紫荆喜温暖湿润和阳光充足的环境，耐寒冷和干旱，对土壤要求不严，耐瘠薄，但在疏松肥沃、排水良好的沙质土壤中生长更好。每年的早春、夏季、秋后各施1次腐熟的有机肥，以促进开花和花芽的形成；每次施肥后都要浇1次透水，以利于根系的吸收。天旱时注意浇水，雨季要及时排水防涝，以免因土壤积水造成烂根。红叶加拿大紫荆耐修剪，冬季落叶后至春季萌芽前应剪除病虫枝、交叉枝、重叠枝，以保持树形的优美。由于在植株的老枝上也能开花，因此在修剪时不要将老枝剪得过多，否则势必影响开花量。花后注意摘除果荚，以免消耗过多的养分，对生长不利。

繁殖

红叶加拿大紫荆的播种苗变异性很大，往往数千株实生苗中只有2～3株叶子呈红色的植株，其余皆为普通的绿叶加拿大紫荆，故繁殖通常用紫荆、巨紫荆做砧木，进行嫁接。

郁香忍冬

郁香忍冬（*Lonicera fragrantissima*）也称香忍冬、香吉利子、羊奶子、苦糖果，为忍冬科忍冬属半常绿灌木。植株丛生。叶绿色，卵状长圆形、倒卵状椭圆形或卵圆形，近革质。两花合生叶腋；花萼筒连合，无毛；花冠唇形，乳白色或淡红色斑纹，有芳香，早春开放。浆果近似心形，鲜红色，长约1厘米。

郁香忍冬的花

养护

郁香忍冬的果实

郁香忍冬喜阳光充足和温暖湿润的环境，耐干旱和寒冷，怕积水，适宜在湿润肥沃、土层深厚、排水良好的沙质土壤中生长，能耐一定的盐碱，可以在轻度碱性土壤中生长。其根系吸收能力很强，在干旱条件下也能生长，因此平时不需要浇太多的水。一般在每年春季萌动时，浇水1～2次，秋后浇1次封冻水。如果夏季长期干旱，也要浇水，以保持土壤湿润，满足植株的生长，但雨季要注意排水，防止水淹。每年施2次肥，第一次于春季开花前施催芽肥；第二次追肥在初冬季节。

郁香忍冬萌蘖性强，秋季落叶后，要疏除过密枝条，促进通风透光，增加开花数量。壮苗要以轻剪、疏剪为主，老树、弱树则需重剪才能尽快恢复树势。因枝条梢端下垂，修剪时为使冠形对称需注意留芽方向。其移栽宜在早春或晚秋休眠期进行，小苗一般需

带宿土，大苗宜带泥球。栽时每株施10公斤有机肥和1公斤磷酸二铵做底肥，种植后盖一层细土，踩实并浇透定根水。以后每隔7～10天浇水1次，连续浇3次水，以确保移栽成活。

繁殖

可用播种、分株、扦插、压条等方法繁殖。

天目琼花

天目琼花（*Viburnum sargentii*）也叫鸡树条荚蒾、佛头花、鸡树条、山竹子，为忍冬科荚蒾属落叶灌木。树皮灰褐色，具浅条裂。叶通常为阔卵形，常3裂，有时则为不开裂的椭圆状披针形。复聚伞花序，生于侧枝顶端，边缘为白色不孕花，中间为乳白色的两性花。花期晚春至初夏。核果近球形，10月成熟后呈鲜红色，表面有光泽。

天目琼花

天目琼花的花

天目琼花的果实

天目琼花树姿清秀，春季白花满枝，夏季绿叶如掌，秋冬季节鲜艳的红果，珠圆玉润，经冬不落，是花、叶、果俱佳的优良花木。适宜栽植于庭院、住宅建筑的两侧及阴面，盆栽观赏，用于装饰居室、阳台等处效果很好。

养护

天目琼花原产我国的华东、华北和东北，俄罗斯、日本及朝鲜半岛也有分布。喜温暖湿润的半阴环境，耐寒冷、干旱和贫瘠。对土壤要求不严，能在微酸、微碱性土壤中正常生长，但在疏松肥沃的中性土壤中生长最好。平时管理较为粗放，天旱时注意浇水，每年秋季落叶后，在根的周围开沟施些堆肥，然后再覆上土浇透水，否则来年开花虽多，结果却稀少。

盆栽植株可放在空气流通的半阴处。保持土壤和空气湿润。夏季高温时要避免烈日暴晒。生长期每月施 1 次腐熟的稀薄液肥或复合肥。秋末进行 1 次适当疏剪，剪去徒长枝、弱枝、枯枝，把过长的枝条截短，早春剪除残留的果穗和枯枝。每 2 ～ 3 年的春季萌芽前换盆 1 次，盆土可用腐叶土和园土对半再加少量的沙土混匀后使用，上盆时掺入适量腐熟的鸡牛粪做基肥。

繁殖

多用播种法繁殖，秋季采下果实后，去掉果肉，种子沙藏越冬，第二年 3 月盆播于室内；也可在春秋季节进行分株或 5 ～ 6 月用半硬枝条扦插，都很容易成活。

绣球荚蒾

绣球荚蒾（*Viburnum macrocephalum*）也称木绣球、大绣球、斗球，为忍冬科荚蒾属落叶或半落叶灌木。大型聚伞花序呈球状，几乎全部由不孕花组成；花冠白色，辐射状；其花色洁白素雅，开花时满树白花犹如积雪压枝，高洁雅素，在绿叶的衬托下格外美丽。花期根据各地气候的不同，从 4 ～ 6 月陆续开放。

变种为琼花（*Viburnum macrocephalum* ‘Keteleeri’），也称扬州琼花、蝴蝶花、聚八仙、琼花荚蒾。叶对生，卵形或椭圆形，边缘有细齿，背面疏生星状毛。聚伞花序生于枝端，花色洁白如玉，周边 8 朵为萼片发育成的不孕花，中间为双性小花。4 ～ 5 月间开花，10 ～ 11 月果实成熟后呈鲜红色。

绣球荚蒾的花

琼花

绣球荚蒾的株型

琼花，因隋炀帝杨广下扬州观赏琼花而驰名天下，故也称“扬州琼花”，为扬州的市花；是我国特有的名花，它以淡雅独特的风韵以及种种富有传奇浪漫色彩的传说和逸闻逸事，博得了世人的厚爱，被称为“稀世的奇花异卉”和“中国独特的仙花”。

养护

绣球荚蒾为园艺种，喜阳光充足的环境，略耐阴，耐干旱，也耐寒，适应性强，对土壤要求不严，但在肥沃湿润的土壤中生长更好。其平时管理较为粗放，天旱时注意浇水，每年的早春，在其根际周围开沟施 1 次肥，即可生长旺盛，年年开花。春季萌芽前进行 1 次修剪，剪去枯死、过密、交叉或其他影响树形的枝条，以保持株型的美观。

繁殖

绣球荚蒾多为不孕花，难以结种子，因此一般用无性繁殖。可在春季或秋季扦插，也可在春季进行压条或分株。

小岩桐

小岩桐（*Gloxinia sylvatica*）也称红岩桐、小圆彤，为苦苣苔科苦乐花属多年生草本植物。株高 15 ~ 30 厘米，全株具细茸毛（包括花朵），成株由横走的地下茎萌发多数小株而成丛生状。叶对生，绿色，披针形或卵状披针形。花 1 ~ 2 朵腋生，花梗细长；花冠圆筒状，橙红色；外唇短而反卷，呈星状，赤红色；其花期很长，在适宜的环境中一年四季都可开花。

小岩桐

养护

小岩桐植株不大，花期长，花型奇特，可作盆栽或吊盆，置于阳台、窗台等光线较为明亮的地方。

小岩桐原产秘鲁、玻利维亚，喜温暖湿润的半阴环境，适宜在含腐殖质丰富、疏松透气、排水良好的沙质土壤中生长。盛夏及初秋要略加遮阴，以防烈日灼伤叶片，其他季节宜给予充足的光照。生长期保持土壤湿润而不积水，每 15 ~ 20 天施 1 次以磷钾为主的液肥，以促进开花。冬季应移入室内，不低于 10℃可安全越冬。

繁殖

可在春季进行分株，方法切取地下的取根茎苗，稍带一部分根，另外栽植即可。也可在春、秋季节剪取地下的根茎，埋入蛇木屑或其他介质中，以后保持湿润，40 天左右可长出幼苗。

迷你海葱

迷你海葱（*Ornithogalum sardienii*）为风信子科虎眼万年青属多年生常绿草本植物。植株具小鳞茎，易分生，形成大的群生株。叶细小，线状，从生于鳞茎顶端，绿色或蓝绿色。花葶高出叶面，总状花序，小花白色。

养护

迷你海葱原产南非，喜凉爽干燥和阳光充足的环境，耐干旱，怕积水。主要生长期在春秋季节，应给予充足的水分，但要避免积水。夏季植株生长缓慢或完全停滞，处于休眠半休眠状态，应稍加遮光，以避免烈日暴晒；同时要控制浇水，甚至可以完全断水，决不能长期淋雨。冬季应置于室内阳光充足处，最好保持5℃以上的室温。秋季翻盆，盆土要求疏松透气、排水性良好，并有较粗的颗粒度。

繁殖

可用分株或播种方法繁殖。

酒杯花

酒杯花（*Geissorhiza radians*）也称南非酒杯花，为鸢尾科魔杖花属草本植物。植株具小球茎。叶条形。花有蓝、橙、白等颜色，中央有红、褐等颜色斑纹、斑点，其色彩

酒杯花

对比强烈，花期晚冬至早春。

养护

酒杯花原产南非，喜阳光充足和冷凉的环境，耐干旱，怕积水，适宜生长在7～23℃的环境中。春末夏初，植株叶片开始发黄，表示即将进入休眠期，可停止浇水；待地面部分枯萎后取出球茎，放置在阴凉、通风、干燥处；等到秋天气候凉爽之时重新种入土壤中。在原产地，酒杯花生长在沙质土壤的斜坡和花岗岩露出的地面上，因此宜用排水透气性良好的颗粒土栽种。生长期要求有充足的阳光，否则难以开花。浇水一定要等土壤完全干透再浇，尤其要避免积水，开花时花瓣最好不要碰到水，以免烂掉。

繁殖

可在秋季播种，播种的实生苗2～3年才能开花。

蓝色朱顶红

蓝色朱顶红（*Worsleya procera*）也称巴西女王、镰刀叶朱顶红、蓝色孤挺花，简称“蓝朱”或“蓝孤”，为石蒜科蓝孤挺花属球根花卉。具硕大的鳞茎，地上部分高可达 1.5 米。叶绿色，革质，表面平滑，呈奇特的镰刀状。花朵硕大，直径在 15 厘米左右，蓝色至蓝紫色。花期 3 ~ 5 月。

蓝色朱顶红

蓝色朱顶红并不是朱顶红的一种，而是单独的一个属，即蓝孤挺花属。因其花序与花朵与朱顶红接近而被命名为“蓝色朱顶红”。该属只有一种，为单属单种植物，产于巴西距里约热内卢 50 公里的一座陡峭花岗岩山上，所有的植株几乎都生长在该石山的朝东方向的山坡上。

养护

蓝色朱顶红喜温暖湿润的环境，在阳光充足处和半阴处都能生长。生长适温 18 ~ 27℃，8℃以下植株死亡。夏季高温季节应通风遮阴，以避免烈日暴晒；否则叶面上会渗出细小的黏液状露滴。盆栽植株叶片应呈东西方向摆放（以模仿原产地环境），不要经常转盆，以免其失去方向性，引起叶片杂乱。保持土壤湿润，但不要积水，以免造成烂根。除冬季外，其他季节可施稀释 10000 倍的稀薄液肥。土壤要求排水透气性良好，并有较粗的颗粒度。可用兰石、珍珠岩、泥炭等混合配制，盆器的大小也要与植株相配。

繁殖

通常用分株和播种繁殖。分株在春季或初夏进行。一般实生的播种苗 3 年以上能产生若干小株，等其生长 2 年以后取下上盆，切不可过早分株，以免影响成活率。

蓝色朱顶红无法自花受精，应在花期进行人工授粉才易获得种子。种子成熟后应及时播种，为了促进发芽，可将种子在清水中浸泡 1 ~ 2 天，播后不宜覆土，只要将种子掩埋即可，15 ~ 25 天发芽。

彼岸花

彼岸花（*Lycoris radiata*）也称曼珠沙华、红花石蒜、赤团花、金灯，为石蒜科石蒜属多年生草本植物。地下具球形鳞茎，外被暗褐色膜质鳞被。叶带状，深绿色，秋季萌发，翌年夏季枯萎。花茎高 30 ~ 60 厘米，4 ~ 6 朵花排成伞形花序；花瓣倒披针形，向后翻卷，边缘皱褶；雄蕊和花柱伸出花冠外；花色以红色为主，少有白色。花期夏秋季节。

彼岸花色泽鲜红，娇艳无比，可地栽植于庭院等处，盆栽布置阳台、屋顶花园效果亦佳。

彼岸花

成片种植的彼岸花

小贴士

不要迷信植物的寓意

彼岸花开花时不见叶，而有叶时又不见花。在日本等国家传说该植物喜欢长在墓地，是通往地狱的花，因此有“地狱之花”“鬼擎火”等别名。由于其花与叶不能见面的习性，还被叫做“无情无义的花”。总之，彼岸花在一些国家是被看成一种不祥的花，其花语也多与死亡相关，像“悲伤的回忆”“死亡之美，死神之魅”“我在你看不见的地方永远守候你”，等等。

彼岸花这种花叶不相见的习性是由生长环境的特性进化而来的，其养分贮存在鳞茎内，以休眠的方式度过炎热的夏季，等到秋凉后开花，繁衍后代，随即萌生叶片，开始新一轮生命循环。在植物世界中，这种花叶不相见的种类有很多，像人们熟悉的梅花、蜡梅等都是先开花，花败后再长叶。这只是植物的一种自然生理现象，所谓的“祥”与“不祥”都是人赋予它的。还以彼岸花为例，它在不少国家却有非常美好的寓意，佛经中就称之为“曼珠沙华”，意为“开在天界之花”，是天降吉兆的四华（花）之一，见此花者，恶自去除。在我国的花语中它代表“优美而纯洁”，在朝鲜则表示“相互思念”。因此，种植此类寓意迥异的花的人，应保持良好的心态。如有心理障碍，大可不必选种这类花。

养护

彼岸花喜凉爽湿润的半阴环境，怕烈日暴晒，耐干旱。夏季的休眠期宜控制浇水，以免鳞茎腐烂。生长季节保持土壤湿润，但不要积水。每15天左右施1次腐熟的稀薄液肥。冬季保持土壤不结冰即可。对土壤要求不严，以疏松肥沃、排水良好

的微酸性土壤生长最好，栽种不宜过深，以鳞茎刚埋入土面为好。

繁殖

可用播种或分株的方法繁殖。

忽地笑

忽地笑（*Lycoris aurea*）别名黄花石蒜、铁色箭，是彼岸花的近似种，为石蒜科石蒜属多年生草本植物。伞形花序有花 4 ~ 8 朵，花黄色，花瓣强烈反卷，并皱缩，花蕊伸出花筒外。花谢后出叶，花期初秋。

忽地笑的养护与繁殖可参照彼岸花。

忽地笑的叶子（春季）

忽地笑的花箭

盛开的忽地笑

尼润石蒜

尼润石蒜（*Nerine masoniorum*）也称尼润花，为石蒜科尼润属（也称娜丽花属）多年生草本植物。植株具灰白色球形鳞茎。叶条形，绿色。花期秋冬季节，伞形花序顶生，有花 4 ~ 8 朵，花色有红、粉、白等颜色，花被裂片狭长，条状披针形，强度皱缩并向外反卷。

尼润石蒜花姿优雅，色彩丰富，或淡雅或绚丽，可盆栽观赏或地栽布置庭院，也可作切花使用。

尼润石蒜

养护

尼润石蒜原产南非，喜凉爽湿润和阳光充足的环境，略耐阴。种球宜在春天种植，栽种不宜过深，以球颈露出土面为宜，在全光照的条件下植株生长迅速，可保持土壤湿润而不积水，每月施1次淡肥。花后将花盆移至冷凉的室内越冬或将种球掘出，等翌年春季重新种植，盆土要求肥沃疏松、含腐殖质丰富、排水透气性良好、pH 5.5左右，并掺入少量的过磷酸钙或骨粉等含钙量较高的肥料作基肥。

繁殖

可用分种球或播种的方法繁殖。

百子莲

百子莲（*Agapanthus africanus*）也称蓝花君子兰、紫穗兰、非洲百合、尼罗百合，为石蒜科百子莲属多年生草本植物。具短缩的根状茎和多数绳状须根。叶长剑形，二列基生，叶色浓绿，表面光滑。花葶直立，由叶丛中抽出，伞形花序，每个花序有花20～50朵或更多；花被6片，聚合成漏斗形；花瓣略向外翻卷，蓝色，另有白花、紫花、大花、小花以及斑叶等变种。花期5～8月，单个花序可开放1个月左右。蒴果，内有种子多数，种子具翅。

百子莲

百子莲也称百子兰，因花后结籽众多而得名，因籽多，在希腊语中还被引申为“爱情花”或“爱之花”，花语是“浪漫的爱情”或“爱情降临”。其叶色浓绿似剑，开花秀美素雅，是良好的观叶、观花植物。因花梗挺拔健壮，还是很好的切花材料，花序剪下后要立即插入水中，否则伤口流出的黏液凝固后会堵塞毛细管，影响吸水能力，导致花朵提前凋谢。

养护

百子莲原产南非，喜温暖湿润的半阴环境，不耐寒，也怕热，怕积水，也不耐旱。主要生长期在春季、初夏及秋季，宜给予充足的光照，保持土壤湿润。每 10 ～ 15 天施 1 次腐熟的稀薄液肥或以磷钾为主的复合肥，花前增施磷肥，可促使开花繁茂，花大色艳。花后植株生长速度减慢，进入半休眠期，应控制浇水，停止施肥，注意通风，并避免烈日暴晒。冬季应控制浇水，5℃以上可安全越冬。

春季或秋季换盆，对土壤要求不是太严，但在疏松肥沃、含腐殖质丰富、排水良好的沙质土壤中生长更好，栽种时施足基肥。病害主要有叶斑病，可用甲基硫菌灵或多菌灵等杀菌药物喷洒防治。

繁殖

结合换盆进行分株。也可用播种的方法繁殖，小苗生长缓慢，需 4 ～ 5 年，甚至更长时间才能开花。

网球花

网球花（*Haemanthus multiflorus*）也称网球石蒜，为石蒜科网球花属多年生草本植物。鳞茎球形，有红色斑点。叶 3 ～ 4 枚，长圆形。花茎直立，扁平，实心；由多朵小花组成伞形花序，排列密集；以红色为主，也有白色。花期夏季。

养护

网球花喜温暖湿润的半阴环境，耐干旱，不耐寒，适宜在排水良好的沙质土壤中生长。生长期应保持土壤湿润而不积水，每 2 周左右施 1 次腐熟的稀薄液肥。夏秋季节忌烈日暴晒，尤其是开花的时候更要适当遮光，以延长花期。冬季植株休眠，叶片枯萎，可将鳞茎掘出或留在原盆内越冬，控制浇水，5℃以上可安全越冬。

网球花

繁殖

以春季分株为主，也可播种繁殖。

蒟蒻薯

蒟蒻薯（*Tacca chantrieri*）也称箭根薯、山大黄，因整个花序酷似一张呲牙咧嘴的老虎脸，尤其是细长的苞片酷似虎须，因此又有“老虎花”“老虎须”的别名；为蒟蒻薯科蒟蒻薯属多年生草本植物。粗壮的根茎近圆柱形，

蒟蒻薯

盆栽蒟蒻薯

叶长圆形或长圆状椭圆形，绿色。花葶较长，总苞片4枚，紫褐色；内部的小苞片10枚或更多，线形，长约12厘米或更长；伞形花序内有紫褐色花朵5～7朵。4～11月开放。浆果椭圆形，紫褐色，具6棱，顶部有宿存的萼片。

蒟蒻薯属植物是一个分布于热带的小家族，有10多种，其大苞片的形状和颜色以及须状小苞片的发达程度变化很大：像老虎须的大苞片垂直向上，小花和“胡须”分别向上和向下扇形排列，小花从中间向两边依次开放，整个花序看上去活像一张老虎的脸；裂叶蒟蒻薯的大苞片为绿色，比较小，“胡须”也是绿色的，多且长，整个花序呈圆球形，就像一个披头散发的狮子头；丝须蒟蒻薯的大苞片，白色或紫黑色，形如兔子耳朵，再加上同色的长须，非常招人喜爱；扇苞蒟蒻薯的大苞片比人脸还大，就像两个扇子合在一块，“胡须”也是最长的，可到80厘米，非常壮观；水田七的大苞片和“胡须”以及整个植株都很小，花序也很矮小，像塌在地上一样；而在东南亚分布的一些种类则“胡须”全部退化掉了，大苞片也变得和叶片相似，分上、下两层，小花轮状排列其间；最特别的要数南美洲分布的南美蒟蒻薯，它的大苞片向上反卷起，形似一个跳芭蕾舞的女孩。

养护

蒟蒻薯生长在低山沟谷密林下或溪边沼泽地，喜温暖湿润的环境，耐阴，怕烈日暴晒。平时放在无直射阳光的半阴处养护，开花前可适当增加光照，以促进花的发育。生长期除浇水外，还要经常向植株及周围环境喷水，以保持土壤和空气湿润。夏季高温时注意通风的良好，以避免因闷热潮湿引起的杂菌滋生，导致烂根。每月施1次稀薄的液肥或复合肥。冬季最好维持15℃的室温，低于10℃则会受到冻害。土壤要求疏松透气、含腐殖质丰富，可用草炭、树皮的混合材料种植。

繁殖

可采用播种、分株的方法繁殖。

鸢尾

鸢尾（*Iris tectorum*）也称蓝蝴蝶、扁竹花，为鸢尾科鸢尾属多年生宿根草本植物。叶剑形，淡绿色、草质，全缘，具平行的叶脉。花茎由叶丛中抽出，高出叶面，总状花序着花 1 ~ 4 朵；花形似蝶，花被分内、外两轮，外轮三枚较大，并向外弯曲，内轮 3 枚呈直立状；花色以蓝紫色为主，根据品种的不同，还有白、红褐、黄、紫，以及由两种以上颜色组成的复色等颜色。花期 4 ~ 6 月。蒴果长卵形，7 ~ 9 月成熟，内有棕红色种子。

鸢尾属植物约有 300 种，根据地下茎的不同分为宿根鸢尾和球根鸢尾两大类，地下部分为根状或根茎状的鸢尾叫“宿根鸢尾”，而地下部分为球茎状的叫“球根鸢尾”。该植物广泛分布于北半球的温带地区，每种又有不同的品种，但无论什么品种、花色的

德国鸢尾

红褐鸢尾

笛声鸢尾

短梦鸢尾

不朽白鸢尾

洋娃娃鸢尾

音箱鸢尾

鸢尾花，花朵都由 6 个花瓣状的叶片构成的包膜、3 个或 6 个雄蕊和由花蒂包着的子房组成，这也是鸢尾花属植物的一个重要特征。主要有‘蓝蝴蝶鸢尾’‘德国鸢尾’‘银苞鸢尾’‘黄鸢尾’‘西伯利亚鸢尾’‘马蔺’‘金娃娃鸢尾’‘不朽白鸢尾’‘花菖蒲’‘黄褐鸢尾’‘黄菖蒲’‘水生鸢尾’等品种。

古铜红鸢尾 黄褐鸢尾 金娃娃鸢尾

惊险鸢尾 乌苏里鸢尾 樱花园鸢尾

日本鸢尾（日本蝴蝶花） 紫蝴蝶鸢尾 花菖蒲

小贴士

鸢尾名字的文化底蕴

鸢尾，因花瓣很像鸢的尾巴而得名。鸢为鹰科的一种鸟，《诗经·大雅·旱麓》曰："鸢飞戾天，鱼跃于渊。"其蓝紫色的花朵盛开于挺拔似剑的绿叶之间，就像一只只飞舞的蓝蝴蝶，轻盈飘逸，极具动感，难怪又有"蓝蝴蝶"的别名。鸢尾是鸢尾科鸢尾属植物的统称，其花色很丰富，除了常见的蓝紫色花外，还有白、黄、红褐、近似于黑色、复色等多种颜色。属名"Iris"在古希腊语中是"彩虹"的意思，寓意其花色丰富。

鸢尾是一种极具文化色彩的植物，在西方文化中属名"Iris"被译作"爱丽丝"，这是希腊神话中的彩虹女神，她是众神与凡间的使者，主要任务是将善良人死后的灵魂通过天地间的彩虹带到天堂。至今，希腊人常在墓地种植此花，就是希望人死后的灵魂能托付爱丽丝带回天国，这也是花语"爱的使者"之由来。在埃及，鸢尾花则代表了"雄辩"和"力量"。不同颜色的鸢尾花也有不同的含义，像紫色的表示"爱意与吉祥"；白色代表"纯真"；明黄色的小鸢尾则有"同心、协力"之意。在以色列，黄色的鸢尾花则是黄金的象征。鸢尾花还是西方画家笔下的宠物，莫奈、梵高等画家都有以鸢尾花为题材的油画作品。

在诗人笔下，鸢尾花是一种具有浪漫色彩的花，像现代诗人舒婷就曾经写过一首长诗——《会唱歌的鸢尾花》，这是舒婷的代表作之一，也是朦胧诗中较为著名的作品之一。

鸢尾花跟百合花很相似，一眼望去，似乎两者都有6枚"花瓣"，而实际上它们是不同科的植物，主要区别是鸢尾花只有3枚花瓣，其余外围的那三瓣乃是保护花蕾的萼片，只是由于这3枚瓣状萼片长得酷似花瓣，以致被误认为是花瓣。此外，鸢尾的"花瓣"一半向上翘起，一半向下翻卷，而百合花的花瓣却一律向上。由于欧洲人还把鸢尾花称作"百合花"，故不少人以为法国的国花是百合花。在汉语中，经常把 fleur-de-lris 翻译成"金百合"，正确的译名应该是"香根鸢尾"。

《马兰花》是一部以"惩恶扬善"为主题的童话剧，剧中以一朵具有神奇魔力的马兰花为主线。其实，在大自然中还真有一种"马兰花"，这就是鸢尾属植物中的马蔺，该植物的别名很多，除了叫马兰（花）外，还有马莲、旱蒲、蠡实、荔草、剧草、豕首、三坚、马韭等多种别名，其习性强健，抗逆性强，尤其耐盐碱，虽然没有童话中那种神奇的魔

力，却具有独特的生物学特性和利用价值，是坡地保护、观赏地被建设的优良材料。

养护

鸢尾喜阳光充足和温暖湿润的环境，耐半阴，也耐寒冷，怕炎热和积水。管理较为粗放，要求土壤排水良好，每年的早春移栽定植。栽种前施足基肥，栽种不宜过深，以根茎不外露为宜。开花前和花谢后各施1次腐熟的稀薄液肥；生长期注意浇水，花谢后植株处于休眠状态，应控制浇水，雨季注意排水，勿使土壤积水造成根茎腐烂。

繁殖

以分株为主，在春秋季节或花后结合分栽进行。方法是选择多年生的老株，用利刀将其切成每3～4芽一丛，将伤口涂抹木炭粉后栽植。也可在9～10月进行播种，播后置于冷室内，经低温后，翌年的春季出苗。

火星花

火星花（*Crocosmia crocosmiflora*）也称雄黄兰，为鸢尾科雄黄兰属多年生草本植物。球茎扁圆形，外有褐色纤维质膜，地上部分高50厘米左右，有分枝。叶线状剑形，基部有红鞘抱茎而生。花多数，排列成复圆柱状

花序；花朵漏斗形，有红、橙、黄等颜色，花期 6 ~ 8 月。蒴果，内有种子数粒。

养护

火星花原产南非，喜温暖湿润和阳光充足的环境，有一定的耐寒性，在长江中下游地区可露地越冬，北方地区多做盆栽观赏或作季节性草花使用。生长期可放在室外阳光充足、空气流通处养护，给予充足的水分，以促进植株生长；但要避免积水，以防烂根。3 月的萌芽期以及孕蕾期、花谢后各施 1 次肥，以使其花繁叶茂，形成充实的新球茎。冬季地上部分枯萎，可将球茎留在原处越冬；也可掘出，沙藏，置于冷室内越冬，等翌年春季重新种植。

繁殖

火星花的自繁能力较强，繁殖可在春季分球茎，栽种前要施足基肥，整成高畦，栽种深度 2 ~ 3 厘米，大球当年开花，小球翌年开花。

仙火花

仙火花（*Veltheimia capensis*）为百合科仙火花属多年生草本植物。植株具鳞茎。叶带状披针形，波状缘。穗状花序，长筒状小花下垂，聚生于花茎顶端；花色淡红。花期春季。

仙火花姿态优美，尤其是波状的叶缘很有特色，可盆栽布置阳台、窗台等处，也可作切花使用。

仙火花

养护

仙火花喜凉爽的半阴环境，忌高温，怕积水。夏季高温季节植株休眠，此时宜保持通风凉爽的环境，不要被雨淋和烈日暴晒。主要生长期在秋季至翌年的晚春，宜半阴的环境，保持土壤湿润而不积水，每月施 1 次以磷钾为主的淡淡的液肥，冬季移入室内阳光充足处，5℃以上可安全越冬。秋季进行翻盆，盆土要求疏松肥沃、含腐殖质丰富、排水性良好。

繁殖

可结合秋季翻盆进行分株。也可在秋季播种繁殖。

冷凉型酢浆草

冷凉型酢浆草是指秋天至翌年春天的冷凉季节生长、开花，夏季休眠的酢浆草种类，由于是在秋天种植，故也称“秋植酢浆草”。这是一种近乎于完美的盆栽花卉，也是近年来较为流行的花卉。具有品种繁多、花色丰富、花期长、开花量大、繁殖容易等特点，有些品种叶形奇特，既可观花，又能赏叶，还有少量的品种以新颖奇特的叶取胜，可作为观叶植物栽培。用于装饰阳光充足的阳台、厅堂等处，花团锦簇，非常美丽，是冬春季节重要的盆栽花卉。

冷凉型酢浆草为酢浆草科酢浆草属(*Oxalis*)多年生草本植物，有数百个品种。大部分品种具小球根，少量的品种有块根或小鳞茎，甚至只有须根，其球根或鳞茎外皮黑褐色。大多数品种具长长的叶柄，叶单生或掌状复叶，叶形有圆形、心形、椭圆形、棒状、长条形等多种形状，以绿色为主，也有紫红色或叶面上有斑纹的品种。花单生或数朵聚集成伞状花序，花朵单瓣或重瓣。大多数品种通常在天气晴朗的时候开放，傍晚闭合，如此反复，每朵花可开 3 ~ 5 天；若遇阴雨天或栽培环境光照不足，则不能开放。也有少量的品种在阴天开花。花色有红、粉、黄、橙、白以及复色等多种颜色。早花系列的品种在 10 ~ 11 月就能开放，晚花品种的花期为翌年的 3 ~ 5 月，个别品种花期可持续至 6 月。主要有‘黄双色’‘转向’‘羽扇豆叶’等早花系列品种；伞骨系列、芙蓉系列、obtuse 系列(简称 ob 系列)以及‘黄麻子’‘大饼脸’‘粉双色’‘双色冰淇淋’‘爪子’‘棕榈叶’‘棒叶’‘桃之辉’等。

‘双色冰淇淋’酢浆草

‘粉芙蓉’粉酢浆草

‘棕榈叶’酢浆草

‘白芙蓉’酢浆草

‘黄麻子’酢浆草

‘紫叶’酢浆草

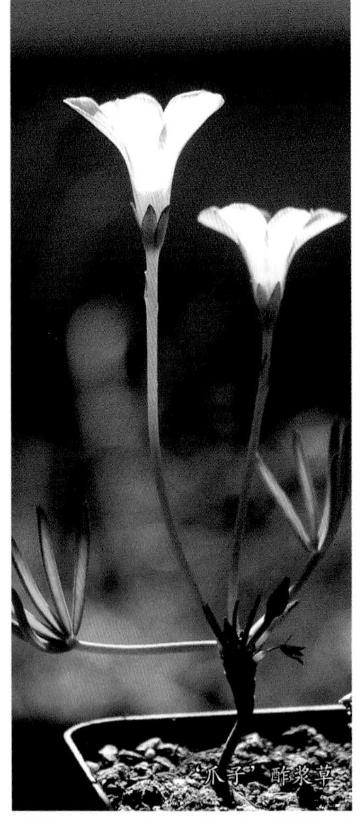
‘爪子’酢浆草

养护

冷凉型酢浆草喜阳光充足和凉爽湿润的环境，要求有较大的昼夜温差，耐瘠薄，怕积水和酷热，也不耐寒。一般在 8 月中下旬上盆栽种，盆土要求疏松透气、具有良好的排水性，可以用草炭土、炭化稻壳、珍珠岩等混合配制，上盆时施少量的基肥。种植深度不宜过深，以种球的 1 ~ 2 倍为宜。上盆时不要将盆土填得太满，半盆土即可。因为刚刚开始生长的时候，气温相对来说还比较高，此时植株容易徒长，会长出很细很长的无叶走茎，直到 9 月或更晚的时候才开始展叶；10 月中旬可以再次填土，将徒长的走茎埋入土壤中，这样更有利于来年在这段走茎的茎结上形成新的种球，并且植株显得更矮更壮。

生长期要求有充足的阳光，如果光照不足，会造成植株徒长，瘦弱不堪，难以开花。栽培中勿使温度过高，否则会造成植株休眠。最好有 10 ~ 15℃的昼夜温差，一般白天保持 20 ~ 25℃，不要超过 30℃，夜晚保持 5 ~ 10℃。长期低于 0℃则会受冻害，更不能让雪霜洒落在叶面上，以免形成冻斑。

生长期应保持土壤湿润，但不要积水，以免烂根。冷凉型酢浆草虽然耐瘠薄，但由于开花量大，消耗的养分多，可每周施 1 次腐熟的稀薄液肥或向叶面喷磷酸二氢钾之类的以磷、钾肥为主的无机液肥，以促进植株开花。肥液宜淡不宜浓，如果浓度过大还会造成烂根；更不要施尿素等以氮为主的肥，否则会造成植株徒长，影响株型美观，减少开花。

冬季还要注意红蜘蛛、蚜虫的危害，尤其是红蜘蛛对于冷凉型酢浆草有致命性的伤害，它不仅可使植株的叶片变得斑斑点点，失去观赏性，而且还影响来年种球的形成。一旦发现红蜘蛛、蚜虫，可用杀螨类药物进行防治。根粉栽培材料。洋兰种类繁多，根据不同的品种生长习性可采用不同的栽培介质，可用泥炭藓、蕨根、碎砖块、木炭块、椰子壳、槐树皮、花生壳、柿树皮、腐熟橡树叶等。地生性的洋兰宜用泥炭藓、腐熟橡树叶、沙配制，附生性的洋兰可用蕨根、碎砖块、木炭块、椰子壳、槐树皮配制；对强附生性的（如万带兰）洋兰要用大一点的树皮块或纯蕨根，以保证其充分透气；对强地生性的（如苇叶兰）可用腐叶土，甚至用沙性土。

大部分洋兰都要求冬季温度在 15℃以上；春石斛、大花蕙兰等耐寒品种，保持 5 ~ 7℃即可；绿叶型兜兰等喜冷凉的洋兰，则宜保持 8℃以上；文心兰、蝴蝶兰应该保持 12℃以上（春花种）。同时要避免温度忽高忽低，且日温要比夜温高 5℃以上，否则植株显得无生机。而怕冷的蝴蝶石斛（秋石斛）、万带兰要保持 20℃以上。越冬温度偏低，会造成生长迟缓，花期推后或不开花。

大部分种类的洋兰繁殖可用分株、无菌播种、组培等方法，某些品种也可用扦插的方法繁殖。

魔鬼文心兰

魔鬼文心兰（*Psychopsis mendenhall*）也称蝴蝶文心兰、飞蛾文心兰，为兰科拟蝶唇兰属（也有资料将其划归为文心兰属）常绿草本植物。具粗大的假鳞茎。叶厚革质，长约 20 厘米，绿色，上有花纹，叶背常有紫红色斑点。花序细长，长达 1 米，花单朵或 2 朵生于花茎顶端，花朵硕大，其形酷似一只鲜艳的蝴蝶，尤其是细长的花瓣，就像蝴蝶长长的触须，惟妙惟肖，大自然之鬼斧神工令人赞叹。在适宜的环境中，一年四季都可开花，单朵花可开 15 ~ 20 天。

拟蝶唇兰属只有 5 种，其形态独特，趣味盎然，有着较高的观赏性。

养护与繁殖可参考上面小贴士“洋兰的养护”。

魔鬼文心兰

白仙女文心兰

白仙女文心兰为兰科多年生附生草本植物，由齿舌兰属、文心兰属、堇花兰属植物杂交而成的品种。花朵硕大，白色，中心部位有褐色斑点。

养护与繁殖可参考上面小贴士“洋兰的养护”。

白仙女文心兰

白拉索兰

白拉索兰为兰科白拉索兰属（*Brassavola*）附生草本植物。假鳞茎较小。叶 1 ~ 2 枚。花白色，夜晚能散发出芳香气味。花期夏秋，可持续开放 2 ~ 4 周。其花色素雅，芳香浓郁，与多种洋兰有很好的亲和力，是杂交育种的优良母本，常与卡特兰属、蕾丽兰属植物杂交，选育新品种。

养护与繁殖可参考上面小贴士“洋兰的养护”。

白拉索兰

吊桶兰

吊桶兰为兰科胄花兰属（*Coryanthes*）附生草本植物。其花序下垂，唇瓣形如吊桶，所散发出浓郁的芳香更是迷人，其实这奇特的造型和浓郁的芳香是其为了传宗接代而进化来的。我们知道，大多数开花植物利用美味的花蜜来吸引昆虫为之传粉，吊桶兰吸引昆虫的过程还颇有趣味。它从两个分泌腺中分泌出糖浆液，所散发出的香味正是一种叫“兰花蜂”的雄蜂在求偶时所需要的香味。吊桶兰桶状的唇瓣则是为传粉昆虫设下的“圈套”，当兰花蜂钻进花心时，就会自然滚落到“吊桶”中，而“吊桶”内又湿又黏，蜂要想从中逃脱，只得从花的蕊柱基部出口挣扎出来，而狭小的出口让兰花蜂的身上沾满了花粉；当兰花蜂为了追逐香味飞向另一株吊桶兰时，重复栽进“桶”里，就帮助吊桶兰完成了授粉的过程。

吊桶兰原产中南美洲，栽培养护与其他洋兰近似，可参考上面小贴士“洋兰的养护”进行。

吊桶兰

猴面小龙兰

猴面小龙兰（*Dracula simia*）也称猴脸兰，为兰科小龙兰属附生草本植物。其花朵酷似一张猴脸。花朵最外面3枚萼片，像花瓣一样组成了“猴脸”的轮廓，两枚侧生花瓣点出了机灵的“眼睛”，“猴鼻子”由兰花所特有的蕊柱组成，惟妙惟肖的“猴嘴”则由变化多端的唇瓣构成。除猴脸外，该植物的花朵还有两个显著的特征，即两根长刺和长萼，这也是“小龙兰”命名的原因。

1978年，植物学家卡莱尔·鲁尔(Carlyle Luer)在厄瓜多尔发现了猴面小龙兰，加上之前和之后发现的类似物种，目前猴面小龙兰家族里的种和天然杂交种有120多个，其中的绝大部分物种分布在厄瓜多尔，少量分布在哥伦比亚、秘鲁、哥斯达黎加、巴拿马等国家。这些物种在花色上，尤其是唇瓣的形状和结构上存在着差异。这类兰花能在任何季节开花，所散发出的气味与成熟的橘子或蘑菇味类似，以吸引蝇类为其传粉。

毛猴面兰(*Dracula diana*)

D. terborchii

养护

猴面小龙兰喜凉爽湿润的环境，怕酷热，也不耐寒，生长适温10～25℃，低于10℃，高于30℃则生长不良，甚至死亡。在明亮的散射光条件下生长良好，怕烈日暴晒。宜用蕨根、树皮块、苔藓、木炭等基质栽培。猴面小龙兰没有假鳞茎，抗旱能力较差，平时应保持基质湿润，但不要积水。生长季节如果空气干燥，还要向植株及周围环境洒水，以增加空气湿度；秋季则要控水，保持微湿状态即可；冬季低于10℃则停止浇水。4～10月的生长期，每15天施1次稀薄的兰花专用肥或其他复合液肥。花芽生长期隔周喷施1次磷酸二氢钾溶液，以促使花箭粗壮，花朵靓丽。

繁殖

在春季分株。也可在春季或秋季进行播种繁殖。

细叶颚唇兰

细叶颚唇兰（*Maxillaria tenuifolia*）也称薄叶腮兰、薄叶颚唇兰、腋唇兰，为兰科颚唇兰属（也称腮兰属、腋唇兰属）多年生附生草本植物。根状茎直立，基部生根，包裹有鳞片状褐色苞片。假鳞茎疏生，从根状茎的节上生出，卵形，扁平，原始种长2.5厘米左右，人工栽培种较大，可长到5厘米左右。线形叶1枚，由假鳞茎顶部抽出，绿色，质薄，长30～37厘米。花葶从假鳞茎基部抽出，长约5厘米；花单生，花径3～5厘米，花质厚；花色常有变化，呈鲜红色至暗红色，有或深或浅的黄色斑点和条斑；唇瓣白色，有红褐色斑点；花朵具有奶油巧克力般的浓郁香味。花期夏秋季节。

细叶颚唇兰的花

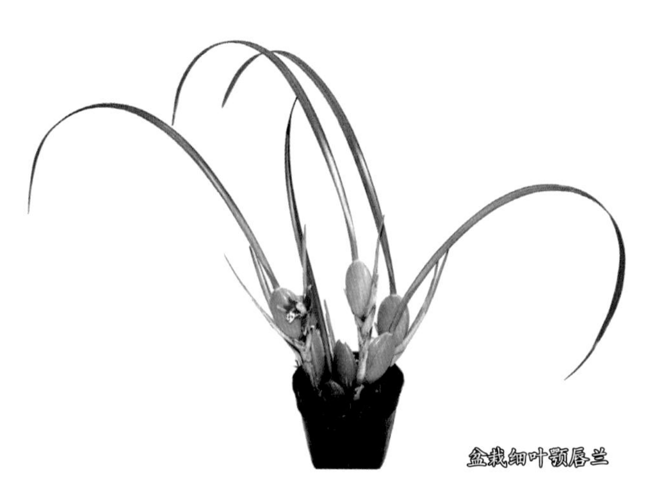

盆栽细叶颚唇兰

小贴士

颚唇兰属的由来

颚唇兰属的属名“Maxillaria”来源于“Maxilla”，是“下巴（下颚）”的意思，指其蕊柱和唇瓣的形态很像张开口的昆虫下巴（下颚）。该属植物约300种，形态和大小差异很大，但营养特征基本一致，即假鳞茎生于粗短或延长的根状茎上，顶部长有1～2片叶。花侧生或生于假鳞茎基部，单朵或数朵；依种类的不同，大小有很大变化；其色彩艳丽，花形似兰属植物的花，但较小。

颚唇兰很早就被引入欧洲，容易栽培，开花频繁，花香浓郁。主要种类除细叶颚唇兰外，还有变色颚唇兰、白花颚唇兰、卡氏颚唇兰、大花颚唇兰、黄白花颚唇兰、斑点颚唇兰等。

养护

细叶颚唇兰原产墨西哥、洪都拉斯、尼加拉瓜、哥斯达黎加等国家，附生于低地雨林至海拔1500米的密林树上或石上，喜高温、高湿和阳光充足的环境，不耐寒，稍耐干旱。

5～9月的生长期可放在没有直射阳光处养护，并注意通风，防止闷热环境对植株造成伤害；其他季节则应给予充足的阳光。生长期要有足够的肥水，否则其假鳞茎得不到充足的养分，不仅变小，而且还容易发皱，缺乏光亮润泽的色彩，严重影响观赏效果。平时可将一些缓性肥料放在盆面，供植株慢慢地吸收。在春夏的生长旺季，每周喷施1次速效肥料，以促进植株生长。需要指出的是，细叶颚唇兰喜碱性栽培介质，施肥时注意勿使用酸性肥料，并经常用香菇等碱性食品泡水浇灌。生长期保持栽培材料湿润而不积水，最好等栽培材料半干时浇1次透水，并经常向植株及周围喷水，以增加空气湿度；但水珠不要长期滞留在叶片或新芽上，以免发生腐烂病。生长后期应适当保持干燥，以促使假鳞茎发育成熟。

越冬温度不低于10℃，最好能有10℃左右的昼夜温差。同时要控制浇水，保持根部的干爽，以假鳞茎不皱缩为度。

繁殖

常用分株的方法。因其是附生植物，宜用水苔、蕨根或树皮块、砖块、陶粒、木炭等材料栽种。

红尾铁苋

红尾铁苋（*Acalypha pendula*）也称猫尾红，为大戟科铁苋菜属常绿灌木。枝条呈半蔓性，能匍匐地面生长，若用吊盆栽培呈悬垂状。叶互生，卵形，先端尖，叶缘具细齿，两面被毛。柔荑花序顶生，具茸毛光泽，鲜红色，形似猫尾，又像红色毛毛虫。自然花期为春季至秋季，而在人工栽培的环境中一年四季都可开花。

红尾铁苋

吊盆栽种的红尾铁苋

同属中近似种有红穗铁苋菜(*Acalypha hispida*)，也称狗尾红、毛毛虫。植株直立生长，多分枝。雌雄异株；雌花序腋生，穗状，长 15 ～ 30 厘米，红色。

狗尾红

红尾铁苋奇特而富有野趣，常做吊盆栽种，悬挂于窗前等处，随风摇曳，非常美丽，也可陈设于案头、几架、柜顶等处观赏。

养护

红尾铁苋喜温暖湿润和阳光充足的环境，不耐寒，怕干旱，生长适温 20 ～ 30℃。生长期可放在室外阳光充足、空气流通的地方养护，但夏季仍要防止烈日暴晒；注意保持土壤和空气湿润。生长季节每周施 1 次低氮、高磷钾的复合肥或腐熟的稀薄液肥，以促使花序的形成。在冬季，宜将其移至室内阳光充足处，温度最好控制在 15℃以上，如果低于 10℃就会造成植株落叶，严重时甚至导致植株死亡；要减少浇水，保持盆土不过于干燥即可；还要经常用与室温相近的水向植株喷洒，以免造成叶片边缘干枯。2 ～ 3 月进行 1 次修剪，将过长的枝条剪短，剪去病枝、枯枝，以促发健壮的新枝。

3 ～ 4 月进行换盆，盆土要求疏松透气、含腐殖质丰富，可用腐叶土、园土各一份，再掺入少量腐熟马粪混匀后使用。

繁殖

可结合春季换盆进行分株；也可进行扦插，在春季可剪取头年生的健壮枝条作插穗，5 ～ 6 月可采集当年生健壮而充实的枝条作插穗。

王莲的叶子能够承受起孩子的重量

王莲，其层层叠叠的花朵，犹如一朵巨型牡丹花漂浮在水面上，雍容华贵，有“莲中之王”“水中花王”之美誉。王莲不仅花美，叶子也很奇特，就像一个个硕大的绿色盆子漂浮在水面上，微风吹来，摇曳晃动；其构造十分科学，为了防止下雨时积水过多，将叶子压沉或压烂，在其直立的叶缘两侧还各有一个供排水用的裂口，大自然的鬼斧神工令人惊叹。王莲是著名的热带观赏花卉，硕大的叶子、花朵都是水生植物中的佼佼者，是现代园林水景中必不可少的观赏植物，也是花卉展览中不可缺少的珍贵花卉，具有很高的观赏价值。王莲还能净化水体。

王莲原产南美洲的热带地区，生于河湾、湖畔的水体中，喜阳光充足、高水温和高气温的环境，不耐寒，适宜在肥沃、土层深厚的土壤中生长。在我国北方地区，可在大型温室内栽培；也可做一年生植物栽培，冬春季节于温室内播种育苗，春季定植于室外水池，到了 7 ~ 8 月就会开花，花期可延续至国庆节前后。

观赏向日葵

观赏向日葵（*Helianthus annuus*）为菊科向日葵属一年生草本植物。与植株高大、花盘硕大、籽粒饱满的食用向日葵相比，观赏向日葵的植株较小，一般不超过 2 米，而且多分枝。其花色丰富，除了常见的黄色外，还有橙色、桃色、红色、白色、柠檬色、铜锈色、浅绿、黑色，以及一朵花上能开出两种以上颜色的复色等；花型则有单瓣与重瓣之分。但种子较小，结实率也低，很少用来食用。

观赏向日葵品种繁多，像‘红柠檬’‘绿波仙子’‘金富贵’‘柠檬碧翠’‘穆天子’‘桃之春’‘帕蒂小葵’‘醉云长’等都是其中的名品。其缤纷的色彩、别致的花型，彻底颠覆了人们对向日葵的传统印象。除盆栽观赏外，因其花梗粗壮挺拔，花期长，还是很好的切花材料，可用于各种插花、花艺作品的制作。

向日葵景观

观赏向日葵

养护

向日葵喜温暖湿润和阳光充足的环境，稍耐半阴，忌阴湿，不耐寒。地栽对土壤要求不严，但在肥沃、土层深厚的土壤中生长较好；盆栽宜用肥沃的园土加1/3的沙土混合配制，并掺入少量腐熟的畜禽粪作基肥，用较大的花盆种植。生长期要求有充足的阳光，浇水做到“干透浇透”，避免土壤积水和长期干旱。盆栽植株每7～10天施1次腐熟的稀薄液肥或复合肥，苗期以氮肥为主，以促使枝叶繁茂；育蕾后则应多施磷钾肥，以提供充足的营养，使花蕾健壮生长，有利于开花。地栽植株如果土壤肥沃，也可不施肥。

繁殖

可在春、夏季节播种，播后30～50天见花，可根据观赏时间确定播种日期。

小贴士

向日葵“向日”之谜

向日葵，因花盘的方向始终向着太阳的方向而得名，此外还有向阳花、葵花、转日莲等别名。它那永远向阳的品格，则给人以忠贞不贰的启迪，宋代文人梅尧臣曾用以下诗句来赞美向日葵的这种品格：“此心生不背朝日，肯信众草能翳之。真似节旄思属国，向来零落谁能持？”

向日葵的“向日”特性是植物的向性运动造成的，是大自然长期选择形成的。在向日葵花盘基部花柄的纤维细胞里，含有一种奇妙的生长刺激素，这种生长刺激素喜阴怕阳，背光部分多，而向光部分少。当阳光正面照射时，生长刺激素便大量转移到茎的背光面，并刺激纤维细胞迅速繁殖；而向光面因生长刺激素少而纤维细胞生长缓慢，这样就产生了向光弯曲的现象，使得花盘总是向着太阳。需要指出的是，向日葵这种向日的习性只在花盘形成的初期有，以后随着花盘的成熟增大，其“向日”的习性会逐渐消失。

还有科学家指出，向日葵的外形包含了黄金分割的原理，其花盘上有一左一右的螺旋线，每一套螺旋线如果左旋是21条，那么右旋线一定是13条，21与13的比值恰巧与黄金分割比值相同。此外，向日葵花盘外缘有两种不同形式的小花，即舌状花和管状花，它们的数目分别是55和89，其比值恰是0.618，向日葵的这种外形的黄金分割比例，是大自然为其更好地吸收阳光所设计的。这也告诉我们，许多花草植物最优化的功能，也是其最美丽的表现形式，由此可见大自然之神奇。

花韭

花韭（*Ipheion uniflorum*）也称观赏韭菜，因叶子的形状、气味都与韭菜近似，花色鲜艳而得名，为百合科紫星花属多年生球根植物。植株具小球茎。叶子比韭菜短而宽。花色有白、粉、红、蓝紫等颜色，单朵花直径约 3 厘米。花期 3 ~ 5 月，在花期内可反复多次开花。

花韭

养护

花韭喜凉爽湿润和阳光充足的环境，具有高温夏季休眠的习性。每年的 4 ~ 5 月，随着天气的炎热，叶片枯萎，植株进入休眠状态，这时可停止浇水，等盆土干燥后将种球挖出，贮藏在干燥通风处，切勿用密闭的容器贮藏。等秋凉后重新种植。盆土要求含腐殖质丰富，疏松透气，以有利于球茎的发育。通常用草炭加珍珠岩、炉渣等混合配制。生长期给予充足的阳光，保持土壤湿润而不积水。冬季温度不宜过高，以不结冰为宜，这样可促使花芽的形成。

繁殖

可用分株的方法，也可在秋季播种。

紫娇花

紫娇花（*Tulbaghia violacea*）也称洋韭菜、野蒜、非洲小百合，为石蒜科紫娇花属多年生球根植物。植株丛生，株高 30 ~ 50 厘米，具柱形小鳞茎。叶狭长线性，形似韭菜叶，全株具有韭菜的香气。花茎由叶丛中抽出，顶端着生 8 ~ 20 朵紫色花朵。在适宜的环境中全年都可开花，尤其以夏秋季节最为繁盛。

紫娇花

养护

紫娇花喜温暖湿润和阳光充足的环境，在半阴处也能生长，不耐寒，生长适温 24 ~ 30℃。生长期应尽量给予充足的光照，否则会出现开花不良现象；宜保持土壤湿润，尤其是盛夏高温季节更要及时补充水分，以免因干旱引起植株枯死。

紫娇花耐寒性较差，冬季地上部分枯萎，等翌年春季气候转暖后，又会有新叶长出。

繁殖

可在春季分株或播种。

美国薄荷

地栽美国薄荷

美国薄荷

美国薄荷（*Monarda didyma*）也称马薄荷、洋薄荷、蜂香薄荷，为唇形科美国薄荷属宿根草本植物。全株具有类似柑橘与薄荷混合的芳香气味。茎直立，四棱形。叶对生，质薄，卵形或卵状披针形，叶缘有锯齿。轮伞花序密集多花，在茎的顶端集成直径6厘米左右的头状花序，花冠紫红色，花期6～9月，果实具4个小坚果。其园艺品种很多，有些品种花序最大能达11厘米，花色除了红色外，还有粉红、白、紫堇以及红花白边等颜色。

美国薄荷花色浓艳，花期长，而且开花整齐，枝叶芳香宜人。盆栽布置庭院、阳台、窗台等处效果好。其花梗粗壮，还可作鲜切花，用于制作插花、花艺作品。此外，美国薄荷还是很好的香料植物，可从其新叶中提取香料，或将其花朵取下阴干，作熏香剂或泡茶饮用。

养护

美国薄荷喜凉爽湿润和阳光充足的环境，亦耐半阴，耐寒冷，不耐干旱，在肥沃、湿润的沙壤土中生长较好。生长期要求有充足的阳光，如果光照不足会使植株纤弱，开花稀少。宜勤浇水，若遇干热风应及时向植株周围喷水，以增加空气湿度，以免因干旱对其生长造成影响；每月施1次以磷钾肥为主的肥水，以保证有充足的养分供给植株开花。每年的 5 ~ 6 月进行 1 次摘心，以调整植株高度，有利于形成丰满的株型，促进多开花。生长期要注意及时剪除有病虫害的枝叶。对于盆栽的美国薄荷，每 2 ~ 3 年分株 1 次，以防株丛过密，影响植株生长及开花、结实，降低观赏效果。

据国外种子公司提供的资料，美国薄荷能耐 −28℃的低温。但在寒冷的北方地区，冬季其地上部分干枯，可留在原处越冬，第二年春天随着天气的转暖，就会有新芽发出；而在温暖的南方，冬季依然能够保持其叶色的青绿，翌年春天可对其进行修剪平茬，以促进新株的萌发。

繁殖

常用分株、播种、扦插等方法繁殖。

耧斗菜

耧斗菜（*Aquilegia vulgaris*）也称耧斗花，为毛茛科耧斗菜属多年生宿根草本植物。株高 30 ~ 60 厘米，茎直立，多分枝，具细柔毛。叶近基生及茎生，二回三出复叶，具长柄，裂片浅而微圆。数朵花生于茎顶端，花朵下垂；花萼花瓣状，先端急尖；花冠漏斗形，直径约 5 厘米；有自萼片向后伸出成囊状的长距，花色有蓝、紫、白等颜色，花期 5 ~ 7 月。蓇葖果，种子黑色，有光泽。

耧斗菜

耧斗菜

耧斗菜属植物有70余种，目前栽培较为普遍的是杂种耧斗菜（*A. hybrida*）也称大花耧斗菜，为园艺种，由加拿大耧斗菜、黄花耧斗菜、蓝耧斗菜等品种杂交育成。株高40～90厘米。叶色淡绿。花色和花形变化丰富，花朵侧向，花径10厘米左右；萼片及距较长，一般在8～10厘米，最长的可达13厘米；花有香甜气，花色丰富，有紫红、深红、黄、白等深浅不一的颜色。该品种观赏价值极高，是较为流行的栽培品种。此外，还有重瓣耧斗菜、红花耧斗菜、洋牡丹等品种。

耧斗菜，因花形很像中国农耕时代的耧车的斗而得名。耧车这种古老的农具现已很难见到了，故有人就将其写成“漏斗菜”或“漏斗花”。仔细想想，这也有一定道理，因为其花也很像日常生活中常见的漏斗。耧斗菜是一种很“皮实”的植物，耐寒冷，也耐干旱，不择土壤。其叶子自然质朴，花朵富有个性美，适合在庭院中成片或成丛种植；在园林应用中，种植于路边道旁、林下、岩石园等处都能很好地生长；也可盆栽观赏或作切花使用。有些耧斗菜还可入药，有止血、活血化瘀的功效。根含糖，可制作饴糖或用于酿酒。

小贴士

植物的距

耧斗菜的距

耧斗菜的花姿独特，盛开时花朵或直立，或水平伸展，或下垂，或倾斜向上，其姿态各异。近距离细细观赏会发现，每朵花的后面都带着长长的尾巴，自然飘逸，犹如水母的触手，又像鸟的尾羽，极富动感，这是耧斗花最为奇特的地方，这个长长的尾巴在植物学中还有个专用的名字——距。这种带距的花，在植物中并不多见，耧斗菜就是其中之一。耧斗菜的花色极为丰富，有纯白、乳黄、粉红、蓝紫等多种颜色，有时候一朵花上还会有不同的颜色，远远望去，就像一只只腾飞的小鸟，又像水中游弋的生物，奇特而可爱。

养护

耧斗菜原产欧洲以及俄罗斯的西伯利亚，北美和我国的华北也有分布。喜凉爽的半阴环境，耐寒冷，怕高温和高湿，适宜在排水良好的地带种植。可在9月进行播种，在 22℃的环境下 20 ～ 30 天出苗，越冬后翌年春季当苗高 10 厘米时按株距 30 ～ 40 厘米进行定植，当年就有部分植株开花。平时保持土壤湿润，但要避免积水；雨季注意排水防涝，以防烂根。开花前追肥 1 次或向叶面喷施磷酸二氢钾 500 倍液。越冬时最好给植株培土防寒，翌年春季及时将土扒开，这样可避免寒风吹干越冬芽，从而对来年的生长造成影响。种子成熟后容易散失，应注意采收。栽培 3 ～ 4 年后，植株衰弱，要更新重栽。

繁殖

一般在秋季播种或春季播种，也可在春季或秋季进行分株繁殖。

露薇花

露薇花（*Lewisia cotyledo*）也称琉维草，为马齿苋科露薇花属多年生草本植物。植株具肉质根。基生叶呈莲座状排列；叶卵状匙形，因品种不同其宽窄有一定的区别，全缘或波状缘，质厚而硬朗，近似于肉质。圆锥花序顶生，高约 25 厘米，花色有红、粉、淡紫、白、橙红、黄等多种颜色，大多数品种的花瓣都带有条纹。一般在早春至夏季开花，也有些品种能在秋季再度开花。

不同花色的露薇花

盆栽露薇花

养护

露薇花原产美国西海岸的中部山区，生长在陡峭的石头山坡或岩石的垂直缝隙中，耐干旱、贫瘠，有一定的耐寒性，在全日照或半阴处都能正常生长。一般情况下，在较为潮湿的环境中，可给予充足的阳光；如果是较为干旱的环境，则宜半阴环境。生长期应保持土壤湿润，但不要积水；夏季应注意防雨排涝，以免因土壤积水造成烂根。由于露薇花的开花量大，需要的养分较多，可在 4 ~ 5 月，施用氮磷肥 1 ~ 2 次，6 月以后每月施以磷钾为主的肥 1 ~ 2 次，以提供足够的养分，有利于植株的开花。栽培中应随时剪去黄叶、枯叶、残花以及其他枯枝、病枝、过密枝，以利于通风透光。冬季移入室内阳光充足处，3 ~ 5℃可安全越冬，并控制浇水，温度过低时可用温水浇灌。

每 2 年左右翻盆 1 次，可在春季进行。盆土要求排水透气性良好，并有一定的肥力。翻盆时除去烂根，并在盆底铺上一层粗颗粒植料，然后再放培养土，以利于排水。最后在盆面铺一层碎石或其他颗粒材料，以保持其清洁卫生。

繁殖

可在春季分株或播种。

心叶球兰

心叶球兰（*Hoya kerrii*）也称心叶毬兰、凹叶球兰，为萝藦科球兰属藤蔓类草本植物。藤茎蔓生，节间有气生根，可附着在其他物体上生长。叶对生，肉质，深绿色，心形，先端凹，基部尖或钝圆。伞状花序腋生，20 朵左右的小花聚成半球状花序；花蜡质，萼片 0.2 ~ 0.5 厘米；花冠乳白色，辐射状；副花冠星状，咖啡色；具芳香。花期夏、秋季节。心叶球兰锦为心叶球兰的斑锦变异品种，叶片上有金黄色斑纹，其他特征与心叶球兰相同。

球兰属植物原产亚洲的热带及亚热带地区，太

心叶球兰锦

卷叶球兰

彗星球兰

心叶球兰的花

平洋诸岛也有分布，已发现的有200种以上，尚不包括变种和园艺种，而且还有新品种不断被发现。该属植物花序呈球状，花朵虽然不大，但色彩丰富，不少品种还有幽幽的香味。叶形、叶色丰富多样。不少品种的观赏价值都很高，如彗星球兰等。

养护

心叶球兰喜温暖、湿润的半阴环境，耐干旱，怕积水，不耐寒。4 ~ 10月的生长期宜放在光线明亮又无直射阳光处养护，避免烈日暴晒，以防灼伤叶片；过于荫蔽则会造成植株徒长，使其叶片变薄、茎节拉长。浇水掌握“不干不浇，浇则浇透”的原则，不要积水；但也不能长期干旱，否则叶片变薄，缺乏生机。每月施1次腐熟的有机液肥或复合肥。夏季高温时注意通风良好，避免出现闷热的环境。冬季应放在室内阳光充足处，控制浇水，使植株休眠。能耐5℃左右的低温。

每1 ~ 2年的春季换盆1次，土壤要求疏松、透气、肥沃，具有良好的排水性，并有一定的颗粒度。由于心叶球兰是藤蔓植物，应设立支撑物，供其攀缘生长。也可经常打头摘心，以促进分枝，使其形成疏密有致的株型；还可种植于较高的筒盆中，使枝条下垂生长，披散飘逸，很有特色。栽培中应注意摘除枯萎的叶片，以保持株型美观。

心叶球兰的虫害主要有因通风不良造成的蚜虫、红蜘蛛、介壳虫危害，病害则有黑斑病以及因盆土积水造成的烂根，应注意改善栽培环境进行预防。如果发生这些病虫害，应及时喷药防治。

繁殖

心叶球兰的繁殖以扦插为主。在生长季节，选取健壮充实的藤茎，剪2 ~ 3节，晾2天左右，等伤口干燥后，插入蛭石、赤玉土或沙土等洁净后肥力不高的土壤中，放在光线明亮处，以后注意保持土壤湿润，很容易生根。单独剪取叶片扦插，虽然也会生根，但很难发芽形成新的植株。此外，还可用播种方法繁殖。

地涌金莲

地涌金莲（*Musella lasiocarpa*）又名象腿蕉、地涌莲、地金莲、千瓣金莲，为芭蕉科地涌金莲属（也称矮蕉属、象腿蕉属）多年生常绿草本植物。植株丛生，具匍匐生长的根状茎，地上部分为假茎，基部有宿存的叶鞘。叶片长椭圆形，形似芭蕉叶，绿色，有白粉。花生于假茎顶端，花序直立，密集；苞片金黄色，小花二列簇生，每列有花 4 ~ 5 朵；花被片微带紫色，在花序上部的为雄花，下部的为雌花。开花时叶片枯萎。花期春季，常常是花序下面的花已经干枯，上面的花则刚刚开放，如此自下而卜逐层开放，每朵花平均持续开放 250 天左右，长者可经年不凋。浆果多毛，蓝色。

地涌金莲

地涌金莲花形奇特，色彩灿烂夺目，花期长，叶片美观。据《中国花卉报》报道，云南近年还选育出‘佛喜金莲’‘佛乐金莲’‘佛悦金莲’3 个地涌金莲新品种，其苞片的一部分为橙红色。除供观赏外，其花、茎、叶均可入药，有收敛止血的功能，茎、叶汁有解酒醉和解草乌中毒的作用。

养护

地涌金莲原产云南，喜温暖湿润和阳光充足的环境，不耐阴，稍耐寒。盆栽植株夏季高温时应适当遮光，以防强烈的直射阳光灼伤叶片，使叶片边缘焦枯，其他季节则要给予充足的阳光。地涌金莲叶片硕大，水分的蒸发量也大，因此应经常浇水，以保持土壤湿润；空气干燥时向植株及周围环境喷水，以增加空气湿度，使叶色润泽。地涌金莲喜肥，生长期每月施1次稀薄的液肥，苗期以氮肥为主，以促进叶片生长；成株则应施复合肥，开花前及花期应增加磷钾肥的用量，以促使植株开花。花后果熟，假茎随即枯死，要及时砍去，以培育地下的匍匐茎，有利于新株的萌发。冬季应移入室内向阳处养护，控制浇水，5℃以上可安全越冬，如果温度过低，叶片会枯萎，但其地下的匍匐茎仍然存活，到春季温度回升后就会长出新的植株。

每年春季换土1次，盆土要求疏松肥沃、含腐殖质丰富、具有良好的排水性，换盆时在盆底放少量腐熟的有机肥做基肥。

繁殖

可用分株或播种的方法繁殖。分株可在春末夏初气温稳定在20℃左右时进行，将母株旁萌发的幼株挖出，另行栽种即可。播种宜随采随播，种子不要久藏或失水，由于种子较大，采收后应浸水，搓净果皮等杂质后即可播种。

荷包牡丹

荷包牡丹（*Dicentra spectabilis*）为荷包牡丹科（紫堇科）荷包牡丹属多年生宿根草本植物。具肉质根状茎，全株具白粉。叶互生，二至三出复叶；小叶有深裂，略似牡丹叶。顶生的总状花序弯向一侧，呈弓形，花朵下垂；花瓣4枚，外侧两枚膨大，桃红色，呈心囊状；内部2枚呈白色，形似荷包。花4～5月开放。

荷包牡丹

变异的荷包牡丹

同属植物约15种，见于栽培的还有‘美丽荷包牡丹’‘大花荷包牡丹’‘加拿大荷包牡丹’‘白兜荷包牡丹’‘白花荷包牡丹’等品种。笔者还曾在郑州植物园看到一

株变异的荷包牡丹，与茎枝纤细的普通荷包牡丹相比，其茎较粗，呈扁平状，开花量较大，着花密集，奇特而壮观。

养护

荷包牡丹原产我国北方，日本、俄罗斯也有分布。喜温暖湿润的半阴环境，怕烈日暴晒，耐寒冷，适宜在湿润和排水良好的肥沃沙质土壤中生长，在高温、干旱的气候条件下生长不良。每年春天进行移栽，栽后浇透水，放在向阳处养护。当新芽长至 6 ~ 7 厘米时，可追施 1 次腐熟的稀薄液肥或复合肥，以后每半月施肥 1 次，直至开花。每次施肥后都要及时松土、浇水，以利于土壤的透气性，避免烂根。花蕾形成期施 1 次 0.2% 的磷酸二氢钾或过磷酸钙溶液，能促使花大色艳。花后若不留种，应及时剪去残花，以免其消耗养分。生长期宜保持盆土湿润，遇连续阴雨天应注意排水防涝，以免造成烂根。夏季高温时注意遮光，以防止烈日暴晒，可放在半阴处或其他无直射阳光处养护。入冬以后，地上部分枯萎，只要土壤不结冰就可安全越冬。

繁殖

常用分株、扦插、播种的方法繁殖。

丛生福禄考

丛生福禄考（*Phlox subulata*）也称针叶福禄考、针叶天蓝绣球，为花葱科天蓝绣球属多年生草本植物。其植株低矮，多分枝，覆盖性良好，而且适应性强，尤其耐寒冷和干旱。春秋两季开花，开花时密密匝匝的花朵覆盖在地上，如粉红色的地毯，因此也被誉为“开花的草坪”“彩色地毯”。可作为地被植物种植于林下、道路边缘绿化带等处，自然而富有野趣，也可做模纹、组字或同草坪间植，其色彩对比鲜明强烈，具有很好的景观效果。

丛生福禄考

养护

从生福禄考习性强健，适应性强，耐寒冷，也耐高温，耐贫瘠和干旱，可以在盐碱土壤中生长。生长期可施入少量的氮肥和磷肥，花期后应注意及时修剪，剪去开过花盒不整齐的枝蔓，发现杂草也要及时清除。在干旱季节，易发生红蜘蛛危害，应注意防治。在过于寒冷的地区，冬季可在植株上覆盖一层树叶或树枝，以防冻害。

繁殖

可用分株或扦插、播种等方法繁殖。

羽扇豆

羽扇豆（*Lupinus micranthus*）也称多叶羽扇豆、鲁冰花，为豆科羽扇豆属多年生草本植物。常作 1 ～ 2 年生草花栽培。掌状复叶，叶质厚，多为基部着生。总状花序顶生，呈尖塔形，高 40 ～ 60 厘米；花色丰富而艳丽，有白、粉、红、蓝紫、黄等颜色。

不同花色的羽扇豆 1

不同花色的羽扇豆 2

鲁冰花是拉丁名“Lupinus”的音译，在我国台湾被称为“母亲花”，成为母爱的象征。可植于庭院或盆栽观赏，其花序硕大，花梗挺拔，还是很好的切花材料。

养护

羽扇豆喜凉爽和阳光充足的环境，较耐寒，忌炎热，略耐阴。具有深根性，有少量的根瘤，对土壤有固氮的作用。盆栽最好用较深的筒盆，以满足其深根性的生长需要。适宜在土层深厚、疏松肥沃、排水良好的微酸性沙质土壤中生长，在石灰质土壤或长期积水处则难以生长。移栽时最好保留原土，以利于缓苗。夏季高温时，地上的部分枯萎，等秋季再萌发新的植株，在炎热多雨的地方，则难以度夏。

依据羽扇豆的生长习性，栽培过程中控制和调节栽培基质的酸碱度（pH 值）对于羽扇豆正常的生长和开花至关重要。一般情况下较简便有效的调节方法是对栽培基质施用硫黄粉。由于硫黄在基质中需一定时间的分解（40 天以上）才能起到调节作用，因此施用应尽早进行。一般在移苗后 2 ~ 3 片真叶出现时开始施硫黄，施用量视栽培基质原有酸碱度而定。另外，硫酸亚铁、硫酸铝等酸性肥料虽具有短期内降低 pH 值的效果，但过高的盐离子浓度会对植物根系造成毒害，生产中要少用。

繁殖

羽扇豆的繁殖可在 9 ~ 10 月播种，苗期 30 ~ 35 天，待真叶完全展开后移苗分栽。其根系发达，移苗时应保留原土，以利于缓苗。越冬时应做相应的防寒措施，温度宜在 5℃以上，避免叶片受冻害，影响前期的营养生长和观赏效果，到 4 ~ 6 月即可开花。也可在春天的 3 月播种，但受夏季高温的影响，部分品种或植株会不开花，即便开花，花穗也短，影响观赏性。还可在春季的 3 月，取根茎处萌发的枝条，剪成长 8 ~ 10 厘米一段，最好略带一些根茎，在冷床内扦插繁殖。

猴面花

猴面花（*Mimulus luteus*）也称沟酸浆、锦花沟酸浆，为玄参科沟酸浆多年生草本植物。常作一、二年生草花栽培。有短小的匍匐茎，高30～40厘米，茎粗壮，中空。叶交互对生，宽卵圆形。伏地处节上生根。总状花序稀疏；花对生在叶腋内，漏斗状，黄色，花两唇，上两下三裂，通常有紫红色斑块或斑点。花期5～10月。

本属见于栽培的还有'智利沟酸浆''多色沟酸浆''红花沟酸浆''麝香沟酸浆'以及大量的园艺变种、杂交种，某些变种的花冠底色为不同深浅的黄色，上具红、紫、褐斑点。其花色斑斓多彩，适合盆栽或植于庭院。

养护

猴面花喜阳光充足和冷凉环境，较耐寒，但不能受冻害，怕高温，忌积水。适宜在疏松肥沃、排水良好的沙质土壤中生长，可用泥炭土、腐殖土、珍珠岩为栽培基质，并掺入腐熟的有机肥。除夏季高温季节要适当遮光、避免烈日暴晒外，其他季节都要给予充足的阳光，以利于花芽的分化。生长期宜保持土壤湿润，不要积水，

不同品种的猴面花

怕长期雨淋，不要经常向植株喷水。施肥遵循“淡肥勤施，量少次多，营养全面”的原则。注意打头摘心，以促发侧枝，形成丰满紧凑低矮的株型，以利于开花。冬季移入室内阳光充足处，不低于0℃可安全越冬。

繁殖

可在9月播种，也可在生长季节切取嫩枝进行扦插繁殖。

爆竹花

爆竹花（*Crossandra pungens*）又名爆胀竹、炮仗竹、吉祥草，为玄参科炮仗竹属（也作炮胀竹属）多年生常绿半灌木。纤细的茎枝呈绿色，有纵棱，具分枝。小叶对生或轮生，除个别的叶片呈卵圆形外，大部分叶子都退化成小鳞片。圆锥状聚伞花序，花萼淡绿色，花冠长筒形，红色。在适宜的条件下，一年四季都能开花，尤以5～8月开得最盛。

爆竹花绿色枝条纤细下垂，犹如绿色的瀑布，上面盛开着鲜红色的筒状小花，很像一个个点火欲燃的炮仗，奇特而美丽。可作盆栽装饰阳台、庭院、厅堂等处，也可作吊盆栽植，悬挂于廊下、窗前等处供观赏。

爆竹花

肥或复合肥。冬季应放在室内阳光照得到的地方，节制浇水，停止施肥，8℃以上可安全越冬。

每年春季换盆1次，盆土宜用疏松肥沃、排水透气性良好的沙质土壤，可用腐叶土2份、园土和沙土各1份混合后使用，并掺入少量腐熟的饼肥作基肥。爆竹花的花朵多开在嫩枝上，且耐修剪，故栽培中要经常修剪，既能促发嫩枝，保持植株优美，又可达到多开花的目的。

繁殖

可结合春季换盆进行分株，也可在5～6月进行扦插。

爆竹花小品（李伟　作）

养护

爆竹花原产中美洲，喜温暖湿润和阳光充足的环境，具有光照越充足开花越多的习性，因此栽培中要尽可能多地接受阳光的照射，即使是盛夏，也不必遮光。怕水涝，稍耐旱，浇水做到“不干不浇，浇则浇透”。生长期每10天左右施1次腐熟的稀薄液

钓钟柳

钓钟柳（*Penstemon campanulatus*）为玄参科钓钟柳属多年生常绿草本植物。常作一、二年生草花或宿根花

钓钟柳

卉栽培。株高 15 ~ 45 厘米，全株被有茸毛。叶对生；基生叶卵形，茎生叶披针形。花单生或 3 ~ 4 朵生于叶腋及总梗上，形成不规则的圆柱形总状花序，小花略下垂，花朵钟状唇形花冠，花色有白、红、紫等颜色。花期夏秋季。

养护

钓钟柳喜温暖湿润、阳光充足和空气流通的环境，不耐寒，忌炎热干燥。在排水良好、肥沃的石灰质土壤中生长良好，在酸性土壤中则生长不良。生长期应保持土壤湿润，雨季或连续的阴雨天应注意排水防涝，花前花后施以磷钾为主的肥，以促使花大色艳。10 月以后地上部分逐渐枯萎，可将其剪去，将花盆移至冷室内越冬，保持不结冰即可安全越冬。

繁殖

可在秋季播种或扦插、分株，冬季注意保护幼苗，勿使其受冻，翌年春天将其移到室外养护。此外，也可在春季播种或分株。

龙吐珠

龙吐珠（*Clerodendrum thomsonae*）为马鞭草科大青属攀缘状常绿灌木。株高 2 ~ 5 米。叶片纸质，狭卵形或卵状长圆形，先端尖。花萼白色，花冠红色，雄蕊 4 枚，与花柱同伸出花冠外。在适宜的环境中一年四季都能开花。

龙吐珠花形奇特，深红色的花冠由萼口内伸出，状若吐珠，而且花期长，开花繁茂，可盆栽布置阳台、窗台等处。

龙吐珠

养护

龙吐珠喜温暖湿润的半阴环境，不耐寒。生长期要求有充足的水分，尤其是盛夏高温季节，更不能缺水；但不要长期积水，以免枝蔓生长过旺，导致开花稀少或不开花。如果冬季积水，还会造成烂根。此外，光线不足时也会造成枝蔓徒长、不开花。因此，除夏季高温季节要进行遮阴外，其他季节都要给予充足的阳光。生长期可通过打头摘心，促发新枝，使分枝整齐，控制其高度，有利于开花。每年春天对枝条进行短截，以控制株型，达到多开花的目的。生长期每 15 天左右施 1 次肥，花期增施 1 ~ 2 次以磷钾为主的液肥。冬季应移入室内光照充足处，停止施肥，控制浇水，不低于 8℃可安全越冬。每年春季进行换盆，盆土要求疏松肥沃、排水透气性良好。

繁殖

可在春秋季节进行扦插。嫩枝、老枝以及地下的根状匍匐茎都可作插穗，在 21 ~ 26℃的环境中约经 3 周就可生根。此外，也可进行播种繁殖，但种子寿命较短，宜随采随播，以提高出苗率。

海石竹

海石竹（*Armeria maritima*）别名桃花钗、滨簪花，为白牡丹科海石竹属多年生宿根草本植物。植株低矮，呈丛生状。叶基生，线状长剑形。头状花序顶生，花梗细长，小花聚生于其顶端，呈半圆球形；花色紫红、粉红、白等颜色。花期 3 ~ 6 月。

海石竹

海石竹株型秀雅，花朵精巧而鲜艳，宜用小盆栽种，点缀阳台、居室等处。

养护

海石竹喜阳光充足和温暖湿润的环境，忌高温高湿的环境，除夏季要适当遮阴、避免烈日暴晒外，其他季节都要给予充足的阳光。平时保持土壤湿润，气温高、水温低或者久旱后在温度高时大量浇水，都会对根系造成伤害。适宜用含腐殖质丰富、疏松透气的土壤栽培。越冬温度 3 ~ 5℃。

繁殖

可在秋季至冬季进行分株，也可播种繁殖。如在 1 月温室内播种，约 5 月开花；若要使其在春季开花可在头年的 8 ~ 9 月播种。

铁线莲

铁线莲（*Clematis florida*）别名铁线牡丹、山木通、金包银，为毛茛科铁线莲属多年生常绿或落叶藤本植物。茎棕色或紫红色，节部膨大。二回三出复叶，小叶狭卵形至披针形。花单生于叶腋，花型有单瓣、重瓣之分，花色则有白、粉红、红、蓝、紫等多种颜色。开花时间因品种而异，早花品种在4～5月开放，中花品种在6月开放，晚花品种则在9月开放。

铁线莲的品种丰富，花色绚丽多彩，有着极高的观赏性，被誉为“藤本花卉皇后”，无论盆栽还是地栽于庭院墙垣，都有着很好的装饰效果；其花朵硕大，还可摘下作切花使用。

不同花色的铁线莲

养护

铁线莲的生长旺季主要在春秋季节，可在全光照的环境中养护，不需要遮阴，每15天左右施1次腐熟的液肥或复合肥，花败后及时摘去残花，以免分散养分。平时保持盆土湿润，但不要积水，以免烂根。花期不要将水喷在花朵上，尤其是重瓣品种，花瓣多而密集，一旦水喷在上面不能及时蒸发，会导致花瓣发黑，影响观赏。

进入6月以后，可设遮阳网，以避免烈日暴晒；否则会引起叶片老化枯黄，使植株生长不良。花盆如长时间接受阳光照射，会导致土壤温度升高而引起“烧根”

死苗。因此，夏季最好将花盆放在通风凉爽，有遮阴的环境中，并适当向叶面、地面喷水，以增湿降温。

由于铁线莲是在当年生的新梢上形成花芽的，因此千万不要修剪春季萌发的新梢，以防剪除花芽，导致当年无花可赏；对于过长的枝条可适时绑缚，引导其走势方向。由于铁线莲的枝条细弱，容易折断，在绑缚时要小心谨慎，以免折断。可在花期过后剪去一些细弱枝和过密枝，但木质化的枝条尽量不要剪。秋季进入休眠期后可剪除细弱枝、过密枝、病虫枝，对于过长的枝条以及徒长枝则可剪短。

繁殖

可用播种、扦插、压条、分株等方法繁殖。

金杯花

金杯花（*Solandra nitida*）也称金杯藤，因大喇叭形花酷似奖杯而得名，为茄科金杯藤属常绿藤本植物。叶互生，长椭圆形，浓绿色。花顶生，大型，杯状，黄色至淡黄色；花冠5浅裂，裂片反卷，花筒内有5条棕色线纹；含苞待放时有近似奶油的芳香气味。花期春至初夏和秋季，浆果球形。近似种有花筒较长的长筒金杯花等。

金杯花

大面积种植的金杯花

金杯花原产墨西哥，喜温暖湿润和阳光充足的环境，适宜在肥沃和排水良好的土壤中生长，不耐寒冷和干旱。可用播种或扦插、压条等方法繁殖。

金杯花四季常绿，花朵硕大而奇特，在温暖地区可作为棚架植物植于庭院，其他地区则可盆栽观赏，盆栽时注意设立支架供其攀爬。需要指出的是，金杯花除果实外，全株都有毒，不可误食；中毒时会出现瞳孔放大、手脚浮肿、产生幻觉现象。

西番莲

西番莲（*Passiflora coerulea*）也称转心莲、转枝莲、巴西果、热情果、受难果、百香果，为西番莲科西番莲属多年生常绿藤本植物。叶纸质，基部心形，掌状5深裂。聚伞花序，花型奇特，在温暖的环境中一年四季都可开花结果。浆果卵圆球形至近圆球形，成熟后黄色至橙黄色、紫色，内有种子多数。作为观赏栽培的同属种还有红花西番莲、蝎尾西番莲等。

西番莲花形奇特，果实芳香可口，汁水丰富，可食用或榨汁，有“果汁之王”的美誉。可盆栽用于布置庭院、阳台等处。

红花西番莲

蝎尾西番莲

西番莲

养护

西番莲喜温暖湿润和阳光充足的环境，对土壤要求不严，但在含有机质丰富、肥沃疏松、排水良好的土壤中生长最好。生长期应保持土壤湿润而不积水，干旱和积水对植株生长都不利。20 ~ 30天施1次以磷钾为主的肥，尤其是开花前更不能施氮肥过大，否则会造成植株徒长，分散养分，影响开花坐果。因其为藤本植物，应搭设支架供其攀爬。开花后可进行人工授粉，以提高坐果率。冬季可移入室内阳光充足处，不低于8℃可安全越冬。

繁殖

可用播种、扦插、压条等方法繁殖。

冰雪皇后

帝王花

帝王‘玛迪巴’

帝王花（*Protea cynaroides*）也称普蒂亚花、菩提花、龙眼花，为山龙眼科山龙眼属多年生常绿植物。因品种的不同，株高差异很大，有的能长成高 8 米的乔木，也有的贴着地面生长，呈多分枝的小灌木。园艺种植多将株高控制在 0.35 ～ 2 米，其茎干粗壮，叶色翠绿光亮。花朵呈圆球状，直径 12 ～ 30 厘米，有众多的花蕊，被色彩丰富而绚丽的苞片所包围着，颜色从乳白色一直到深红色都有。花期 11 月至翌年 5 月，长达半年之久。

希拉公主

帝王花的品种很多，有的苞片完全打开，使花朵呈扁平状，像‘帝王’‘公爵’‘王子’等品种；有的苞片则呈半闭合状态，使得花朵相对修长，而且花心和苞片上还有一层茸毛，含蓄典雅，像‘夫人’‘公主’‘皇后’等品种。

芭芭拉皇后

帝王花花艺

帝王

瓶中美人

帝王花色彩绚丽而丰富，花朵硕大，花形奇特，是南非的国花，有“全世界最为富丽堂皇的花”之美誉。可盆栽布置阳台、庭院等处，也可将花朵剪下，做成干花制品，用于装饰厅堂或在各种庆典中使用。

养护

帝王花原产南非，喜温暖、稍干燥和阳光充足的环境，耐干旱和贫瘠，怕积水。适宜在疏松肥沃和排水透气性良好的微酸性土壤中生长。冬季应保持在7℃以上，并给予稍高点的空气湿度；夏季要求凉爽通风，可稍加遮阴，以避免烈日暴晒。

繁殖

可在秋季播种，播后保持土壤湿润，经4～6周发芽，出苗后不能过湿。也可在初夏剪取半成熟的枝条扦插，插穗长度20～15厘米，插后30～40天生根。

针垫花

针垫花（*Leucos permum*）也称风轮花、针垫山龙眼、针包花，为山龙眼科针垫花属常绿蔓生灌木。植株多分枝，叶轮生，有针状、心形、矛尖形等，叶缘和叶

艾米丽

草原烽火

火焰

尖有锯齿。头状花序，单生或少数聚生；花冠小，针状；花色有红、黄、橙等颜色。

针垫花是一种古老而原始的植物，其品种丰富，花朵盛开时就像大头针插在球形针垫上，奇特而美丽，可盆栽或作为鲜切花使用。

针垫花原产南非，喜温暖干燥和阳光充足的环境，耐贫瘠和干旱。适宜在疏松透气、排水良好的微酸性土壤中生长。

繁殖可用播种或扦插的方法。

金粉

金樽

木百合

木百合也称银叶树、非洲郁金香，为山龙眼科木百合属（*Leucodendron*）植物的总称。品种很多。植株多分枝，呈常绿灌木状，具非常强壮的根茎。叶子和苞片的大小、颜色变化多端，从黄绿色、粉色、红色、黑紫色都有。雌雄异株，花球状，被硕大而色彩靓丽的苞片包围着。花期很长，可从 12 月至翌年 5 月。

探戈

木百合可盆栽观赏，也可作切花与其他花卉搭配，制作插花作品，装饰居室、窗台等处，具有很长的观赏期。

木百合原产南非，喜阳光充足和温暖湿润的环境，不耐寒。生长适温 27℃左右，要求有较大的昼夜温差。冬季要求有充足的阳光和稍高的空气湿度；夏季高温季节宜置于通风凉爽的环境，并适当遮阴，避免烈日暴晒。平时应保持土壤湿润而不积

针垫花花艺

木百合

晚霞

变色龙——糖果

水，其生长旺盛，萌发力强，注意修剪，以保持株型美观，剪下的枝条则可插于花瓶中观赏。

繁殖可用播种或扦插的方法。

姜荷花

姜荷花（*Curcuma alsimatifolia*）为姜科姜黄属多年生球根花卉，因粉红色的苞片酷似荷花而得名，又因花序形似亭亭玉立的郁金香而被称为“热带郁金香”。种球由圆锥状至圆球状球茎（也称根茎）及着生于基部的贮藏根（也称奶罐）组成，单个球茎可着生贮藏根 1 ~ 6 个。叶片长椭圆形，中肋红色。穗状花序，上部有阔卵形粉红色苞片，其色彩鲜明，形如荷花，这是主要观赏部位。而真正的花着生在花序下部的绿色小苞片内，观赏价值不高。观赏期 6 ~ 10 月中上旬。

姜荷花色泽娇艳，盆栽观赏期可达 2 ~ 3 个月，可盆栽布置阳台、厅堂等处，也可将花序剪下，作为切花瓶插观赏。

姜荷花

盆栽姜荷花

养护

姜荷花喜温暖湿润和阳光充足的环境，适宜在疏松肥沃、排水保水良好的土壤生长，并施以基肥。生长适温30～35℃，低于20℃则不能生长。种球在3～4月种植，发芽时间受气候、土壤、水分等因素的影响，40～60天不等。生长期宜给予充足的水分，以保持土壤有足够的湿度，但不要积水。每15～20天施1次营养全面的复合肥或有机液肥。花序抽出后适当遮阴，可减少苞片末端的绿色斑点，以提高观赏性。

姜荷花在花芽分化、开花的同时，茎基部逐渐膨大，形成圆锥状至圆球状的新种球，其根尖则在入秋后，随着气候的转凉，日照时间的缩短，形成球状贮藏根。此时可将种球掘出，挖掘时要小心谨慎，以免伤害新的根茎。根茎须保存在不低于20℃的湿润环境中，可用木屑、草炭等覆盖根部用，用多孔的包裹，以保持空气的流通，避免腐烂。

繁殖

多用分子球的方法繁殖。

蝎尾蕉

蝎尾蕉（*Heliconia metallica*）也称赫蕉、曲轴蕉，俗称“富贵鸟”“发财鸟”，为旅人蕉科蝎尾蕉属多年生草本植物。其叶片似美人蕉的叶。花序直立或下垂，折叠呈船形的苞片排列于花序的两侧，造型优美，色彩艳丽；花的萼片从苞片内伸出，极像蝎子的尾巴，故名蝎尾蕉。

蝎尾蕉

富红蝎尾蕉

本属植物原生种就有 80 多种，而各种变种、园艺栽培种、杂交种的数量在 400 种以上。常见的有‘红绒’‘垂序’‘金火炬’‘火鸟’等品种。

养护

蝎尾蕉盆栽种植时需要放在阳台或靠近窗台阳光充足的地方，在北方大部分地区夏季光照过强，易灼伤叶片，要适当遮阴。蝎尾蕉喜潮湿环境，需要较高的空气湿度和土壤湿度。在生长阶段，空气相对湿度一般保持在 60% ~ 80% 为好，土壤则要保持长期湿润，只要不是长期积水就可生长良好。除浇水以外，在夏季天气干燥时，可向植株周围及地面喷水，以提高空气湿度。冬天由于大多数品种的蝎尾蕉处于休眠状态，植株生长减慢，只需保持土壤湿润即可，以免积水造成烂根。

繁殖

可在春夏秋三季分株，也可用播种繁殖方法。大量繁殖则用组培的方法。

禾雀花

禾雀花（*Mucuna birdwoodiana*）别名白花油麻藤、雀儿花，为蝶形花科黧豆属常绿木质藤本植物。老茎外皮灰褐色，断面有淡红褐色，先流出白色汁液，继而有血红色汁液形成。羽状复叶。总状花序生于老枝或叶腋部位，每个花序有花 20 ~ 30 朵，形似鸟雀；花色有白色以及紫色、粉色、紫黑等。清明节前后开花。

禾雀花四季常青，清明节前后一串串花朵酷似一只只鸟雀，奇特而富有趣味。此外，其花朵甘甜可口，可供食用，并有降火清热、补血、强骨通筋络之功效；但种子有毒，不可误食。

禾雀花

养护

禾雀花喜温暖湿润的半阴环境，耐旱耐阴，但不耐寒。其习性强健，生长迅速，要求生长环境空气相对湿度 50% ~ 70%，空气湿度过低时会造成下部叶片发黄脱落，上部叶片无光泽。对光线的适应性较强，在室内养护时尽量放在光线明亮处。生长期保持土壤湿润，但不要积水，每月施 1 次腐熟的稀薄液肥。因其为藤本植物，可设立支架，供之攀爬。该植物生长迅速，应注意修剪，以保持株型美观。越冬宜保持温度 8℃以上。

繁殖

可在春末至早秋选取健壮的枝条扦插，插穗每段要带有 3 个以上的节叶，其上端的剪口宜在节叶上方 1 厘米处平剪，下方接口则在节叶下方 0.5 厘米处斜剪，所用的剪刀要锋利，以使剪口平整，有利于成活。此外，也可在生长季节进行压条繁殖。

鹤望兰

鹤望兰（*Strelitzia reginae*）也称天堂鸟花、极乐鸟花，为旅人蕉科鹤望兰属多年生草本植物。叶革质，长椭圆形，蓝绿色，具长柄。花梗长而坚硬，高出叶面，顶部着生船形花苞，花的 3 枚外瓣橘黄色，3 枚内瓣蓝紫色。在适宜的环境中一年四季都能开花，尤其以冬、春季节开花最盛，花期 2 ~ 3 个月。

鹤望兰

白冠鹤望兰

鹤望兰属植物有鹤望兰、白冠鹤望兰、尼古拉鹤望兰、棒叶鹤望兰、尾状鹤望兰等 5 个原生种，此外还有一些园艺杂交种。除盆栽观赏外，其花枝粗壮挺拔，花期长，还是很好的切花材料，常用于制作高档花束或艺术插花，广泛用于婚庆、寿礼、庆典等礼仪社交场合。

养护

鹤望兰原产南非，喜温暖湿润和光照充足的环境，不耐寒，稍耐干旱。除夏季要避免强烈的直射阳光外，其他季节都要给予充足的阳光，家庭一般放在南阳台养护。夏秋季节应勤浇水，并经常向植株及其周围洒水，以保持土壤、空气湿润，但要避免盆土积水，以免烂根。生长季节每半月施 1 次腐熟的有机液肥，10 月以后停止施肥。冬季放在室内阳光充足处，冬季如果能保持 20 ~ 25℃的温度，并给予充足的水肥供应，也能开花。若维持不了这么高的温度，保持土壤稍干燥，不低于 8℃可安全越冬。鹤望兰从花蕾出现到开花约需 60 天的时间，每朵花可开 1 个月左右，一般每枝花序着花 6 ~ 8 朵（依次开放），因此每个花枝的花期 2 个月左右。花芽在发育的早期，如果温度高于27℃或花芽发育后期遇低温，都会导致已经发育的花芽坏死，不能开花，因此栽培中应注意这点，避免温度忽高忽低。由于鹤望兰的根系发达，生长快，幼苗每年换盆1次，成龄的开花植株每2 ～ 3年换盆1次，可在春季进行，盆土要用含腐殖质丰富，疏松透气，具有良好的排水透气性的微酸性土壤，可用园土2份、腐叶土或草炭土4份、粗沙1份配制成的混合土。

繁殖

可用分株或播种的方法繁殖。

黑种草

黑种草

黑种草（*Nigella damascena*）也称波斯宝石，为毛茛科黑种草属一年生草本植物。株高35 ～ 60厘米。叶互生，羽状深裂，裂片细长。花单生于枝顶，花萼形似花瓣，雄蕊突出，苞片与叶相似，成环形围绕着花朵，花色有淡蓝、白、粉红以及渐变等多种颜色。花后心皮膨胀，发育成球形果实。

黑种草的花朵被线形的叶子包围着，奇特而美丽，适合盆栽观赏或庭院种植。

养护

黑种草喜温暖湿润和阳光充足环境，较耐寒，适宜在疏松肥沃、排水良好的沙质土壤中生长。生长期给予充足的光照，并保持土壤湿润，但不要积水。每10 ～ 15天施1次薄肥，以提供充足的养分，促进植株生长。果实成熟后及时采收，以免散失。

繁殖

可在春季进行播种繁殖。

山桃草

山桃草（*Gaura lindheimeri*）为柳叶菜科山桃草属多年生宿根草本植物。茎直立，多分枝。叶无柄，椭圆状披针形或倒披针形。花序长穗状，生于茎枝的上部，不分枝或少有分枝；花朵形似桃花，栽培种花色从近似于白色至深粉红色都有；还有一些品种的花色在黎明时为白色，到了傍晚时候就变成粉红色。其花期很长，可从4月一直开到10月。

山桃草主要分布在北美洲的温带地区，喜阳光充足和凉爽的半湿润环境，耐半阴，极耐寒，冬季可耐 −35℃的低温。适宜在疏松肥沃、排水良好的沙质土壤中生长。

繁殖可在春季或秋季播种，也可分株。

山桃草的花

大面积种植的山桃草

果，是花的延续，担负着植物种群延续的使命。果实的颜色在未成熟时一般为绿色（当然，也有紫、白等其他颜色），成熟后则有红、橙、黄、白、紫、蓝等多种颜色；形状以圆球状为主，也有椭圆形、梭形等形状。有些成熟的果实还能够散发出浓郁的芳香，味道甘甜可口，这是植物为了吸引动物前来食果肉，通过动物的粪便将种子散播得更远，有利于其种群的扩大。作为以观果为目的的植物，不要求果实美味好吃，但要求外观奇异有趣，挂果期也要长。

大叶黄杨的果实

罗汉松的果实

第四章 果之妙

观赏枣

观赏枣是以观赏为主枣树的总称，其品种丰富，果形奇特，富有趣味。其中的不少品种植株不高，株型美观，非常适合盆栽观赏或制作盆景，虬枝、绿叶、奇果，令人爱不释手。

观赏枣为鼠李科枣属（*Ziziphus*）落叶灌木。树皮灰褐色，多纵裂，芽可分为主芽（又叫亚芽，当年常常不萌发）和副芽（也称裸芽，在生长期随生长、随形成、随萌发）。枝条也可分为长枝、短枝和无芽枝等。长枝，也称发育枝、枣头，是由主芽形成的，生长快，也能结果；短枝，也叫结果母枝、枣股，多生长在长枝的二次枝上，可持续多年结果；无芽枝，也称结果枝、枣吊，是枣树开花结果的基础，秋季随叶同时落下。叶片椭圆状卵形，亮绿色，先端微尖或钝，基部斜歪。聚伞花序，腋生，小花黄绿色，有清香。

观赏枣的种类很多，其果实除了常见的椭圆形外，还有形似葫芦的葫芦枣，形似磨盘的磨盘枣，形似茶壶的茶壶枣，像芒果的芒果枣，形似辣椒的辣椒枣，还有枝干扭曲、状如龙爪的龙爪枣，果实从小到大一直为红色的胎里红，以及冬枣、梨枣、红珍珠、秤砣枣等。

葫芦枣

磨盘枣

茶壶枣

养护

观赏枣喜温暖湿润和阳光充足的环境，耐寒冷，怕积水。生长期如果光照不足会影响其发枝，造成枝条徒长、少花、落花、落果，果实着色差和果实品质下降。养护中应尽量将花盆放在土地、草地上，如是水泥地先不要直接放上，用砖、木板适当垫起后再放上，以免因根土温度高于树冠温度而对植株生长不利。枣树抗风能力比较弱，尤其是花期，遇大风会造成严重落花；果实成熟时遇大风也会造成严重落果。因此，可放在避风向阳处养护。冬季宜放在冷室内或将花盆埋在室外避风处越冬。

观赏枣的萌芽、枝条生长、花芽分化、开花坐果几乎是在春季同时进行的。因此，春季枣树对水肥的需求量特别大。养护上可在开花前后施以腐熟的有机液肥，并适当增加速效氮肥的用量，以满足生长对养分的需要。勤浇水，勿使盆土干燥；但不要向植株喷水，以免落花。在果实膨大期（7月中旬），追施磷钾肥可促进果实的发育。秋季施基肥则有促使根系发育、强壮树势的作用。平时保持盆土湿润，但不要积水，特别是雨季一定要注意排水，否则会因土壤过湿使根部受损。每隔 2 ～ 3 年于春季萌芽前翻盆 1 次，并对根系进行修剪，去掉 1/2 左右旧土，再用含腐殖质丰富、疏松肥沃、排水透气性良好的沙质土壤栽种，最好能掺入少量腐熟的饼肥末或其他有机肥作基肥。

为了培育树形，可在冬季对需要延长的骨干枝上的长枝进行短截，并将截口下的第一个、第二个枝剪除，以促使主芽萌发形成新的延长枝。同时剪除病虫枝、交叉枝、平行枝、重叠枝以及其他影响树形的枝条。夏季注意抹芽、摘心、疏枝，以控制徒长枝的发生，保持树形优美。由于盆栽观赏枣在当年就可以完成整形任务，因此对萌发的新长枝除保留更新用的外，其余的均从基部抹去，以集中营养促进二次枝、无芽枝以及花果的生长发育，并保持树冠内部的通风透光，有利于植株生长。

胎里红

龙爪枣的果子

龙爪枣

保花保果

为了提高坐果率，可采取环剥措施，以避免落花落果现象的发生。方法是在盛花期（即半花半果期），在主干基部高 5 厘米的地方环剥，宽度为 0.2 ～ 0.3 厘米，或用嫁接刀环切一圈。但伤口不宜过宽，否则不易愈合。还可在盛花期用 10 ～ 15 毫克 / 升的赤霉素混合液喷树冠，可大大提高坐果率；若在溶液中加入 0.3% ～ 0.5% 尿素和硼砂，效果更好。

繁殖

主要采用嫁接和分株的方法繁殖。嫁接以枣树的实生苗或根蘖苗做砧木，用优良观赏枣的枝条做接穗，在春季发芽前进行枝接或在花期进行芽接。分株在春季或者阴雨天进行，挖掘优良母株周围发育充实的根蘖苗，带 20 厘米左右的根段，剪除叶片，另行栽种即成为新的植株。需要注意的是，对于嫁接的植株，挖掘时不要砧木上萌发的苗，否则长出来的苗木只能是普通的枣树，而不是观赏枣。

病虫害防治

观赏枣的病虫害主要有枣锈病、枣疯病等。

枣锈病：因环境高温高湿引起的，一般在 7 ～ 8 月发生，感病的叶子为灰绿色，失去光泽，最后出现金额色角斑而脱落，严重时在落叶的同时还会落果。可在易发生的 7 ～ 8 月，拉开盆与盆之间的距离，适当疏枝，以增加树冠内部的通风透光。发病前的 7 月中下旬起，每隔 20 天左右喷洒 1 次波尔多液或胶铜液。开花后 4 ～ 8 天，喷粉锈宁或多菌灵、百菌清等杀菌药物。其使用浓度和方法按其说明书执行。

枣疯病：感病的枝条纤细，呈鸟巢状密生，叶片变小呈簇。对于发病轻的植株，可在萌芽初期剪除病枝，并在根部钻孔滴注 1000 毫克 / 升的四环素或土霉素液 500 毫升。发病严重的植株应该毁弃烧掉，以避免感染其他健康的植株。

观赏枣的虫害则有枣黏虫、枣食心虫、龟甲蜡蚧等。可采取综合防治的方法，在冬季刮去老树皮，涂刷石硫合剂或氧乐果毒液，以灭杀越冬的蛹；为了防止土中的幼虫上树，可在离土面 10 ～ 20 厘米处，涂 2 ～ 5 厘米宽的机油毒剂环，进行粘捕和毒杀。生长期发现虫害可适当喷药，并及时拣去落枣销毁。

观赏茄

观赏茄是以观赏为主的各种茄类的总称，其果形奇特，色彩丰富，可盆栽，点缀阳光充足的阳台、露台、庭院等处，某些品种还可将果枝剪下，瓶插或者做成不同的造型欣赏。

观赏茄为茄科茄属多年生草本植物，常作一、二年生植物栽培。主要有乳茄、金果茄、人参果、红茄等种类。

乳茄（*Solanum mammosum*） 也叫五指茄、牛角茄、五果茄、黄金果、黄金万两、五代同堂。叶阔卵形，叶缘有不规则的掌状钝裂，叶面与叶背均有刺毛。花单生或数朵或聚伞花序生于叶腋，花冠钟形，淡紫褐色，略带黄色或青紫色。其果实形状酷似牛的乳房挂在枝干上，尤为奇特的是果实的基部有几个突起的“豆豆”，或似乳头状，或像手指，或像牛的犄角，更像一家五代人围坐在一起谈天说地，而金黄色的蜡质外表则给人真假难辨的感觉，似蜡做的工艺品。

乳茄

人参果（*Solanum muricatum*） 也叫茄瓜，还有香艳茄、香瓜茄、香艳芒果、金参果、长寿果、紫香茄、甜茄、香瓜梨、香艳梨等别名。其果实为多汁的浆果，有椭圆形、卵圆形、心形、陀螺形等形状，成熟后表皮呈奶油色或米黄色，有紫红色条斑，果肉则为淡黄色。人参果可以当作水果鲜食，但一定要充分成熟，这样才有淡雅的清香气，食之清爽多汁，风味独特。由于其含糖量较低，不是太甜，有人不喜欢其味道，因此，可将其进一步加工后再食用。

人参果

金果茄（*Solanum texanum*） 株高30 ~ 40厘米，多分枝。小花白色。果实卵形，直径2.5 ~ 5厘米；初为白色或白绿色，成熟后有黄色、橙色、朱红色等；其果色丰富，绚丽夺目，意趣盎然。

金果茄

红茄（*Solanum integrifolium*） 别名巴西茄、番柿。茎枝黑紫色，有刺和毛。花白色。浆果球形或扁球形，有5～7条缢痕似番茄，鲜红色或黄白色。

红茄

养护

观赏茄原产美洲的热带地区，喜高温高湿和阳光充足的环境，喜水，喜肥，耐瘠薄，不耐寒。适合在土层深厚、肥沃疏松、排水良好的酸性至碱性土壤中生长。在南方地区可地栽观赏，因其不耐寒，在北方地区只能盆栽观赏。生长期应给予充足的阳光，平时勤浇水，勤施薄肥，以保证有充足的水肥供应，使其生长健壮；花蕾出现后，每10天左右施1次腐熟的稀薄液肥或向叶面喷施0.2%的磷酸二氢钾溶液。冬季应移入室内阳光充足处，控制浇水，0℃以上可安全越冬。对于侧枝较少的乳茄，当株高20厘米时要打头，以促使其多分枝。对于需要保留的植株，春季进行1次修剪，将侧枝剪短，并对老枝、弱枝强剪，以促发新枝，保持植株树冠的丰满紧凑。

繁殖

可在春季播种，播后覆土厚度为种子直径的1～2倍。播后经常喷水，以保持土壤湿润。在18℃以上的环境中10天左右就出苗。幼苗期应注意遮阴，并加强水肥管理。当苗高15厘米时进行移栽或上盆，上盆时应施入腐熟的饼肥或动物的蹄甲做基肥。

观赏辣椒

观赏辣椒也称看辣椒，是以观赏为主辣椒品种的总称。为茄科辣椒属（*Capsicum*）多年生草本植物，常作一、二年生花卉栽培。茎粗壮，多分枝。叶绿色。花白色。果实为浆果，单生或簇生，直立、稍倾斜或下垂生长，果实形状依品种的不同有圆球形、圆锥形、手指形、线形、羊角形、风铃形、蛇形、枣形等多种，成熟前由绿变白色或紫色，成熟后为鲜红色、黄色、橙色、紫褐色、黑紫等多种颜色，其表面富有光泽，光洁圆润，犹如蜡制的工艺品，非常美丽。观赏辣椒的品种很多，主要有‘五色椒’‘朝天椒’‘樱桃椒’‘佛手椒’‘鸡心椒’‘黄飞碟’‘番茄椒’‘红金钟’‘紫弹头’‘羊角椒’‘彼得’‘魔鬼’‘印花布’等。

观赏辣椒果实精巧别致，形状多变，色彩鲜艳，可盆栽置于阳台、窗台、小院、屋顶花园等处。如果数量多时，还可将成熟的红辣椒用线串起果柄，挂在屋檐下、厨房、阳台内侧等处的墙壁上，使其自然风干，具有很好的装饰效果，给人以红红火火的感觉，颇具农家特色。

飞碟辣椒

以观叶为主的辣椒

以辣椒为主要材料制作的插花作品

观赏辣椒

盆栽观赏辣椒

观赏辣椒

养护

观赏辣椒原产中美洲，喜阳光充足和温暖干燥的环境，耐高温，喜肥，忌干旱和光照不足，不耐寒，耐半阴。适宜在肥沃、疏松、湿润的土壤中生长，盆土可用园土、腐叶土、沙土混合配制，并掺入少量腐熟的饼肥作基肥。生长期可放在阳光充足的南窗台、南阳台、庭院、屋顶等处养护，平时保持盆土湿润而不积水，雨季注意排水防涝。花期可有规律地向植株喷水，并适当减少浇水，以免因水大造成落花，减少坐果。每 7 ~ 10 天施 1 次腐熟的稀薄液肥或复合肥。苗期以氮肥为主，以促使枝叶的生长；坐果后应多施磷钾肥，以提供充足的营养，使果实生长发育，直到果实透色为止。栽培中，当观赏辣椒长到 10 片左右真叶时，要进行摘心，以促发分枝，多结果；在生长期要注意整枝、抹芽，及时去除影响株型美观的枝条。当成熟的果实表皮发皱时，注意采收，这样才能连续开花、结果。冬季将其移置 10℃左右的室内，经常向植株喷水，防止因空气干燥引起果实皱缩，观赏期可延长至 12 月。观赏辣椒还可种在茶壶、茶杯、工艺竹筒等器皿中，经过修剪以及用铁丝、铜丝绑扎等进行造型，做成盆景或者工艺盆栽，其观赏价值更高。

繁殖

可在春季播种。如果想在春节观赏，可在秋季播种，播后 7 ~ 10 出苗，3 ~ 5 片真叶时分苗定植。

观赏南瓜

观赏南瓜也称观赏西葫芦、看瓜、玩具南瓜，是以赏玩为目的南瓜品种的总称。为葫芦科南瓜属（*Cucurbita*）一年生藤本植物。跟常见的蔬菜南瓜是近亲，品种很多，果实的形状、大小和颜色有很大差异。某些品种的观赏南瓜成熟后果皮坚硬，并泛有蜡光。果实采摘后，在不损伤的情况下能够长久保存，可放在果盘内，陈设于几架、桌案等处；也可将不同形状、颜色的观赏南瓜拼成果篮，摆放于室内，都具有很好的装饰效果。除自己赏玩外，还可作为礼品赠送亲朋好友。

观赏南瓜可分为长蔓和短蔓两种类型，茎上生有透明的粗糙毛，卷须与叶对生，叶质硬，边缘有不规则的粗锯齿，两面均有粗糙的毛。花黄色，喇叭形。果实有圆形、扁圆、长圆、钟形、碟形、葫芦形等，颜色有白、黄、橙、绿以及杂色斑块、条纹等多种颜色，有的上面还有凸起的疙

观赏南瓜的花

观赏南瓜的果实

瘩，大的达数百斤，甚至上千斤，小的可掌上玩赏。观赏南瓜的品种很多，主要有‘龙凤爪’‘龙凤瓢’‘皇冠’‘黑地雷’‘沙田柚’‘福瓜’‘麦克风’‘鸳鸯梨’‘子孙满堂’‘凸珠’‘黑珍珠’‘瓜皮’‘金童’‘玉女’等品种。

不同形态的观赏南瓜 1

不同形态的观赏南瓜 2

养护

观赏南瓜喜温暖湿润和阳光充足的环境，不耐寒，也怕酷热，对土壤要求不严，但在肥沃、湿润和排水良好的土壤中生长更好。既可地栽也可盆栽。盆栽可用口径30厘米以上的大盆栽种，栽后浇透水，稍加遮光，避免烈日暴晒，以利于缓苗。生长期应给予充足的阳光，如果光照不足，植株生长繁茂，但开花稀疏，坐果更少。平时保持土壤湿润，但要避免积水，否则会造成烂根。每月施2～3次腐熟的稀薄液肥，结果期喷施过磷酸钙和0.3%磷酸二氢钾溶液，以促进果实的发育。对于长蔓种观赏南瓜，应设立支撑架或使其依附墙体、棚架、栅栏、栏杆等，供其攀缘。观赏南瓜多在主蔓上结果，可将1米以下的侧蔓全部打掉，以免消耗过多的养分，影响开花结果。在主蔓上棚架之后可适当保留1～2个侧蔓，以增加坐果率。

繁殖

主要为种子繁殖。可在4月播种，幼苗2~4叶时带土球移栽定植，并施腐熟的有机肥做基肥。

观赏葫芦

观赏葫芦是以观赏为主葫芦的统称，为葫芦科葫芦属（*Lagenaria*）一年生藤蔓草本植物。在春天播种，夏天开出白色花朵。果实为瓢果，一般在秋季成熟，其标准形状为上小下大，中间细的“8”字形。此外，也有圆形、长颈或其他形状。葫芦的大小悬殊，大的长达100厘米左右，可作为居家的陈设品；小的长不到5厘米，可在手中把玩，谓之“手捻葫芦”。

手捻葫芦属于“文玩葫芦”的范畴，是手把件的一种，顾名思义就是可以在手中把玩、捻搓的。它以小者为贵，通常长不超过5厘米，精品手捻葫芦不超过3厘米。“文人玩核桃，富人揣葫芦。”这是

葫芦

手捻葫芦

大小观赏葫芦的对比

收藏界的行话。选择文玩葫芦，要挑选形状端正，不歪不斜，底脐小而居中，皮质老熟，分量沉手；最好能带上一段藤蔓，谓之“龙头”，并且要求“龙头”粗壮。手捻葫芦通过经年累月的揉搓、盘玩，表面会形成包浆，变得光亮油润，如同涂蜡上漆，颜色则呈耀眼的金黄色，甚至可以达到深枣红、紫红颜色，这是其最高境界。其独特的古典美，让人赏心悦目，爱不释手。对于较大的葫芦，还可在上面进行雕刻、作画和上色，或系上红彩结，穿上大红穗子，使之成为一件精美的工艺品。

观赏葫芦的繁殖、养护与观赏南瓜基本相同，可参考观赏南瓜的相关内容。

观赏谷子

观赏谷子（*Pennisetum glaucum*）也称紫御谷，为禾本科狗尾草属一年生草本植物。株高可达3米。叶条形，基部呈心形，叶色暗绿或紫褐色。圆锥花序排列紧密，呈柱状，主轴硬直，被有茸毛。其植株色彩奇特而富有野趣，适合种植于庭院、山石旁、墙边，也可盆栽观赏或做切花使用。

观赏谷子

观赏谷子为栽培种，喜温暖干燥和阳光。采用播种的方法繁殖。

观赏蓖麻

观赏蓖麻（*Ricinus communis*）也称红蓖麻，为大戟科蓖麻属植物。植株在热带地栽能长到约 12 米高，而在温带或盆栽仅有 1 ～ 3 米高或更矮。通常主茎有 8 ～ 11 个节，茎的颜色有红、紫红、绿色等。叶紫红色或绿色，掌状分裂，一般有 7 ～ 11 个裂片，叶缘锯齿状。雌雄同株异花，聚伞状花序，雌花位于花序上方，雄花位于下方。蒴果鲜红色或粉红色，球状，有软刺。

观赏蓖麻

观赏蓖麻的叶

观赏蓖麻的果实

观赏蓖麻红叶、红果，甚至茎枝也是红色的，给人以红红火火的感觉，可植于庭院、路旁，也可盆栽观赏，布置阳台、屋顶花园等处。

观赏蓖麻喜温暖湿润和阳光充足的环境，耐干旱和瘠薄，在一定程度上耐盐碱和风沙。平时管理较为粗放，干旱时注意浇水，勿使土壤长期干燥。

繁殖可在春季播种。

红果仔

红果仔（*Eugenia uniflora*）又名红果、番樱桃、毕当茄、巴西红果、棱果蒲桃，为桃金娘科番樱桃属常绿灌木或小乔木。树干光滑，新梢紫红或红褐色。叶对生，叶片纸质，卵形至卵状披针形，先端渐尖。花单生或数朵聚生于叶腋，萼片 4 枚，外翻；花瓣白色，花朵直径 1.5 厘米左右，稍有芳香。一年可多次开花，往往在一棵树上既有花，又有尚未成熟的淡绿色果实，还有即将成熟的黄色果实和已经成熟的橙红、红色果实，色彩缤纷，非常美丽。以冬末至初春为主花期，花后 5 周左右果实成熟。浆果扁球形，下垂，直径 2 厘米左右，具 8 条纵棱，形似小南瓜。果实初为青色，随后转为黄色，成熟后转为深红或橙红、紫红色，其味道酸甜可口，可供食用。

红果仔其树型优美，新叶红润，老叶浓绿，四季常青；果实形状奇特，似南瓜，又像灯笼，色泽美观,其味道鲜美,是观赏、食用两相宜的优良花木。因其枝干苍劲虬曲，而且耐修剪，还可用于制作盆景，在广东岭南地区使用的尤其多，是岭南派盆景中的常用树种之一。

红果仔

红果仔盆景——盛世年华（陆志锦作）

养护

红果仔原产巴西，喜温暖湿润的环境，在阳光充足处和半阴处都能正常生长，不耐干旱，也不耐寒；适宜在含腐殖质丰富、疏松肥沃、透气性良好的微酸性沙质土壤中生长。

盆栽的红果仔生长季节可放在室外阳光充足、空气流通处养护，夏季高温时适当遮光，以防烈日暴晒。生长期勤浇水，勿使盆土干燥；经常向植株及周围环境喷水，以增加空气湿度。红果仔虽然喜肥，但却不喜浓肥，应薄肥勤施。可每 10 ~ 15 天施 1 次腐熟的稀薄液肥，幼树或抽梢期以氮肥为主，其他时期则施以磷钾肥为主的复合肥。冬季宜移入室内，控制浇水，5℃以上可安全越冬。红果仔耐修剪，可根据不同的树型进行修剪整形，生长期随时抹去无用的芽，适时摘心，以保持株型的完美。

8 ~ 9 月是红果仔的花芽分化期，应适当控制浇水，增施磷钾肥；到了 10 月会有花蕾出现；冬季应注意保温，温度不可低于10℃，12月初部分老叶脱落，并陆续开花。花期浇水不要将水淋到花上，南方室外种植，也要注意防止被雨水直接淋到，以免造成落花。由于花期是在冬季，没有什么昆虫可以传粉，可在每天上午进行人工授粉，以增加坐果量。红果仔具有边开花、边结果的习性，为了使果实大小均匀，尽量保留同一批果子；当果子达到所需的数量时，可将剩余的花蕾剪掉，把小果、弱果、过密果疏除，以使果子大小统一。当果子稳定后，应增加磷钾肥的用量，可每7天左右喷施1次0.2%的磷酸二氢钾溶液。到了2～3月，果实成熟，这是红果仔的最佳观赏期。如果冬季温度较低，红果仔的主花期会推迟到第二年的2～3月，5～6月果实才陆续成熟。

观赏期过后，将残余的果子摘掉，对植株进行1次重剪，剪去细弱枝、病枝，将过长的枝条剪短。修剪后加强水肥管理，约20天就会有新芽长出；当新芽长到15～20厘米时进行摘心。摘心后再次萌发的枝条，除保留3～5个枝条作为“牺牲枝”任其生长外，其余的枝条摘除顶芽，以促使秋芽短细，形成花枝，从而达到多开花、多结果的目的。到11月底老叶成熟，营养回缩时将“牺牲枝”剪除。

对于生长旺盛的红果仔可每2年左右的春季换盆1次，换盆时去掉2/3的旧土，剪去过长的老根，再用新的培养土栽种。盆土可用腐殖土5份、园土3份、沙土2份混合配制，并掺入少量的过磷酸钙、骨粉等磷钾肥。

繁殖

主要采用播种和根插繁殖。播种可在果实成熟后取下种子，随采随播，播后保持土壤湿润，经40天左右出苗，第二年的春季分苗移栽。根插可结合春季换盆进行，将健壮的粗根剪下扦插，具有很高的成活率。

北五味子

北五味子（*Schisandra chinensis*）又名山花椒、乌梅子，因果肉酸甜，种子辛、苦并稍带咸味而得名“五味子”；为五味子科五味子属多年生落叶木质藤本植物。全株无毛，小枝灰褐色，有棱。叶互生，宽椭圆形至倒卵形，叶长10厘米，边缘有细齿。雌雄异株，下垂状的穗状花序簇生于叶腋；小花白色或粉红色，有香味，萼片与花瓣很难区分；雄花有5枚雄蕊，花药无柄，联合成柱状；雌花有心皮17～40。花凋谢后花托延长成穗状聚合果，成熟后鲜红色。见于栽培的还有南五味子、华中五味子等品种，其耐寒性较差。

北五味子是优良的庭院攀缘植物，花朵芳香，果色鲜艳，可作棚架花卉以及篱笆、墙垣的绿化，还可盆栽观赏或制作盆景。其果实是著名的滋补药品，其性温，味酸，有益气敛肺、滋肾涩精、生津止渴、止泻、止咳、

敛汗等功效。民间常用其泡酒。

养护

北五味子在我国的东北、华北、中南、西南都有分布，喜温暖湿润和阳光充足的环境，耐寒冷和半阴，不耐干旱，适宜在疏松肥沃、排水透气性良好的沙质土壤中生长。地栽可选择庭院阳光充足的地方，因其生长迅速，要及时设立支架供其攀缘。北五味子也可盆栽，由于其根系发达，花盆宜大，盆土宜肥。无论盆栽还是地栽，栽种时都要施足腐熟的堆肥作基肥。生长期经常浇水，以保持土壤湿润，避免过于干旱，但也不能长期积水。地栽植株开花前不要施肥，花后可施腐熟的稀薄液肥数次，以提供充足的营养，促进果实的生长发育，冬季剪去干枯枝。盆栽要注意修剪，以控制株型，生长期每月施1次以磷钾为主的薄肥。北五味子耐寒性较强，在我国大部分地区可露地越冬。由于北五味子是雌雄异株，栽种时要注意雌雄株的搭配，以免造成植株光开花不结果。

繁殖

以播种为主，春秋季节都可以。春播要沙藏90天左右。在生长季节还可进行扦插或压条繁殖，也容易生根成活。

山菅兰

山菅兰（*Dianella ensifolia*）为百合科山菅兰属多年生草本植物。株高30～60厘米。叶带形，丛生，绿色，革质。花序顶生，小花蓝紫色或绿白色。浆果球形，成熟后蓝紫色，有光泽。变种有‘银边山菅兰’，其叶片边缘有银白色斑纹；叶面上金黄色纵条纹的‘金线山菅兰’等品种，也有人将以上两者统称“花叶山菅兰”或“斑叶山菅兰”。

山菅兰的株型美观，叶色秀雅，尤其是其果实，晶莹润泽，有着蓝宝石般的美丽。可植于林下、路旁、山石缝隙等处，也可盆栽布置阳台、天台、庭院等处。

山菅兰喜温暖湿润的环境，在阳光充足或半阴处都能生长，不耐寒，也不耐旱。越冬温度要求在0℃以上。对土壤要求不严。繁殖可在春季采用播种或分株等方法。

山菅兰

虎舌红盆栽

虎舌红

虎舌红（*Ardisia mamillata*）因叶面上布满舌苔状红色腺点和茸毛，犹如老虎的舌头而得名，还有老虎舌、佛光红、毛青杠、毛红走马胎、红胆、红毛针、毛凉伞、天仙红衣、红地毯等别名，为紫金牛科紫金牛属常绿植物。株高 10 ~ 35 厘米。叶面上长满白色茸毛，能对光线起到折射作用，从不同的角度看，有着不同的色彩，斑斓多彩，富于变幻。伞形花序生于叶腋，有花 7 ~ 15 朵，花瓣粉红色或白色，夏季开放。核果鲜红色，秋季成熟后经冬不落，可持续到翌年新果长出后才陆续脱落。

虎舌红适合做中小型盆栽陈设于窗台、阳台、客厅、书房等处，紫叶、红果相得益彰，别有一番特色。除观赏外，虎舌红还可入药，全草具有清热利湿、活血、止血、止痛、祛腐生肌等功效，常用于治疗跌打损伤、祛风湿，叶子可外敷去疮毒。

虎舌红

养护

虎舌红原产江西大余等地，生长在海拔 500 ~ 1200 米的阔叶林下，喜温暖湿润的半阴环境，怕烈日暴晒和干旱，有一定的耐寒性。夏季宜在阴棚下或其他无直射阳光处养护，以避免烈日暴晒。每月追施 1 次腐熟的稀薄液肥或复合肥，开花结果期喷施 2 ~ 3 次 0.1％的磷酸二氢钾溶液，可使茎干粗壮，叶色红润，有效地防止落花落果。生长期保持土壤湿润而不积水，经常向叶面喷雾，以增加空气湿度。冬季给予充足的阳光，控制浇水；能耐 −5℃的低温，低于 −7℃则叶片萎蔫脱落，从而植株死亡。每年的春季换盆 1 次，盆土要求含有丰富的腐殖质且疏松透气，可用腐叶土、泥炭土掺沙混合配制。

繁殖

可用播种、扦插（包括根插、茎插）、分株等方法繁殖。

灯珠花

灯珠花（*Nertera grandensis* 或 *N. grandensis*）也叫珍珠橙、橙珠花、苔珊瑚、念珠草、珊瑚念珠草、格林纳达薄柱草，分类上的通用名叫红果薄柱草，为茜草科薄柱草属常绿草本植物。植株呈丛生状，茎匍匐生长。叶宽卵形，淡绿色，略微肉质化。果实橘红色或红色，直径0.8厘米左右，表皮光亮。其植株低矮，果实虽小，但多而密集，是很好的小型观果植物，适合用小盆栽种，点缀窗台等处，精巧别致，很有特色。

灯珠花

养护

灯珠花原产澳大利亚等南半球的山区，喜冷凉湿润的环境，不耐旱，要求有良好的通风，生长温度为10～20℃。夏季至初秋应适当遮阴，以避免烈日灼伤叶子，其他季节都要给予充足的光照；如果光照不足，会造成枝叶徒长，把果实遮住，影响其正常发育。生长期应保持盆土湿润，空气干燥的时候可向植株及周围喷细雾，以增加空气湿度。但叶间不要积水，以免茎叶腐烂；3月的花期和以后的果期，更要避免水长时间滞留在植株上，否则果实极易腐烂，严重时整个植株都烂掉。浇水最好采用浸盆的方法，并注意空气的流通，任何时候都要避免雨淋。冬季保持土壤可稍干一些，温度宜保持5℃左右。生长期可在水中加少量以磷钾为主的肥料，以促进其生长。

每年春季翻盆1次，盆土宜用通透性好、腐殖质含量高的沙质土壤，可用泥炭土或腐叶土1份、肥沃的园土2份、珍珠岩或河沙2份配制。

繁殖

用播种和分株法繁殖。播种在2～3月；分株在8月，分割后应立即上盆，置于光照明亮处养护。

紫珠

紫珠（*Callicarpa bodinieri*）又名白棠子树，为马鞭草科紫珠属落叶灌木。株高1.2～2米。小枝光滑，略带紫红色，有少量的星状毛。单叶对生，叶片倒卵形至椭圆形，长7～15厘米，先端渐尖，边缘疏生细锯齿。聚伞花序腋生，具总梗；花多数，花蕾紫色或粉红色，花朵有白、

紫珠

粉红、淡紫等色。花期 6 ～ 7 月。果实球形，9 ～ 10 月成熟后呈紫色，有光泽，经冬不落。

紫珠株型秀丽，花色绚丽，果实色彩鲜艳，珠圆玉润，犹如一颗颗紫色的珍珠，是一种既可观花又能赏果的优良花卉品种，常用于庭院的美化，也可盆栽观赏。其果穗还可剪下瓶插或作切花材料。

养护

紫珠原产我国的黄河以南的部分省区，日本、越南也有分布，喜温暖湿润和阳光充足的环境，不太耐寒，北方地区可选择背风向阳处栽种。平时管理较为粗放，天气干旱时注意浇水，避免土壤长期干旱；紫珠喜肥，栽培中应注意水肥管理，除春季定植时要施足腐熟的堆肥作基肥外，每年的落叶后还要在根际周围开浅沟埋入腐熟的堆肥，并浇透水。冬季寒冷时有些枝梢会冻死，等春季发芽前将其剪除，并不影响来年的开花结果。每年春季萌动前进行 1 次修剪，剪除枯枝、枯梢以及残留的果穗，疏剪过密的枝条。

繁殖

以播种为主，多在春季进行，种子播后 2 ～ 3 周出苗。此外，在初夏用半硬枝条扦插也容易成活。

风船葛

风船葛（*Cardiospermum halicacabum*）也叫倒地铃、鬼灯笼、天灯笼、包袱草、三角泡，为无患子科倒地铃属一年生攀缘草本植物。茎枝纤细，有纵棱，长 4 ～ 5 米，卷须缠绕其他物体向上攀缘生长，或在地面匍匐生长。叶互生，2 ～ 3 出复叶；小叶膜质，绿色。聚伞花序由叶腋长出，

风船葛

风船葛的果

花梗细长，下面的一对花梗发育成卷须；小花白色，花瓣4枚。蒴果倒卵状三角形，膜质，膨大呈灯笼状，绿色，成熟后稍带黄色。种子浑圆，大如豌豆，黑色，有白色心形图案。观果期8～10月。

风船葛枝蔓攀缘而上，叶片青翠宜人，白色小花素雅，果实看上去就像一个个绿色的小灯笼在风中摇曳，非常别致。可栽植于院落一角，或缠绕于篱栏、墙垣，或盆栽做阳台、窗台的绿化植物，清新自然，富有野趣。种子上有心形图案，可作为情侣间表达爱意的小礼品互赠。全草都可入药，能消肿止疼、凉血解毒，主治跌打损伤、疮疖痈肿、湿疹等病症。

养护

风船葛的分布遍及热带及亚热带和温带的部分地区，适应性强，喜温暖湿润和阳光充足的环境，不耐寒，对土壤要求不严，但在湿润肥沃的土壤生长更好。生长期注意浇水，以保持土壤湿润，避免干旱。可在春季播种，苗期施肥1次。苗高20厘米、4～5片复叶时移栽定植，并设立支架供其攀缘。

繁殖

主要用播种繁殖。风船葛具有自播能力，在植株上年生长的地方，往往有小苗长出，应注意保护培育，即可成为新的植株。

气球果

气球果（*Gomphocarpus physoarpus*）也称唐棉、钉头果、河豚果，为萝藦科钉头果属常绿灌木。植株直立生长，多分枝，高2～3米。茎具短茸毛，体内有白色乳汁状浆液。叶对生，叶片线形或线状披针形，形似柳树叶。垂悬的伞形花序顶生或腋生，每个花序有五星状小花十余朵；花白色至淡黄色，花瓣长椭圆状卵形。花期极长，可从秋开到初春。果实黄绿色，卵圆形或椭圆形，顶端渐尖成喙，表皮有粗

气球果

毛，仿佛用钉子锤入，又像河豚或充气的小气球，非常奇特。果内除种子外，中空无果肉，用手轻轻一捏即扁，似有空气溢出，稍后又复圆，很像气球。果实成熟后能自行爆裂，种子上部附生银白色茸毛，形似降落伞，风吹即飘飞到各处播种，故又名“风船唐棉”。

气球果是一种奇特而有趣的观赏植物，在秋冬季节花果并存，观赏期极长，北方常作盆栽，布置书房、客厅、阳台等处；在南方还可露地栽培点缀庭院、园林。此外，其切枝还是优良的插花材料。

养护

气球果原产非洲热带，喜温暖湿润和阳光的环境，稍耐阴，不耐寒，耐干旱，生长适温 20 ～ 28℃。生长期浇水应做到“干透浇透”，避免盆土积水。每月施 1 次腐熟的有机稀薄液肥或复合肥。冬季宜移至阳光充足的室内，保持土壤稍干燥，10℃左右可安全越冬。当植株长得过高时应设立支架支撑，以防倒伏。坐果后应对植株进行修剪整形，将过长的枝条剪短，只保留基部 20 ～ 30 厘米，有利于翌年再萌发新枝、开花结果和保持株型美观。盆栽植株每 2 ～ 3 年换盆 1 次，一般在春季进行。盆土宜用疏松肥沃、排水透气性良好的微酸性沙质土壤，可用腐叶土 2 份、沙土 2 份、园土 1 份混匀后使用。新栽的植株放在避风的半阴处养护，保持土壤和空气湿润，等恢复长势再进行正常的管理。

繁殖

可在春秋季节进行播种，种子发芽适温 20 ～ 25℃，播后 15 天左右出苗；也可在春秋季节取成熟的枝条长 10 ～ 15 厘米，插前用清水洗掉伤口处流出的白色浆液，插后 20 ～ 30 天生根。

木瓜

木瓜（*Chaenomeles sinesis*）又称香瓜、木梨、榠楂、光皮木瓜，为蔷薇科木瓜属落叶小乔木或灌木。树皮黄绿色，呈片状剥落。叶片椭圆状卵形或长圆形，先端急尖，边缘有锐锯齿。花单生于叶腋，具粗而短的花梗，花朵 5 瓣，白色或粉红色，4 月开放。果实长椭圆形，初为青色，成熟后呈暗黄色；其大小跟品种有关系，某

木瓜的花蕾

木瓜的花

木瓜的果实

些品种的果实可重达 1 公斤；表皮光滑，木质化，有浓郁的芳香；9 ~ 10 月成熟。果实摘下后，在不碰伤的条件下，可保存数月不变质。

木瓜春季花色烂漫，夏季绿阴婆娑，秋季黄果悬枝，叶子经霜后呈红、黄、橙等色，斑斓多彩，冬季落叶后枝干苍虬，可盆栽或制作盆景。除供观赏外，木瓜还可入药，泡在酒中制成药酒，有很好的活血壮筋功效。也可将成熟的果实摘下，作为香果陈设于室内，其清香满屋，经久不散。此外，木瓜的果实煮熟或糖渍后还可食用。

养护

木瓜原产喜温暖湿润和阳光充足的环境，耐寒冷，不耐阴，对土质要求不严，但在土层深厚、疏松肥沃、排水良好的沙质土壤中生长较好，栽植地点可选择避风向阳处。每年的秋季落叶后至春季萌芽前移栽，栽种时要施足基肥。以后每年的 2 ~ 3 月开沟施 1 次肥，为其开花坐果提供充足的养分。坐果后最好每 2 周浇 1 次透水，以促进果实的生长；雨季应注意排水，以防因土壤积水烂根。11 月卸果后再开沟施 1 次肥，并浇足上冻水。冬季对植株进行 1 次修剪，剪去弱枝、徒长枝、交叉枝、枯枝，以增强树冠内部的通风透光，有利于来年的生长。

繁殖

可在春季进行播种。对于优良的品种也可用木瓜实生苗作砧木进行嫁接，还可用扦插、压条等方法繁殖。

小贴士

与木瓜常产生混淆的植物——番木瓜

番木瓜（*Carica papaya*）又名木瓜、万寿果，为番木瓜科番木瓜属的常绿软木质多年生草本植物。高 8 米左右，树皮破处有白色乳汁状浆液流出，茎不分枝或在损伤处萌发新枝。叶大型，生于茎顶，近圆形，直径可达 60 厘米，常 7 ~ 9 深裂，裂片羽状分裂。叶片脱落后残存有螺旋状排列的粗大叶痕。花单性，雌雄异株；雄花排成长达 1 米的下垂圆锥花序；雌花单生或数朵排成伞房花序；花瓣 5 枚，分离，乳黄色或黄白色；柱头流苏状。浆果很大，矩圆形，长可达 30 厘米，熟时橙黄色，果肉较厚，可供食用。浆果可提木瓜素，能助消化；叶有强心、消肿作用；种子黑色，有皱纹，可榨油。本种常做食用和药用植物栽培，不耐寒，在热带也可做庭院花卉种植，北方则可温室地栽，用于布置大型热带植物温室。

比较木瓜与番木瓜不难发现，两者除名字相近外，其他的形态、生物学特性、营养功效等都相去甚远。

番木瓜

木瓜盆景——瓜香十里（蒋自周作）

木瓜榕

木瓜榕(*Ficus auriculata*)也称大果榕、大木瓜、大无花果、馒头果、波罗果，为桑科榕属常绿乔木。树高 4 ~ 10 米，胸径达 40 ~ 60 厘米。嫩叶紫红色，可食用。雌雄异株，一年四季都可结果。果实直接结在大的枝桠或树干上，甚至树的基部；果实扁球形，初为绿色，成熟后红褐色，微甜多汁，可供食用。

木瓜榕

木瓜榕的花序为隐头花序，密密麻麻的花朵着生在花序腔的内壁，从外面看是看不到的，我们看到的所谓果子实际上是它的“花序托”。当木瓜榕的花成熟开放时，花序的顶部会自动打开通道，让一种叫榕小蜂的昆虫进进出出，为其传粉。由于木瓜榕花序的结构和生长习性特别，只有特殊的榕小蜂才能为它传粉，离开了这些昆虫，它就不能结果；同样，这些特殊的榕小蜂一生的绝大多数时间都停留在木瓜榕的隐头花序之内，如果没有木瓜榕，它们就不能生存。这种木瓜榕与榕小蜂相依为命、专一针对性的互利互惠关系，在植物学上称为“协同进化”。

小贴士

老茎生花结果

在植物中这种老干开花结果的种类很多，像杨桃、红榕、菠萝蜜、嘉宝果、叉叶木，以及紫葳科的铁西瓜、铁木瓜等，其粗壮的老枝树干与娇美的花朵、累累的果实形成了强烈的对比，令人称奇。其实这种老枝开花的现象，是植物为了适应环境而进化出的生长习性。因为此类植物多生长在热带雨林中，在相对粗大的树干上开花结果，可以有效地躲过暴风雨的袭击，此外强壮的树干也能承受巨大果实和大量种子的重压，有利于其繁衍。

红榕

杨桃

菠萝蜜

铁木瓜（紫葳科）

铁西瓜（紫葳科）

木瓜榕生长在低谷山沟，喜温暖湿润的环境，不耐寒，怕干旱。适宜在疏松肥沃的土壤中生长。

嘉宝果

嘉宝果（*Myrciaria cauliflora*）又名珍宝果，其果实成熟后黑紫色，颇似葡萄，其口味独特，营养丰富，可供食用，因此又有“树葡萄”“热带葡萄”的别名。为桃金娘科拟爱神木属常绿灌木。树干光滑，表皮易脱落。叶对生，长椭圆形或长卵形，全缘，先端尖，新叶粉红色。在适宜的环境中一年四季都可开花结果，尤以春秋季节为盛。花果生长在树干及主枝上，在同一株树上果中有花、花中有果、熟果中有青果，这种熟果、青果、花夹杂而生的景观奇特而富有趣味。

嘉宝果

养护

嘉宝果原产巴西高海拔地区，喜温暖湿润和阳光充足的环境，耐短期的干旱，要求土壤湿润，但怕积水。对土壤要求不严，但在土层深厚、疏松肥沃、排水良好的微酸性沙质土壤中生长最好。在石灰质土壤中生长差，不耐盐碱。生长适温22 ~ 35℃，虽然大多数品种冬季能耐0℃的低温，但在北方冬季最好移至5℃以上的室内。嘉宝果生长缓慢，不需要强剪，但为了控制株高和树型，可剪除顶端生长旺盛的枝条，也可在冬季剪除密生枝、徒长枝、细弱枝、植株下部及内部的枝条，以增加内部的通风透光。平时保持土壤湿润而不积水，生长期可施水溶性肥料或长效肥。

繁殖

以播种为主，还可用扦插、压条、嫁接等方法繁殖。

人心果

人心果（*Manilkara zapota*）也称赤铁果、吴凤柿、奇果，为山榄科铁线子属常绿乔木。小枝茶褐色。叶互生，革质，绿色，长圆形或卵状椭圆形。花1 ~ 2朵生于枝顶叶腋，花冠白色。浆果4厘米左右，纺锤形或卵形、球形，表皮褐色，果肉黄褐色。

人心果

人心果喜温暖湿润和阳光充足的环境，虽然在肥沃的沙质土壤中生长良好，但在黏重贫瘠的土壤中也能正常生长。在11 ～ 31℃的温度范围内都能开花结果。其枝条较脆，容易折断，栽培中应注意防风。

繁殖可用播种、压条等方法。

红雪果

红雪果

红雪果（*Symphoricarpos albus*）为忍冬科毛核木属（雪果属）落叶灌木。株高1米左右，植株丛生，枝条纤细。叶卵形，绿色，有毛，革质。花淡粉色，6 ～ 7 月开放。核果酒红色，成串，经冬不落，至翌年 3 月才陆续脱落。另有果实呈白色的‘白雪果’，果实稍大、成串下垂生长的‘神秘雪果’等品种。

红雪果习性强健，对土壤要求不严，但在石灰质土壤中生长更好，耐干旱，分蘖快，耐修剪。由于红雪果是在当年生的枝条上开花结果，可在春季剪去枯枝、病枝、细弱枝以及其他不需要的枝条，以促发新枝，有利于开花坐果。

雪中的红雪果

繁殖多采用播种、分株等方法。

阳荷

阳荷（*Zingiber striolatum*）也称野良姜、野姜、白襄荷，为姜科姜属多年生草本植物。株高 1.5 米左右，根茎白色，略有芳香。叶片披针形或椭圆状披针形。花序近卵形，苞片红色。蒴果成熟时开裂成

阳荷

3瓣，内果皮红色。种子黑色，被白色假种皮。

阳荷春夏季节绿叶婆娑，葳蕤成丛；秋季其根茎处会涌出形似花蕾的果实，成熟裂开后犹如绽放的奇花，娇艳妩媚。全株都有独特的芳香气味，其枝叶、根茎、花果都可入药，具有祛风止痛、消肿解毒、化积健胃等功效，春天的嫩芽、秋天的茎果、冬天地下的根茎都可食用。

阳荷喜凉爽湿润的环境，不耐高温与强光。适宜在疏松肥沃、含有机质较高的土壤中生长。生长期保持土壤和空气湿润，但不要积水。夏季高温时注意通风降温。

阳荷可采用分株或播种繁殖。

金丝吊蝴蝶

金丝吊蝴蝶（*Euonymus schensianus*）也称金丝系蝴蝶、金线吊蝴蝶、摇钱树，植物分类上通称陕西卫矛，为卫矛科卫矛属落叶植物。叶披针形或窄长卵形，边缘有纤毛状细锯齿。聚伞花序，具细长而柔软的花梗，小花黄绿色，略带红色。蒴果方形或扁圆形，具4个较大的长方形翅，初为黄绿色，成熟后呈红色。

金丝吊蝴蝶果形奇特，与细长的果梗结合完美，犹如被金线系着蝴蝶，飘逸而富有动感，适合种植于庭院或盆栽或作盆景观赏。

未成熟的金丝吊蝴蝶果实

成熟的金丝吊蝴蝶的果实

金丝吊蝴蝶喜阳光充足和温暖湿润的环境，稍耐阴，耐干旱，也耐水湿。对土壤要求不严，但在湿润肥沃、排水良好的土壤中生长更好。繁殖可在春季播种，也可用丝棉木作砧木，在 3 月下旬以劈接或切接的方法进行嫁接。

北美冬青

北美冬青（*Ilex verticillata*）别名轮生冬青、美洲冬青，为冬青科冬青属落叶灌木。植株具浅根性，须根发达。单叶，互生；叶片长卵形，叶缘有硬齿；嫩叶古铜色、老叶绿色；雌雄异株，花白色，着生于叶腋处；雄花数十朵丛生，早开于雌花 2 ~ 3 天，雌花 3 ~ 6 朵丛生。花期 5 月中旬至 6 月初。浆果初为绿色，10 月上旬转为红色。12 月叶子脱落，枝干上红彤彤的果实鲜艳醒目，靓丽非常。

北美冬青目前有 30 多个栽培品种，其果实以红色为主，兼有橙红、黄色等颜色，植株的高矮也有差异。可盆栽布置阳台、庭院、室内等处，也可将果枝剪下，瓶插观赏，能挂果 2 个月左右。

北美冬青

盆栽北美冬青

养护

盆栽北美冬青宜选择矮生品种，其他品种也可通过激素处理、修剪等手段进行矮化处理。由于北美冬青是雌雄异株，单雌或单雄植株很难结果，因此必须雌株与雄株搭配种植，才能完成授粉受精，保证结果。

北美冬青喜阳光充足和温暖湿润的环境，稍耐半阴，耐寒性较强。生长期应给予足够的光照，勤浇水，勿使土壤干燥；春季萌芽后，每 15 天左右施一次以磷钾为主的复合肥。为了控制植株高度，可在新芽 5 厘米左右时，喷施 15% 多效唑可湿性粉剂 500 倍液 2 ~ 3 次。冬季落叶后再进行一次修剪，剪去乱枝或其他影响株型的枝条；春季落果后至萌芽前进行一次重剪，将枝条短截至 10 厘米左右，以回缩树冠，保持株型的矮壮紧凑。

繁殖

北美冬青的繁殖可用播种、扦插等方法。

播种：在 11 月浆果成熟后摘下，去除果肉，洗净种子，在阴凉处晾干。北美冬青种子休眠期较长，播种后需要 2 个冬季才能发芽生长，因此可将种子沙藏一年，等第二年冬季播种，春季 4 月即有新苗长出，约 3 年结果。

扦插：硬枝扦插在冬季落叶后进行，插穗长度 7 ~ 8 厘米，介质可用珍珠岩、蛭石、草炭等配制，插后保持湿润。4 月生根，6 月可分苗移栽。嫩枝扦插可在 5 月中下旬、8 月初、10 月初进行，剪取嫩梢长 2 ~ 3 厘米，带一叶一芽，用生根剂处理后插于介质中，保持空气和介质湿润，成苗率可达 50% ~ 60%。

茵芋

茵芋（*Skimmid reevesiana*）又名黄山桂、紫玉珊瑚，为芸香科茵芋属常绿灌木。叶互生，具短柄，革质，较厚，有腺点，揉烂后会散发香气；叶片椭圆状或长圆状倒卵形，叶面深绿色，有光泽。圆锥状花序，花两性，未开放时花蕾呈红褐色，小花白色，有香气。浆果状核果，长圆形至卵状长圆形，果长 1 ~ 1.5 厘米，朱红色，10 ~ 12 月成熟。

另有日本茵芋，也称香茵芋。花单性，黄白色，香气更为浓郁。果实鲜红色，球形，较小，直径约 0.8 厘米。其适应性更强，喜冷凉，耐寒性很强，冬季可耐 −15℃的低温，耐阴湿、黏性土，但怕高温。

盆栽茵芋

某些品种的茵芋经过人工催花处理，花期可提前到元旦春节期间，作为年宵花，其繁茂的花序、红褐色的花蕾与白色的小花交相辉映，酷似海底的珊瑚，被称作“紫玉珊瑚”，奇特而令人赏心悦目。鲜红的果实更是惹人喜爱。除供观赏外，茵芋的茎、叶还可入药，其性味辛、苦、温，有毒，有祛风湿、活络、止血、止痛的功效，可用于治疗风湿痹痛、跌打损伤、骨折等。

茵芋的花与果

养护

茵芋原产我国的南方及日本，喜温暖湿润的半阴环境，稍耐阴，忌烈日暴晒，怕高温，耐寒冷，怕积水，也不耐干旱。适宜在疏松肥沃、含腐殖质丰富、排水透气性良好的微酸性沙质土壤中生长。生长期宜放在光线明亮处养护，夏季温度超过30℃后植株进入休眠状态，应放在通风凉爽处养护，并避免烈日暴晒。冬季如果最低温度不低于15℃，并有5 ~ 10℃的昼夜温差，植株会继续生长，可进行正常的水肥管理；倘若冬季保持不了这么高的温度也无大碍，盆栽茵芋能耐 −5℃的低温。

生长期浇水做到“不干不浇，浇则浇透”，过于干旱和盆土积水都不利于植株生长；空气干燥时可经常向植株及周围环境喷水，以增加空气湿度。每15天左右施1次腐熟的稀薄饼肥液或复合肥，也可用0.2%的尿素加0.1%的磷酸二氢钾溶液进行叶面施肥。还可定期在盆土表面埋施少量的多元缓释复合肥，供植株慢慢吸收，以提供充足的养分，促进植株生长；夏季高温和冬季寒冷时都要停止施肥。茵芋生长较为缓慢，栽培中不必做过多的修剪，只在春季萌动前剪去病虫枝、干枯枝、过密枝以及其他影响植株美观的枝条，以保持株型优美。

每年的春季萌芽前翻盆1次，盆土可用泥炭土或腐叶土5份、园土3份，加河沙或蛭石2份混合配制，并掺入少量腐熟的有机肥做基肥。

繁殖

繁殖可用播种、扦插、压条、分株等方法。

佛手柑

佛手（*Citrus medica*）又名佛手柑、五指柑、金佛手，因果实形似手指而得名，为芸香科柑橘属常绿灌木，香橼的变种之一。枝条有粗硬的刺，叶长椭圆形。花冠5瓣，花色以白色为主，还有红、紫等色。果实形状奇特似手，凡握指合拳的称“拳佛手”，而伸指开展者为“开佛手”；成熟后呈金黄色，表皮发皱，有凸起的油泡，具浓郁的芳香。全年可多次开花，果熟期10～12月，成熟后可长时间保留在植株上。佛手的园艺品种很多，其果实的形状、大小有所差异，像果实玲珑、坐果多的‘千姿百态’；果实层次丰富、犹如盛开的牡丹花的‘招财’；果实硕大的‘青衣童子’等，都是不错的盆栽品种。

佛手柑的花

佛手谐音“福寿”，是多福多寿的象征，是给老人祝寿或在老人节送给老年人的上好礼物。其果实色泽金黄明亮，并有芳香，可摘下，盛于钵盘之中，摆放于案头、几架等处陈列欣赏。叶、花、果可泡茶、泡酒，具有舒筋活血的功能，果实可理气健脾、平肝和胃、止呕，并有迅速降血压的功效。

养护

佛手喜温暖湿润和阳光充足的环境，不耐寒，可在霜降前后搬入室内，放在阳光充足处，保持5～10℃的室温，温度过高、过低都不利于其越冬；在此期间不要施肥，每3～5天浇1次水，以保持土壤半干为佳，如果叶面有灰尘也应喷水洗去。每年的清明前后出房，剪去室内萌发的细弱枝，放在避风向阳处养护，保持盆土湿润，暂不施肥。夏季的干热天要多浇水，空气干燥时除正常浇水外，还应在早、晚向枝叶喷水，以增加空气湿度，降低温度，阴天或雨天要少浇或不浇，雨季应及时排水，防止因盆土积水导致烂根。此外，浇水还应掌握“干花湿果”的原则，即花期少浇，果实膨大期多浇。

生长期每周施1次腐熟的稀薄饼肥液。若遇连续的阴雨天，不宜用液肥，可在盆中埋入适量腐熟的饼肥，以满足植株生长对养分的需求。在6月开花坐果的早期，要严格控制氮肥的施用，增施磷肥，以达到促花保果的目的。7月下旬至9月下旬为果实的生长期，每10天左右施1次以

佛手柑

插于瓶中的佛手柑

佛手柑的幼果

佛手柑的成熟果

磷钾为主且含有钙、氮等元素的复合肥，以促进果实的生长和着色充分。

夏季温度高，湿度大，且营养充足（特别是氮肥）时，佛手会抽生大量节间细长、组织不充实、无花蕾的枝条，除个别枝条因特殊需要保留外，其余的应全部剪除，以免与花果争夺养分；剪去横生枝、病虫枝等影响树形的枝条，以集中养分，满足花果生长的需要。立秋后适当剪去生长细弱和发育不良的枝条，多保留秋梢，为下一年坐果打下良好的基础。佛手一年中可多次开花，春花着生在枝条顶部，较为稠密，其坐果率低，应全部摘除。进入 6 月后，植株进入生长旺盛期，花芽发育充分，花多为两性花，坐果率高，但为使果实营养充足、分布得当，也应适当疏去内膛花、并生花。进入 8 月以后，一些枝条还会陆续开花，可根据树势和夏果的位置适当保留，使果实分布均匀。10 月果实成熟后，为使果实久挂枝头不落和树势的恢复，可在盆土不同的位置少量多次埋入腐熟的饼肥。每 1 ~ 2 年的春季翻盆 1 次，盆土宜用疏松肥沃、透气性良好的微酸性沙质土壤。

繁殖

佛手的繁殖可用枳或柠檬等习性强健的同属植物实生苗作砧木，用靠接或切接的方法进行嫁接；也可在生长季节进行高空压条或 4 ~ 6 月进行扦插繁殖。